土木建筑大类专业系列新形态教材

U0723018

绿色建筑与绿色施工

王　宁　张春玲　◼主　编

清华大学出版社
北　京

内 容 简 介

本书主要内容包括绿色建筑、绿色施工管理、绿色施工技术措施、绿色施工技术创新与应用,单元结构清晰、内容简明、图文并茂、实用性强。本书配套立体化教学资源,支持线上线下混合式学习。通过扫描各单元中的二维码,读者可以获取相关现行国家标准、知识点拓展内容等学习资源,方便理解、巩固并拓展学习内容的深度和广度。

本书可作为高等职业教育土木建筑大类专业的教学用书,也可作为建筑类企业员工培训、继续教育用书以及相关专业工程技术人员的参考用书。

图书在版编目(CIP)数据

绿色建筑与绿色施工/王宁,张春玲主编.--北京:清华大学出版社,2025.7.
(土木建筑大类专业系列新形态教材).--ISBN 978-7-302-69822-7

Ⅰ.TU74

中国国家版本馆 CIP 数据核字第 2025YA9764 号

责任编辑:鲜岱洲
封面设计:曹　来
责任校对:袁　芳
责任印制:丛怀宇

出版发行:清华大学出版社
　　网　　　址:https://www.tup.com.cn,https://www.wqxuetang.com
　　地　　　址:北京清华大学学研大厦 A 座　　　　　邮　　编:100084
　　社 总 机:010-83470000　　　　　　　　　　　　邮　　购:010-62786544
　　投稿与读者服务:010-62776969,c-service@tup.tsinghua.edu.cn
　　质量反馈:010-62772015,zhiliang@tup.tsinghua.edu.cn
　　课件下载:https://www.tup.com.cn,010-83470410
印 装 者:三河市龙大印装有限公司
经　　销:全国新华书店
开　　本:185mm×260mm　　　　印　　张:14.75　　　　字　　数:335 千字
版　　次:2025 年 8 月第 1 版　　　　　　　　　　　印　　次:2025 年 8 月第 1 次印刷
定　　价:56.00 元

产品编号:110505-01

序

建筑业作为我国国民经济的重要支柱产业,在过去几十年取得了长足的发展。随着科技的进步,目前建筑业正处于转型升级的关键时期。工业化、数字化、智能化、绿色化成为建筑行业发展的重要方向。例如,建筑信息模型(Building Information Modeling,BIM)技术的应用为各方建设主体提供了协同工作的基础,在提高生产效率、节约成本和缩短工期方面发挥了重要作用,在设计、施工、运维方面很大程度上改变了传统模式和方法;智能建筑系统的普及提升了居住和办公环境的舒适度和安全性;人工智能技术在建筑行业中的应用逐渐增多,如无人机、建筑机器人的应用,提高了工作效率、降低了劳动强度,并为建筑行业带来更多创新;装配式建筑改变了建造方式,其建造速度快、受气候条件影响小,既可节约劳动力,又可提高建筑质量,并且节能环保;绿色低碳理念推动了建筑业可持续发展。2020年7月,住房和城乡建设部等13个部门联合印发《关于推动智能建造与建筑工业化协同发展的指导意见》(建市〔2020〕60号),旨在推进建筑工业化、数字化、智能化升级,加快建造方式转变,推动建筑业高质量发展,并提出到2035年,"'中国建造'核心竞争力世界领先,建筑工业化全面实现,迈入智能建造世界强国行列"的奋斗目标。

然而,人才缺乏已经成为制约行业转型升级的瓶颈,培养大批掌握建筑工业化、数字化、智能化、绿色化技术的高素质技术技能人才成为土木建筑大类专业的使命和机遇,同时也对土木建筑大类专业教学改革,特别是教学内容改革提出了迫切要求。

教材建设是专业建设的重要内容,是职业教育类型特征的重要体现,也是教学内容和教学方法改革的重要载体,在人才培养中起着重要的基础性作用。优秀的教材更是提高教学质量、培养优秀人才的重要保证。为了满足土木建筑大类各专业教学改革和人才培养的需求,清华大学出版社借助清华大学一流的学科优势,聚集优秀师资,以及行业骨干企业的优秀工程技术和管理人员,启动BIM技术应用、装配式建筑、智能建造三个方向的土木建筑大类新形态系列教材建设工作。该系列教材由四川建筑职业技术学院胡兴福教授担任丛书主编,统筹作者团队,确定教材编写原则,并负责审稿等工作。该系列教材具有以下特点。

(1)思想性。该系列教材全面贯彻党的二十大精神,落实立德树人根本任务,引导学生践行社会主义核心价值观,不断强化职业理想和职业道德培养。

(2)规范性。该系列教材以《职业教育专业目录(2021年)》和国家专业教学标准为依据,同时吸取各相关院校的教学实践成果。

(3)科学性。教材建设遵循职业教育的教学规律,注重理实一体化,内容选取、结构安排体现职业性和实践性的特色。

(4)灵活性。鉴于我国地域辽阔,自然条件和经济发展水平差异很大,部分教材采用不同课程体系,一纲多本,以满足各院校的个性化需求。

(5)先进性。一方面,教材建设体现新规范、新技术、新方法,以及现行法律、法规和行业相关规定,不仅突出BIM、装配式建筑、智能建造等新技术的应用,而且反映了营改增等行业管理模式变革内容。另一方面,教材采用活页式、工作手册式、融媒体等新形态,并配套开发数字资源(包括但不限于课件、视频、图片、习题库等),大部分图书配套有富媒体素材,通过二维码的形式链接到出版社平台,供学生扫码学习。

教材建设是一项浩大而复杂的千秋工程,为培养建筑行业转型升级所需的合格人才贡献力量是我们的夙愿。BIM、装配式建筑、智能建造在我国的应用尚处于起步阶段,在教材建设中有许多课题需要探索,本系列教材难免存在不足之处,恳请专家和广大读者批评、指正,希望更多的同仁与我们共同努力!

胡兴福

2025年1月

前 言

　　党的二十大报告指出,高质量发展是全面建设社会主义现代化国家的首要任务。全面贯彻新发展理念,推动经济社会发展绿色化、低碳化是实现高质量发展的关键环节。作为国民经济的支柱产业之一,建筑业的高质量发展是国民经济高质量发展的重要组成部分,也是其他相关行业和部门高质量发展的重要前提和保障。

　　绿色建筑是在全生命周期内,节约资源、保护环境、减少污染,为人们提供健康、适用、高效的使用空间,最大限度地实现人与自然和谐共生的高质量建筑。大力发展绿色建筑、推行绿色建造是建筑业实现高质量发展的重要抓手,也是建筑业助力国家"双碳"战略目标实现的重要途径。

　　绿色施工是绿色建筑全生命周期内的一个重要阶段,也是绿色建造的关键环节之一。绿色施工主要强调以人为本、因地制宜,通过科学的管理手段和技术措施,最大限度地节约资源,减少施工活动对环境的负面影响。随着绿色建筑的全面普及,推广实施绿色施工将成为建筑施工现场管理的基本要求。

　　本书依据教育部印发的《绿色低碳发展国民教育体系建设实施方案》,充分考虑高等职业教育的特点,以培养践行生态文明理念、引领建筑业绿色低碳高质量发展、实现中华民族永续发展的时代新人为目标,坚持"理论够用、实用为主"的原则,科学构建内容体系,设置了绿色建筑、绿色施工管理、绿色施工技术措施、绿色施工技术创新与应用 4 个单元,力求实现职业岗位工作内容与课程教学内容的有机融合。

　　本书注重内容的系统性、科学性、规范性和时代性,在编写过程中参考了大量现行的政策文件、法律法规、规范标准,引入了绿色建筑与绿色施工的新理念、新技术,将节能环保意识、生态文明理念、可持续发展观念、系统思维、工程思维、工匠精神、规范意识、责任意识、创新意识、家国情怀等元素渗透到各单元内容中,在着力提升专业技能的同时,注重思想品德的塑造、职业品质的培养。

　　本书由日照职业技术学院王宁和张春玲担任主编并统稿;日照职

业技术学院冯伟和谭婧婧、日照山海天水务发展有限公司聂茂森、山东渝鲁弘日农业科技有限公司张宪通、日照职业技术学院王道花和杨雨参与了本书的编写及相关资源的建设工作;日照职业技术学院周立军教授审阅了全书,并提出了宝贵的意见和建议;本书由四川建筑职业技术学院胡兴福教授主审。

　　本书在编写过程中参考了众多文献资料,在此谨向各位作者表示衷心的感谢。限于编者的水平和经验,书中难免存在疏漏和不足之处,敬请读者批评和指正。

编　者

2025 年 1 月

目 录

单元 1 绿色建筑

学习目标

1. 知识目标

(1) 认识绿色建筑。

(2) 熟悉绿色建筑节能技术。

(3) 掌握绿色建筑评价方法。

2. 能力目标

(1) 能正确评价绿色建筑。

(2) 能熟练识读建筑节能设计专篇图纸。

(3) 能熟练识读绿色建筑设计专篇图纸。

3. 素养目标

(1) 树立节能环保意识,养成绿色低碳的日常行为习惯。

(2) 树立绿色发展理念,坚持可持续发展。

(3) 培养工程思维、创新思维。

(4) 树立责任意识,厚植家国情怀。

绿色建筑
学习内容
思维导图

引言

绿色建筑·添彩美丽中国

建设生态文明,是关系人民福祉、关乎民族未来的长远大计。党的十八大首次把"美丽中国"作为生态文明建设的宏伟目标,将生态文明建设纳入中国特色社会主义事业"五位一体"总体布局,生态文明思想逐步确立,绿色发展理念落地生根。

绿色建筑集资源节约和环境保护要求于一身,是建设"美丽中国"的重要载体。遵循"创新、协调、绿色、开放、共享"的新发展理念,近年来绿色建筑持续快速、健康、稳定发展,城乡建设领域基本形成绿色、低碳、循环的建设发展方式。

发展绿色建筑顺应时代潮流,满足社会民生需求。发展绿色建筑需要全民共识和行动,坚定走生态文明之路,真正把"绿色"融入建筑全生命周期,推动城乡建设领域绿色发展,促进人与自然和谐共生,为建设美丽中国赋能添彩。

1.1 认识绿色建筑

近年来绿色建筑蓬勃发展，逐步从"浅绿"迈向"深绿"，从单体绿色建筑迈向绿色社区、绿色城区、绿色城市。绿色建筑的推广实践有效提高了建筑性能，同时带动了绿色建材、绿色施工以及绿色运维的发展。未来，随着可持续发展战略的持续推进，绿色建筑必将继续迎来更大的发展空间和机遇。

【思考】绿色建筑的内涵是什么？未来绿色建筑的发展方向是什么？

1.1.1 绿色建筑的定义及相关概念

1. 绿色建筑的定义

根据《绿色建筑评价标准》(GB/T 50378—2019)，绿色建筑是指在全生命周期内，节约资源、保护环境、减少污染，为人们提供健康、适用、高效的使用空间，最大限度地实现人与自然和谐共生的高质量建筑。

2. 绿色建筑的相关概念

1) 近零能耗建筑

根据《近零能耗建筑技术标准》(GB/T 51350—2019)，近零能耗建筑是指适应气候特征和场地条件，通过被动式建筑设计最大幅度降低建筑供暖、空调、照明需求，通过主动技术措施最大幅度提高能源设备与系统效率，充分利用可再生能源，以最少的能源消耗提供舒适室内环境，且其室内环境参数和能效指标符合《近零能耗建筑技术标准》(GB/T 51350—2019)规定的建筑。其建筑能耗水平应较国家标准《公共建筑节能设计标准》(GB 50189—2015)和行业标准《严寒和寒冷地区居住建筑节能设计标准》(JGJ 26—2010)、《夏热冬冷地区居住建筑节能设计标准》(JGJ 134—2016)、《夏热冬暖地区居住建筑节能设计标准》(JGJ 75—2012)降低60%以上。

2) 超低能耗建筑

超低能耗建筑是近零能耗建筑的初级表现形式，其室内环境参数与近零能耗建筑相同，能效指标略低于近零能耗建筑，其建筑能耗水平应较国家标准《公共建筑节能设计标准》(GB 50189—2015)和行业标准《严寒和寒冷地区居住建筑节能设计标准》(JGJ 26—2010)、《夏热冬冷地区居住建筑节能设计标准》(JGJ 134—2016)、《夏热冬暖地区居住建筑节能设计标准》(JGJ 75—2012)降低50%以上。

3) 零能耗建筑

零能耗建筑是近零能耗建筑的高级表现形式，其室内环境参数与近零能耗建筑相同，是充分利用建筑本体和周边的可再生能源资源，使可再生能源年产能大于或等于建筑全年全部用能的建筑。

4) 零碳建筑

根据团体标准《零碳建筑认定和评价指南》(T/CASE 00—2021)，零碳建筑是指充分利用建筑本体节能措施和可再生能源资源，使可再生能源二氧化碳年减碳量大于或等于建筑全年全部二氧化碳排放量的建筑,其建筑能耗水平应符合现行国家标准《近零能耗建筑技术标准》(GB/T 51350—2019)相关规定。

5)健康建筑

根据中国建筑学会发布的《健康建筑评价标准》(T/ASC 02—2021),健康建筑是指在满足建筑功能的基础上,提供更加健康的环境、设施和服务,促进使用者的生理健康、心理健康和社会健康,实现健康性能提升的建筑。

6)智慧建筑

根据中国工程建设标准化协会发布的《智能建筑评价标准》(T/CECS 1082—2022),智慧建筑是指基于新一代信息技术的综合应用,构建智慧建筑综合管理平台,实现自动感知、泛在连接、自主学习、自主推断、主动决策等功能,形成人、建筑、环境相互协同,与智慧城市的功能互融,为人们提供安全、健康、低碳、便捷环境的高质量建筑。

根据中国房地产业协会发布的《智慧建筑评价标准》(T/CREA 002—2023),智慧建筑是指利用物联网、云计算、大数据、人工智能等技术,通过自动感知、泛在连接、及时传送和信息整合,具有自学习、自诊断、辅助决策和执行能力,实现安全可靠、绿色生态、高效便捷、经济节约的建成环境。

1.1.2 绿色建筑的发展历程

1. 世界绿色建筑的发展历程

20世纪60年代,美籍意大利建筑师保罗·索勒瑞把生态学和建筑学两个概念综合在一起,提出了著名的"生态建筑"新理念,使人们对建筑的本质有了更新的认识,建筑领域的生态意识逐渐被唤醒。1969年,美国建筑师伊安·麦克哈格出版《设计结合自然》一书,标志着生态建筑学正式诞生。

20世纪70年代,石油危机的爆发使人类意识到能源并非取之不尽,以牺牲生态环境为代价的高速文明发展史是难以为继的。耗用自然资源较多的建筑产业必须改变发展模式,走可持续发展之路。太阳能、地热、风能等各种建筑节能技术应运而生,节能建筑成为建筑发展的先导。

1972年,联合国人类环境会议在瑞典斯德哥尔摩举行,这是世界各国政府共同讨论当代环境问题,探讨保护全球环境战略的第一次国际会议。会议通过了著名的《人类环境宣言》,呼吁各国政府和人民为维护和改善人类环境,造福全体人民,造福后代而共同努力。

1980年,世界自然保护组织首次提出"可持续发展"口号,同时节能建筑体系逐渐完善,并在部分发达国家广泛应用。1987年,联合国环境署发表《我们共同的未来》报告,确立了可持续发展的思想。

20世纪90年代,英国政府率先确立了可持续发展的国家战略。1990年,英国建筑研究所制定了世界上第一个绿色建筑评估体系BREEAM(Building Research Establishment Environmental Assessment Method)。自此之后,部分发达国家和相关地区相继推出绿色建筑评估体系,推动绿色建筑持续向前发展。

1992年,联合国环境与发展大会在巴西里约热内卢召开,会议通过了《里约环境与发展宣言》《21 世纪议程》《关于森林问题的原则声明》等重要文件,并开放签署了联合国《气候变化框架公约》和《生物多样性公约》,确立了世界各国在可持续发展和国际合作的一般性原则,制定了可持续发展和国际合作的战略措施,标志着可持续发展理念得到世界各国的普遍承认和接受。此次会议是继 1972 年联合国人类环境大会后国际环境保护史上的又一个里程碑事件。

1997 年,联合国气候变化框架公约的第三次缔约方大会在京都召开,世界多个国家和地区签订了《京都议定书》。《京都议定书》为国际合作应对气候变化确立了基本原则,提供了有效框架和规则,国际社会需要共同努力,限制温室气体排放量以抑制全球变暖。

2002 年,世界绿色建筑委员会(Word Green Building Council,WGBC)正式成立,旨在推动全球范围内的绿色建筑发展和可持续建筑实践。自该组织成立以来,世界各国也相继成立绿色建筑委员会,推出并更新了一系列有关绿色建筑的评价标准体系。

进入 21 世纪以后,绿色建筑的内涵更加丰富完善,绿色建筑进入高质量发展阶段,成为世界建筑发展的方向。

2. 我国绿色建筑的发展历程

20 世纪 90 年代,"绿色建筑"这一概念开始引入我国。1991 年,我国加入《蒙特利尔议定书》;1992—1993 年,我国批准并提交了《联合国气候变化框架公约》;1994 年,我国发布《中国 21 世纪议程——中国 21 世纪人口、环境与发展白皮书》,阐述中国人口、经济、社会、资源、环境的可持续发展战略、政策和行动框架;1998 年,我国正式签署了《京都议定书》。多年来,我国政府积极履约,为应对全球气候危机做出了重大贡献。

1)政策引导与资金支持

我国从"十五"期间开始加大对绿色建筑的科技投入,将发展绿色建筑纳入国家和行业发展规划,陆续出台相关政策推动绿色建筑发展。

2004 年 4 月,建设部与科技部发布了国家科技攻关计划重点项目申报指南,启动了"十五"国家科技重大攻关项目——"绿色建筑关键技术研究"。"十一五"到"十四五"期间,与绿色建筑相关的国家科技支撑计划(重点)项目、国家重点研发计划项目相继启动,为我国绿色建筑的发展提供了强有力的技术支撑和引领。

2006 年 2 月,国务院发布《国家中长期科学和技术发展规划纲要(2006—2020 年)》,"建筑节能与绿色建筑"作为"城镇化与城市发展"重点领域的优先主题,重点研究开发绿色建筑设计技术,建筑节能技术与设备,可再生能源装置与建筑一体化应用技术,精致建造和绿色建筑施工技术与装备,节能建材与绿色建材,建筑节能技术标准。2019 年,国家中长期科技发展规划(2021—2035 年)编制工作正式启动。

2012 年 4 月,财政部和住房和城乡建设部印发《关于加快推动我国绿色建筑发展的实施意见》,首次从国家层面提出将对绿色建筑进行财政补贴,从而指导地方政府出台相关的激励政策。

2012 年 5 月,科技部印发《"十二五"绿色建筑科技发展专项规划》。将绿色建筑共性关键技术体系、绿色建筑产业推进技术体系、绿色建筑技术标准规范和综合评价服务技术体系建设作为绿色建筑科技发展的 3 个技术支撑重点,积极推进相关技术的研发、标准规范的编制修订与工程应用示范。

2013年1月,国务院办公厅转发国家发展改革委、住房和城乡建设部制定的《绿色建筑行动方案》,部署切实抓好新建建筑节能工作、大力推进既有建筑节能改造、开展城镇供热系统改造、推进可再生能源建筑规模化应用、加强公共建筑节能管理、加快绿色建筑相关技术研发推广、大力发展绿色建材、推动建筑工业化、严格建筑拆除管理程序、推进建筑废弃物资源化利用等10项重点任务。2020年7月,住房和城乡建设部等7部门联合印发《绿色建筑创建行动方案》,重点任务包括推动新建建筑全面实施绿色设计、完善星级绿色建筑标识制度、提升建筑能效水平、提高住宅健康性能、推广装配化建造方式、推动绿色建材应用、加强技术研发推广、建立绿色住宅使用者监督机制。

2013年4月,住房和城乡建设部印发《"十二五"绿色建筑和绿色生态城区发展规划》,重点推进绿色生态城区建设、推动绿色建筑规模化发展、大力发展绿色农房、加快发展绿色建筑产业、着力进行既有建筑节能改造、推动老旧城区的生态化更新改造。

2016年2月,中共中央、国务院印发《关于进一步加强城市规划建设管理工作的若干意见》,要求牢固树立"创新、协调、绿色、开放、共享"的发展理念,贯彻"适用、经济、绿色、美观"的建筑方针。

2017年3月,住房和城乡建设部印发《建筑节能与绿色建筑发展"十三五"规划》,部署加快提高建筑节能标准及执行质量、全面推动绿色建筑发展量质齐升、稳步提升既有建筑节能水平、深入推进可再生能源建筑应用、积极推进农村建筑节能5大主要任务,明确了健全法律法规体系、加强标准体系建设、提高科技创新水平、增强产业支撑能力、构建数据服务体系5项举措。

2022年3月,住房和城乡建设部印发《"十四五"建筑节能与绿色建筑发展规划》,部署提升绿色建筑发展质量、提高新建建筑节能水平、加强既有建筑节能绿色改造、推动可再生能源应用、实施建筑电气化工程、推广新型绿色建造方式、促进绿色建材推广应用、推进区域建筑能源协同、推动绿色城市建设9项主要任务。明确到2025年,城镇新建建筑全面建成绿色建筑,建筑能源利用效率稳步提升,建筑用能结构逐步优化,建筑能耗和碳排放增长趋势得到有效控制,基本形成绿色、低碳、循环的建设发展方式,为城乡建设领域2030年前碳达峰奠定坚实基础。

2)标准制定与体系完善

2001年9月,《中国生态住宅技术评估手册》出版发行,手册指出绿色生态住宅是中国住宅产业发展的长远目标,明确了绿色生态住宅的评估指标体系。

2003年8月,《绿色奥运建筑评估体系》第一版正式出版发行,根据2008年北京奥运建设项目在规划、设计、施工、验收与运行管理4个阶段不同的特点和要求,分别从环境、能源、水资源、材料与资源、室内环境质量等方面阐述了如何全面提高奥运建筑的生态服务质量并有效减少资源与环境负荷。

2005年10月,建设部与科技部联合发布了《绿色建筑技术导则》,明确绿色建筑指标体系由节地与室外环境、节能与能源利用、节水与水资源利用、节材与材料资源、室内环境质量和运营管理6类指标组成,旨在加强对我国绿色建筑建设的指导,促进绿色建筑及相关技术健康发展。

2006年3月,建设部发布国家标准《绿色建筑评价标准》(GB/T 50378—2006),该标准的出台标志着我国绿色建筑国家标准体系的正式建立,对于促进绿色建筑技术的研发和应用、推动建筑行业的绿色转型和可持续发展具有重要意义。为了适应绿色建筑技术的快速发展、满足新时代绿色建筑高质量发展的需求,该标准于2014年、2019年和2024年进行了3次修订。

目前我国已经建立了适合中国国情的绿色建筑标准体系,涵盖了绿色建筑建造全过程,包括规划设计、施工过程管理、运行维护、更新改造、性能评价等。在绿色建筑标准的支撑和引领下,我国绿色建筑发展成绩斐然,绿色建筑发展目标清晰、绿色建筑面积持续增加、绿色建筑增量成本大幅下降、绿色建筑标准体系日趋完善。

绿色建筑标准体系

3)推广实践与示范引领

2004年9月,建设部设立"全国绿色建筑创新奖",相继印发《全国绿色建筑创新奖管理办法》《全国绿色建筑创新奖实施细则》《全国绿色建筑创新奖评审标准》。绿色建筑创新奖分工程类项目奖、技术与产品类项目奖。工程类项目奖包括绿色建筑创新综合奖、智能建筑创新专项奖和节能建筑创新专项奖;技术与产品类项目奖是指应用于绿色建筑工程中具有重大创新、效果突出的新技术、新产品、新工艺。该奖每两年评审一次,奖励对象为在住房和城乡建设领域节约资源、保护环境、推进绿色建筑发展方面具有创新性和明显示范作用的工程项目以及在绿色建筑技术研究开发和推广应用方面作出重要贡献的单位和个人。

2005年3月,建设部等8部委联合多个国际组织和外国机构在北京举办"首届国际智能与绿色建筑技术研讨会暨首届国际智能与绿色建筑技术与产品展览会"。首届"全国绿色建筑创新奖"在首届国际智能与绿色建筑技术研讨会闭幕式上揭晓了科技部建筑节能示范楼等40个获奖项目。2024年5月,"第二十届国际绿色建筑与建筑节能大会暨新技术与产品博览会"在河南郑州召开,会议主题为"助推绿色建筑高质量发展,引领城乡建设绿色低碳转型"。该会议已成为绿色建筑领域最具权威性和代表性的国际性学术交流峰会和行业展示盛会,为我国绿色建筑技术创新和国际建筑节能产业的健康发展做出了重要贡献。

2007年8月,建设部印发《绿色建筑评价标识管理办法(试行)》。2008年4月,绿色建筑评价标识管理办公室成立,主要负责绿色建筑评价标识的管理工作。2021年1月,住房和城乡建设部制定并印发《绿色建筑标识管理办法》,自2021年6月1日起施行。

2010年7月,中国建筑业协会发布《全国建筑业绿色施工示范工程管理办法(试行)》和《全国建筑业绿色施工示范工程验收评价主要指标》。2012年10月,住房和城乡建设部建筑节能与科技司发布《绿色施工科技示范工程管理实施细则》。2013年6月,《绿色施工科技示范工程技术指标(试行)》发布,并在此后进行了多次修订和完善。通过绿色施工示范工程、绿色施工科技示范工程的建设,促进建筑节能减排,发展绿色建筑,推广绿色施工,充分发挥新技术应用示范工程的引领作用,逐步建立和完善我国建筑业绿色施工管理体系和发展模式。

3. 绿色建筑未来发展的重点

当前,我国在绿色建筑领域已经取得了显著的成绩。发展绿色建筑已成为建筑领域落实"双碳"目标和"健康中国战略"的重要抓手。随着经济发展与社会进步,新技术、新材料不断涌现,也为绿色建筑的发展注入了新的活力和动力。未来绿色建筑必然会向更高效、更低碳、更健康、更智慧的方向高质量规模化发展。

绿色建筑未来发展重点主要体现在以下几个方面。

（1）降低碳排放强度。《建筑节能与可再生能源利用通用规范》（GB 55015—2021）中明确要求：新建的居住和公共建筑碳排放强度应分别在2016年执行的节能设计标准的基础上平均降低40%，碳排放强度平均降低7kg $CO_2/(m^2 \cdot a)$以上，这是我国首个建筑碳排放的强制性指标。据相关数据统计，近年来全国建筑碳排放强度总体变动幅度较小。未来建筑领域碳排放强度降低任务艰巨，需要持续努力。

（2）建设健康建筑。随着社会经济的发展和生活水平的提高，人们对居住环境的健康舒适性要求也越来越高，健康建筑成为绿色建筑深层次发展的需求。与绿色建筑相比，健康建筑对健康相关元素更加聚焦，涵盖的专业领域更广泛，对健康指标的要求更高，用户的可感知性更明显。健康建筑既节能环保，又有利于居住者身心健康，不仅是绿色建筑的丰富和发展，也是建筑功能的完善与更佳展现。

（3）提高智慧水平。当前科技的飞速进步让人们置身于一个充满变革的时代，数字化、信息化、智能化、数智化以及智慧化等概念如同一股股浪潮，引领着社会、经济、文化等各个领域的深刻转型。智慧建筑是绿色建筑数字化发展的体现，智慧性能提升是绿色建筑的发展重点之一，建筑智慧化逐渐成为绿色建筑的基本要求。

（4）加强国际合作。建立丰富的国际合作关系，开展交流、共享信息、联动资源，有助于推动建筑行业健康、绿色、可持续发展。近年来，我国绿色建筑的蓬勃发展受到了国际上的高度关注，绿色建筑标准获得国际认可，整体发展水平已经居于世界前列，国际交流日益活跃。

1.2 绿色建筑节能基础知识

能源是人类文明发展的动力，从原始文明、农业文明、工业文明到现代生态文明，能源的开发利用始终与人类文明进程相生相伴、相辅相成。但"水能载舟，亦能覆舟"，能源的开发利用在促进经济社会发展的同时，也带来了诸如能源资源短缺、生态环境破坏等一系列全球性危机。当前，我国正处于工业化、城镇化转型升级的重要阶段，能源资源消耗量较大。建筑领域作为能源资源消耗的主要领域之一，其节能潜力和节能意义重大。

【思考】基于现代生态文明思想和人类命运共同体理念，应当采取什么对策来破解当今世界面临的能源与环境危机？当前我国建筑节能的目标是什么？

1.2.1 建筑节能的内涵与发展

1. 建筑节能的内涵

根据《建筑节能基本术语标准》（GB/T 51140—2015），建筑节能是指建筑规划、设计、施工和使用维护过程中，在满足规定的建筑功能要求和室内环境质量的前提下，通过采取技术措施和管理手段，实现提高能源利用效率、降低运行能耗的活动。

建筑节能的内涵发展大致经历了3个阶段：第一阶段是在建筑中节约能源（energy saving），即尽量减少能源的使用量；第二阶段是在建筑中保持能源（energy conservation），即尽量减少能源在建筑物中的损失;第三阶段是在建筑中提升能效(energy efficiency improvement),即通过合理地使用能源,提高能源的利用效率。

2. 建筑能耗分析

建筑能耗有广义和狭义之分。广义的建筑能耗包括建筑全生命周期内发生的所有能耗,即建筑全过程能耗,如图 1-1 所示;狭义的建筑能耗一般是指建筑在使用过程中的能耗,即建筑运行能耗。

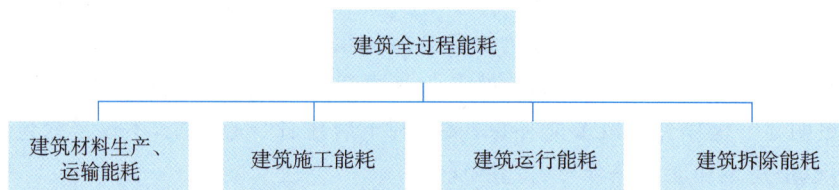

```
                    ┌──────────────┐
                    │  建筑全过程能耗  │
                    └──────────────┘
        ┌────────────┬──────────┬──────────┬──────────┐
  ┌──────────┐ ┌──────────┐ ┌──────────┐ ┌──────────┐
  │建筑材料生产、│ │ 建筑施工能耗 │ │ 建筑运行能耗 │ │ 建筑拆除能耗 │
  │ 运输能耗   │ │          │ │          │ │          │
  └──────────┘ └──────────┘ └──────────┘ └──────────┘
```

图 1-1　建筑全过程能耗构成

建筑领域、工业领域和交通领域是全球最主要的三大能源消耗领域,建筑领域终端用能约占全球终端能源消耗量的三分之一,建筑领域碳排放约占与能源相关二氧化碳排放量的三分之一。根据近年来的相关统计数据,我国建筑全过程能耗持续增长,建筑碳排放强度总体保持稳定。建筑全过程能耗在全国能源消费总量中的占比较高,且能耗主要集中在建材生产阶段和建筑运行阶段,施工阶段能耗总量相对较少。

3. 建筑节能的意义

1) 缓解能源压力

当前,我国正处于工业化、城镇化转型升级的重要阶段,社会经济快速高质量发展,能源资源消耗量较大。我国能源资源总量比较丰富,但人均占有量偏低,能源资源相对缺乏,尤其是石油、天然气等化石能源的对外依存度较高。

在建筑领域,一方面,我国既有建筑存量较大,其中部分建筑的能源利用效率较低,建筑能耗高;另一方面,随着人们生活水平的提高,对建筑的品质要求越来越高,建筑全过程能耗稳步上升。加强建筑领域节能工作,对既有建筑进行节能改造、提高新建建筑的节能标准,可以显著减少建筑能耗、提高能源利用效率、降低能源成本,缓解我国能源供给压力,保障国家能源安全。

2) 保护生态环境

建筑在其全生命周期内,包括建材的生产和运输、建筑施工、运行使用及拆除等各个阶段,都要消耗大量的能源。传统建筑消耗的煤炭、石油等化石能源在燃烧过程中会释放大量的二氧化碳等温室气体以及二氧化硫、氮氧化物和颗粒物等大气污染物,危害人体健康、污染大气环境、加剧全球气候变暖、影响全球生态系统平衡。实施主动或被动式建筑节能措施,可以显著降低建筑能源需求、减少对传统能源的依赖,降低碳排放强度和污染物排放水平,保护生态环境,促进人与自然和谐共生。

3) 提高室内环境质量

建筑节能不仅关乎能源节约和环境保护,还与建筑使用者的生活质量密切相关。科学合理的建筑节能措施可以有效改善室内热环境、光环境和声环境,营造舒适宜人的生活空间,降低使用者的能源消费成本,提升建筑健康性能,促进建筑使用者的身心健康。

4）促进经济社会可持续发展

可持续发展是一种既满足当代人的需求，又不对满足后代人需求的能力构成危害的健康、公正的发展模式，主要强调经济、社会、人口、资源和环境的协调发展。实施可持续发展战略是应对当前资源环境压力、经济社会协调发展等诸多挑战的必然选择。提高建筑节能标准、推广建筑节能技术、发展绿色建筑可以有效降低建筑对资源的需求和能源的消耗，促进可再生能源在建筑中的应用，减少对环境的负面影响，提升建筑业绿色低碳发展水平，是建筑业贯彻国家可持续发展战略的重大举措。

4.我国建筑节能发展概况

我国建筑节能是从20世纪70年代末开始起步的，80年代，我国正式明确了建筑节能"分步走"的发展战略，并以标准、规范的形式予以落实，逐步降低建筑能耗，提高建筑节能水平。

根据我国建筑节能发展规划，从1986年起逐步实施节能30%、50%和65%的建筑节能设计标准，即"三步节能"。第一步节能是由北京等地区出台建筑节能标准，以80年代初有代表性的建筑能耗作为基准，将建筑能耗降低30%；第二步节能是在第一步节能的基础上，将建筑能耗再降低30%，达到50%的节能率标准；第三步节能是在第二步节能的基础上，继续降低约30%的能耗，达到65%的节能率标准。

2021年9月，住房和城乡建设部发布了全文强制性工程建设规范《建筑节能与可再生能源利用通用规范》(GB 55015—2021)，并于2022年4月1日起正式实施。规范中明确规定：新建居住建筑平均能耗水平应在2016年执行节能设计标准的基础上再降低30%，其中要求严寒和寒冷地区居住建筑平均节能率为75%，达到第四步节能的标准。随着建筑节能技术的发展，当前我国部分地区已经率先实施了第五步节能。

【查一查】第五步节能标准是多少？当前你所在地区新建建筑执行的节能标准是多少？

1.2.2　建筑节能的基本途径

1.建筑规划设计阶段

1）优化建筑布局与朝向

（1）合理的建筑布局与朝向能够使建筑物最大限度地利用自然采光，营造良好的室内光环境，降低建筑照明能耗。

（2）合理的建筑布局与朝向有利于增强建筑自然通风效果，带走室内热量和湿气，改善室内空气质量，减少制冷负荷，降低空调能耗。

（3）合理的建筑布局和朝向有利于最大限度地利用太阳能资源。例如，被动式太阳能建筑通过建筑布局和朝向的合理设置、内部空间和外部形体的巧妙处理、建筑材料和围护结构构造形式的恰当选择，能够获取大量的太阳辐射能量；主动式太阳能建筑通过各种类型的太阳能利用系统，主动收集利用太阳能，以满足建筑内部能源需求，减少建筑物对传统能源的依赖。

2）控制建筑体形系数

建筑体形系数是建筑物与室外大气接触的外表面积与其所包围的体积的比值。建筑体形系数的大小直接影响建筑能耗。通过控制建筑体形系数，避免建筑外立面的复杂变化，使建筑物外形更加紧凑规整，能够有效减少通过外围护结构传递的热量，从而降低夏季制冷能耗和冬季供暖能耗。

3）围护结构节能设计

建筑围护结构的热量损失主要来自墙体、门窗、屋面以及地面，如果围护结构的保温隔热性能不良，会产生大量的热量损失，从而导致建筑制冷能耗和供暖能耗大幅增加。通过节能设计，选用节能型建筑材料(优先选用新型建材、提高绿色建材比例)，选择合理的围护结构构造形式，提高围护结构密封性能，可以有效改善围护结构的保温隔热性能，降低建筑能耗。

4）可再生能源利用

当前大力发展可再生能源，实施可再生能源替代行动，是推进能源革命和构建清洁低碳、安全高效能源体系的重大举措，是建设生态文明、促进经济社会可持续发展的客观要求。在建筑规划设计阶段，可以从建筑全生命周期角度策划将可再生能源系统与建筑功能有机结合，充分利用太阳能、风能以及地热能等可再生能源，满足建筑施工及运营期间的能源需求，降低对传统能源的依赖，减少能源消耗和碳排放。

2. 建筑施工阶段

1）推广使用节能施工技术与工艺

推广使用节能施工技术与工艺，能有效降低施工阶段的能源消耗量。例如，采用预制装配式建筑施工技术，可以将大量的建筑构件在工厂预制完成后，集中配送至施工现场进行装配施工，大大减少了现场混凝土浇筑、砌筑等湿作业，不仅能降低现场能源消耗，提高施工效率，还能保证施工质量。

2）加强施工节能管理

施工过程中严格执行节能管理制度，落实节材与材料资源利用措施、节水与水资源利用措施、节能与能源利用措施、节地与土地资源保护措施、人力资源节约与保护措施以及环境保护措施，定期进行节能效果检查与评价，创新管理和技术手段，引入现代信息技术等都可以显著降低施工阶段的能耗及碳排放。

3. 建筑运行阶段

1）建立建筑能源管理系统

在建筑物各类能源系统中安装智能计量仪表、传感器等前端信息采集设备，实时收集建筑运行过程中的能源消耗数据、在线监测各类能源的消耗情况。根据能源监测和分析结果，能源管理系统可以制定有针对性的优化控制策略，有效减少能源浪费，提高能源利用效率。

2）建筑使用者节能行为引导与管理

制定建筑节能管理制度，明确使用者的节能责任和义务，规范使用者的日常用能行为；建立激励机制，鼓励使用者积极参与节能行动；在建筑中提供便捷的节能设施和服务，方便使用者进行节能操作；设置节能宣传标语、发放节能手册、举办节能讲座等节能宣传教育活动，营造浓厚的节能氛围，让使用者了解节能的重要性，熟悉节能措施，提高节能意识，并将节能意识转化为自觉行动，为建设资源节约型、环境友好型社会做出积极贡献。

1.2.3　建筑围护结构节能技术

1. 围护结构能量损失

1）热量传递的基本方式

自然界中热量传递的 3 种基本方式包括导热、对流和辐射。导热又称为热传导，是指温度不同的物体各部分或温度不同的两物体间直接接触时,依靠分子、原子及自由电子等微观粒子热运动而进行的热量传递现象。对流是指流体各部分之间发生相对位移时,冷热流体相互掺混所引起的热量传递过程;对流传热则是指流体流过温度不同的固体壁面时的热量传递过程。辐射是指物体通过电磁波来传递能量的方式,物体会因各种原因发出辐射能,其中因热的原因而发出辐射能的过程称为热辐射。与导热和对流不同的是,热辐射不需要任何物质作媒介,可以在真空中传播。

2) 围护结构能量损失途径

由于室内外空间存在温差,通过建筑物的外围护结构存在热量传递现象。如果热工性能不良,围护结构各个部位都会产生大量的热损失,如图1-2所示。

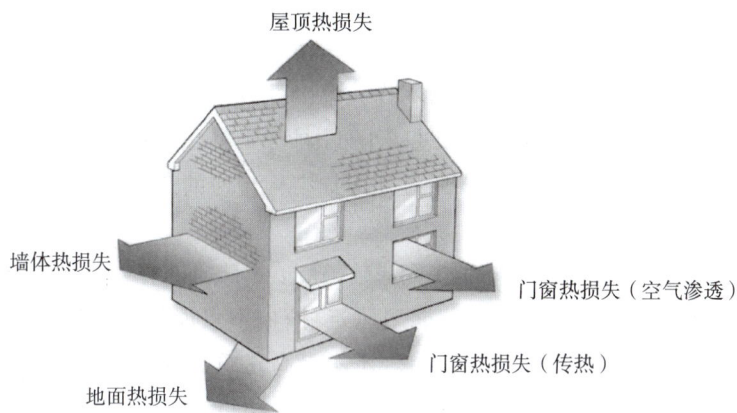

图 1-2　建筑围护结构能量损失途径

从图1-2中可以看出,建筑围护结构的能量(热量)损失主要来自以下4部分:墙体、门窗、屋顶以及地面。由于建筑使用性质不同、围护结构热工性能要求不同等原因,各部分能量损失所占的比例存在一定差异。建筑节能设计与施工应针对围护结构能量损失的重点部位,采取切实可行的节能技术与措施。

3) 围护结构传热过程分析

以围护结构中的外墙部位为例进行分析,通过围护结构的传热过程如图1-3所示,主要分为3个阶段。

(1) 围护结构表面吸热:内表面从室内空间吸热(冬季)或外表面从室外空间吸热(夏季),传热方式以辐射、对流为主。

(2) 围护结构本身传热:热量由结构的高温表面传向低温表面,传热方式以导热为主。

(3) 围护结构表面放热:外表面向室外空间放热(冬季)或内表面向室内空间放热(夏季),传热方式以辐射、对流为主。

实际传热过程往往是导热、对流和辐射3种基本传热方式综合作用的过程。在围护结构表面吸热和放热过程中,既有结构表面与周围空气之间的导热与对流传热,又有结构表面与周围其他表面间的辐射传热;在围护结构本身的传热过程中,实体材料层传热以导热为主,但由于大多数建筑材料都或多或少含有孔隙,而通过孔隙的传热方式包含导热、对流和辐射,因此围护结构本身的传热过程也是3种基本传热方式综合作用的过程。

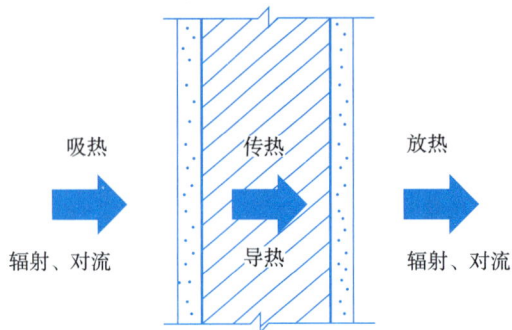

图 1-3　围护结构的传热过程分析

在建筑物室内外环境存在温差,尤其是温差较大的情况下,想要维持建筑物室内的热稳定性,使室内温度在设定的舒适范围内不作大幅度的波动,减少能源能耗,必须尽量减少通过建筑物外围护结构传递的热量。通过减小外围护结构的表面积,选用热导率较小的材料或热阻较大的构件,都能够有效减少通过外围护结构传递的热量。

2. 建筑节能材料选用

建筑材料是构成建筑工程实体的物质基础,建筑材料的选择对建筑节能有很大的影响。根据建筑节能设计要求合理选用节能型建筑材料,不仅能提高建筑的保温隔热性能,降低建筑能耗,从而减少能源消耗和碳排放,还能提高建筑品质,为人们提供绿色低碳、健康舒适的生活环境。尤其是新型建筑节能材料通常采用可再生或可循环利用的原材料制成,有利于节约资源、保护环境,提高资源利用效率。建筑节能材料的类型较多,主要包括新型节能墙体材料、保温隔热材料、节能玻璃等。

1) 新型节能墙体材料

新型节能墙体材料主要包括利用各类工业固体废弃物、建筑垃圾等非黏土资源作为原材料制成的砖、砌块和板材等。相对于黏土实心砖等高耗能传统墙材,新型节能墙体材料一般具有保护土地、低碳环保、节能利废、保温隔热、轻质高强、经济适用、改善建筑功能、增加房屋使用面积等显著优点,其中相当一部分品种属于绿色建材。

墙体材料由传统黏土制品向非黏土制品、单一功能向多功能复合、体小量重向轻质高强、手工操作生产向工业化和标准化生产转变是经济社会发展的必然趋势。推进墙体材料改革,加快发展以工业尾矿、粉煤灰、建筑渣土、煤矸石、冶金和化工废渣等固体废弃物为原料的新型墙材,无疑是保护耕地和生态环境,消纳工业固体废物,促进资源循环利用的重要措施。

(1) 砖类。砖类新型节能墙体材料主要包括:非黏土的烧结保温砖、复合保温砖、烧结多孔砖(图 1-4)、烧结空心砖(图 1-5);蒸压粉煤灰砖、蒸压粉煤灰多孔砖、蒸压粉煤灰空心砖、蒸压灰砂砖、蒸压灰砂多孔砖;承重混凝土多孔砖、非承重混凝土空心砖、装饰混凝土砖、混凝土实心砖等。

(2) 砌块类。砌块类新型节能墙体材料主要包括:蒸压加气混凝土砌块(图 1-6)、蒸压粉煤灰空心砌块、石膏砌块、自保温混凝土复合砌块、装饰混凝土砌块、轻集料混凝土小型空心砌块、普通混凝土小型砌块（图1-7）、粉煤灰混凝土小型空心砌块、复合保温砌块、建筑碎料小型空心砌块、烧结保温砌块、烧结多孔砌块、烧结空心砌块等。

图1-4　煤矸石烧结多孔砖

图1-5　煤矸石烧结空心砖

图1-6　蒸压加气混凝土砌块

图1-7　普通混凝土小型砌块

（3）板材类。板材类新型节能墙体材料主要包括：蒸压加气混凝土板（图1-8）、钢筋陶粒混凝土轻质隔墙条板（图1-9）、玻璃纤维增强水泥轻质多孔隔墙条板、玻璃纤维增强水泥外墙板、石膏空心条板、纸面石膏板、纤维增强低碱度水泥建筑平板、建筑用金属面绝热夹芯板（图1-10）、纤维水泥夹芯复合墙板、纤维增强硅酸钙板（图1-11）、维纶纤维增强水泥平板等。

图1-8　蒸压加气混凝土板

图1-9　钢筋陶粒混凝土轻质隔墙条板

图 1-10　建筑用金属面绝热夹芯板

图 1-11　纤维增强硅酸钙板

2）保温隔热材料

在建筑工程中，通常把用于控制室内热量外流的材料称为保温材料，把防止室外热量流入室内的材料称为隔热材料。建筑保温隔热材料大多是轻质、疏松、多孔或呈纤维状，其品种较多，按材质可以分为有机保温隔热材料和无机保温隔热材料两大类。

有机保温隔热材料以泡沫塑料为主，泡沫塑料一般是以合成树脂为基料，加入适当的发泡剂、催化剂和稳定剂等辅助材料，经发泡制成，具有轻质、保温、隔热、吸声、防震等性能。常见的泡沫塑料有聚苯乙烯泡沫塑料、聚氨酯泡沫塑料、聚氯乙烯泡沫塑料、聚乙烯泡沫塑料、脲醛泡沫塑料、酚醛泡沫塑料等。无机保温隔热材料的防火性能、强度及耐久性一般优于有机保温隔热材料，常见的无机保温隔热材料有岩棉、矿渣棉、玻璃棉、陶瓷纤维、膨胀蛭石、膨胀珍珠岩、膨胀玻化微珠、泡沫玻璃等。以下主要介绍其中 8 种。

（1）聚苯乙烯泡沫塑料。聚苯乙烯泡沫塑料是以聚苯乙烯树脂为基料，加入发泡剂等辅助材料，经加热发泡而成的轻质材料。根据生产工艺的不同，聚苯乙烯泡沫塑料板材可以分为模塑聚苯板和挤塑聚苯板。模塑聚苯板（图 1-12）是由可发性聚苯乙烯珠粒径加热预发泡后在模具中加热成型而制得的具有闭孔结构的聚苯乙烯泡沫塑料板材，包含 033 级和 039 级，简称 EPS 板（expanded polystyrene board）。挤塑聚苯板（图 1-13）是以聚苯乙烯树脂或其共聚物为主要成分，加入少量添加剂，通过加热挤塑成型而制得的具有闭孔结构的硬质泡沫塑料板材，简称 XPS 板（extruded polystyrene board）。

图 1-12　模塑聚苯板（EPS）

图 1-13　挤塑聚苯板（XPS）

（2）聚氨酯泡沫塑料。聚氨酯泡沫塑料是异氰酸酯和羟基化合物经聚合发泡制成,按硬度一般可以分为硬质泡沫塑料、软质泡沫塑料和半硬质泡沫塑料等。硬泡聚氨酯是由多亚甲基多苯基多异氰酸酯和多元醇及助剂等反应制成的以聚氨基甲酸酯结构为主的硬质泡沫塑料。以硬泡聚氨酯(包括聚氨酯硬质泡沫塑料和聚异氰脲酸酯硬质泡沫塑料)为芯材,在工厂制成的、双面带有界面层的板材,简称PUR(polyurethane)板(图1-14)。

（3）胶粉聚苯颗粒保温浆料。胶粉聚苯颗粒保温浆料(图1-15)是由可再分散胶粉、无机胶凝材料、外加剂等制成的胶粉料与作为主要骨料的聚苯颗粒复合而成的,可直接作为保温层材料的胶粉聚苯颗粒浆料,简称保温浆料。

图1-14 硬泡聚氨酯板

图1-15 胶粉聚苯颗粒保温浆料

（4）岩棉。岩棉又称岩石棉,是矿物棉的一种。岩棉是以天然岩石如玄武岩、辉绿岩、白云石、铁矿石、铝矾土等为主要原料,经高温熔化、纤维化而制成的蓬松状短细无机质纤维,具有质轻、不燃(A级)、热导率小、吸声性能好、化学稳定性好、强度高、绝热性能好、工作温度高等优点,广泛应用于建筑和工业装备、管道、窑炉的绝热、防火、吸声和抗震等。岩棉纤维加入适量热固性树脂胶黏剂及憎水剂,经压制、固化和切割等加工过程可制成如图1-16所示的岩棉板。图1-17所示为插丝岩棉板。

图1-16 岩棉板

图1-17 插丝岩棉板

【思考】建筑材料的燃烧性能等级如何划分? 用于建筑外墙的保温材料,其燃烧性能等级有什么要求?

（5）矿渣棉。矿渣棉是采用高炉矿渣等工业废渣为主要原料,经熔化、纤维化而制成的无机质纤维,具有质轻、热导率小、不燃烧、防蛀、价廉、耐腐蚀、化学稳定性好、吸声性能好等特点。

(6)玻璃棉。玻璃棉是采用石英砂、白云石等天然矿石为主要原料,配以其他化工原料熔制玻璃,并在熔融状态下,借助外力制成纤维状材料。玻璃棉制品有玻璃棉毡、玻璃棉板、玻璃棉带、玻璃棉毯以及玻璃棉保温管等。

STP 真空绝热板

(7)膨胀蛭石。蛭石是一种天然无机矿物质,由云母类矿物经风化而成,具有层状结构。生蛭石片经过高温焙烧后,其体积能迅速膨胀数倍至数十倍,体积膨胀后的蛭石为膨胀蛭石(图 1-18)。膨胀蛭石具有较强的保温隔热能力,可松散铺设,用作绝热、隔声材料,也可与水泥、水玻璃等胶凝材料配合,制成蛭石保温板(图 1-19)。

图 1-18 膨胀蛭石

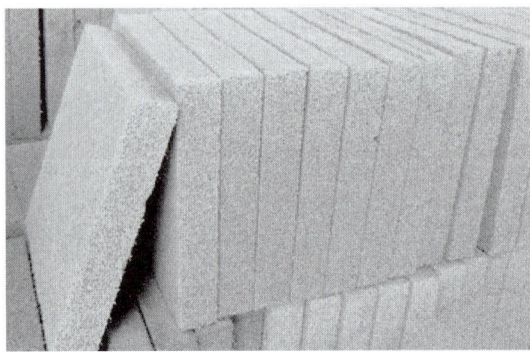

图 1-19 蛭石保温板

(8)无机轻集料保温砂浆。无机轻集料保温砂浆以憎水型膨胀珍珠岩、膨胀玻化微珠、闭孔珍珠岩、陶砂等无机轻集料为保温材料,以水泥或其他水硬性无机胶凝材料为主要胶结料,并掺加高分子聚合物及其他功能性添加剂而制成的建筑保温干混砂浆。

3)节能玻璃

玻璃是建筑门窗最常用的镶嵌材料,常见的节能玻璃有吸热玻璃、热反射玻璃、低辐射玻璃、中空玻璃、真空玻璃等类型。

(1)吸热玻璃。吸热玻璃通常是在普通玻璃原料中加入具有吸热性能的着色剂或在平板玻璃表面喷镀一层或多层金属或金属氧化物薄膜而制成。在保持较高可见光透过率的同时,吸热玻璃能吸收大量红外线辐射能,并将其转化为热能(玻璃本身温度升高),热能又以导热、对流和辐射等方式向室外散发出去,从而减少进入室内的太阳辐射能量,在炎热的季节有利于降低室内温度,减少空调能耗,达到节能的效果。

(2)热反射玻璃。热反射玻璃是一种对太阳能有较强反射作用的镀膜玻璃,又称为阳光控制镀膜玻璃。其表面镀有一层或多层金属或金属氧化物薄膜,这些膜层对太阳能有一定的反射效果,从而将大部分太阳能吸收和反射出去,减少进入室内的太阳辐射能量。

(3)低辐射玻璃。低辐射玻璃,简称 Low-E 玻璃,是一种具有较高可见光透过率和良好热阻性能的低辐射镀膜玻璃。在高质量的浮法玻璃基片表面上镀有金属或金属氧化物薄膜的低辐射涂层,使其对远红外线具有双向反射作用,当来自太阳或室内热源的远红外线(热能)撞击低辐射玻璃时,会被反射回原来的空间。低辐射玻璃在夏季能有效减少进入室内的太阳辐射能,降低制冷负荷;在冬季能有效阻挡室内热量流失,减少供暖能耗,节能效果显著。图 1-20 所示为低辐射玻璃冬季保温示意图。

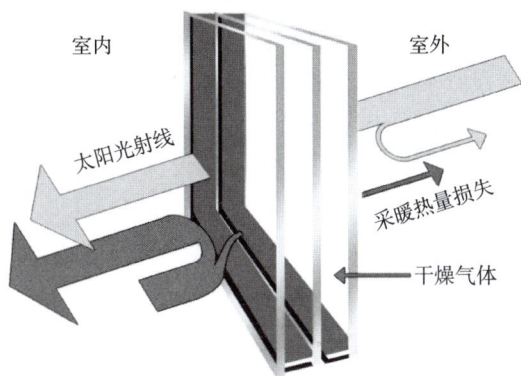

图 1-20　低辐射玻璃冬季保温示意图

（4）中空玻璃。中空玻璃是将两片或多片玻璃以有效支撑均匀隔开并对周边粘接密封,使各玻璃层之间形成有一定厚度空腔的特殊玻璃制品,其空腔内部可以填充空气或惰性气体,如图 1-21 所示。中空玻璃具有较好的保温隔热以及隔声降噪能力,在建筑节能领域应用广泛。

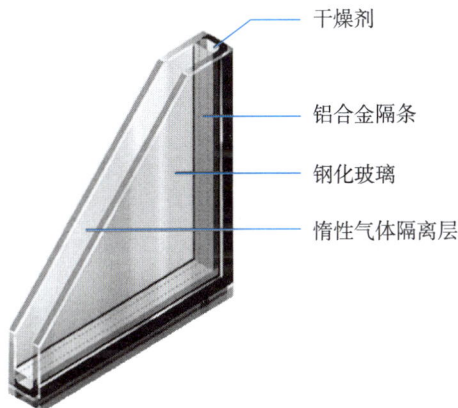

图 1-21　双层中空玻璃

图 1-22　真空玻璃

【思考】某项目选用的外窗类型为:70 系列隔热型材铝合金平开窗 5Low-E+12A+5+12A+5,试分析该窗型中字母和数字的含义。

（5）真空玻璃。真空玻璃一般是由两片玻璃组合而成,玻璃周边密封,中间以微小支撑物隔开,两片玻璃间隙非常小,抽真空后形成密闭真空层,如图 1-22 所示。真空层阻断了导热和对流传热过程,与传统的单层玻璃、中空玻璃相比具有更好的保温隔热、隔声抗噪和防结露功能。

【知识链接】你听说过气凝胶玻璃吗?气凝胶轻质柔软,既隔热又隔音,且耐高温,将其填充在中空玻璃的空腔内可以制成节能效果显著的气凝胶玻璃。

神奇"蓝烟"气凝胶

3. 外墙节能技术

外墙是建筑物保温隔热的重要围护构件。提高建筑物外墙的保温隔热能力,通常有两个途径:一是增加外墙的墙体厚度,二是降低外墙的平均传热系数。单纯增加建筑物的外墙厚度,势必会增加外墙的自重以及建筑材料的消耗量;从节能角度出发,可以通过选择热导率小的建筑材料或合理设计墙体构造来降低外墙的平均传热系数。

外墙保温可以有效阻隔室内外热量的传递,减少热桥效应,能够节约能源、降低能耗,改善室内热湿环境。外墙保温构造方案通常包括单设保温层、使用封闭(带铝箔)的空气间层、保温层与承重层合二为一以及复合构造等。外墙保温层可以选择设置在墙体外侧、墙体中间或者墙体内侧。

1) 外墙外保温构造形式

根据《外墙外保温工程技术标准》(JGJ 144—2019),外墙外保温系统构造形式主要包括粘贴保温板薄抹灰外保温系统、胶粉聚苯颗粒保温浆料外保温系统、EPS 板现浇混凝土外保温系统、EPS 钢丝网架板现浇混凝土外保温系统、胶粉聚苯颗粒浆料贴砌 EPS 板外保温系统、现场喷涂硬泡聚氨酯外保温系统等。

(1) 粘贴保温板薄抹灰外保温系统。如图 1-23 所示,粘贴保温板薄抹灰外保温系统应由黏结层、保温层、抹面层和饰面层构成。黏结层材料应为胶黏剂;保温层材料可为 EPS 板、XPS 板和 PUR 板;抹面层材料应为抹面胶浆,抹面胶浆中满铺玻纤网;饰面层可为涂料或饰面砂浆。

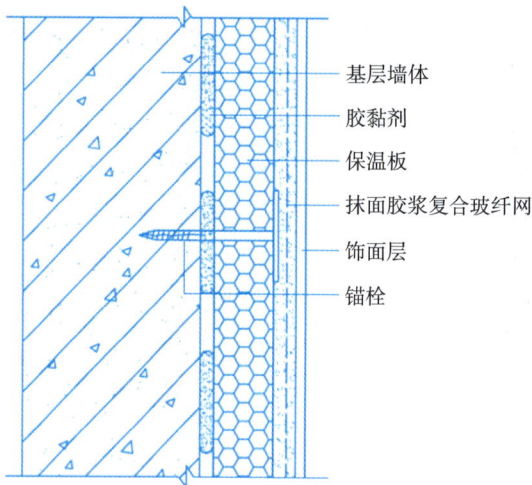

基层墙体
胶黏剂
保温板
抹面胶浆复合玻纤网
饰面层
锚栓

图 1-23 粘贴保温板薄抹灰外保温系统

当粘贴保温板薄抹灰外保温系统做找平层时,找平层应与基层墙体黏结牢固,不得有脱层、空鼓、裂缝,面层不得有粉化、起皮、爆灰等现象。

保温板应采用点框粘法或条粘法固定在基层墙体上,EPS 板与基层墙体的有效粘贴面积不得小于保温板面积的 40%,并宜使用锚栓辅助固定。XPS 板和 PUR 板与基层墙体的有效粘贴面积不得小于保温板面积的 50%,并应使用锚栓辅助固定。受负风压作用较大的部位宜增加锚栓辅助固定。

保温板宽度不宜大于 1200mm,高度不宜大于 600mm。保温板应按顺砌方式粘贴,竖缝应逐行错缝。保温板应粘贴牢固,不得有松动,墙角处保温板应交错互锁。门窗洞口四角处保温板不得拼接,应采用整块保温板切割成形。

【思考】近年来,部分地区发布了有关禁限使用薄抹灰外墙外保温系统的通知,推广使用建筑保温与结构一体化技术。试分析禁限原因及禁限范围。

(2)胶粉聚苯颗粒保温浆料外保温系统。如图1-24所示,胶粉聚苯颗粒保温浆料外保温系统由界面层、保温层、抹面层和饰面层构成。界面层材料为界面砂浆;保温层材料为胶粉聚苯颗粒保温浆料,经现场拌和均匀后抹在基层墙体上;抹面层材料应为抹面胶浆,抹面胶浆中满铺玻纤网;饰面层可为涂料或饰面砂浆。

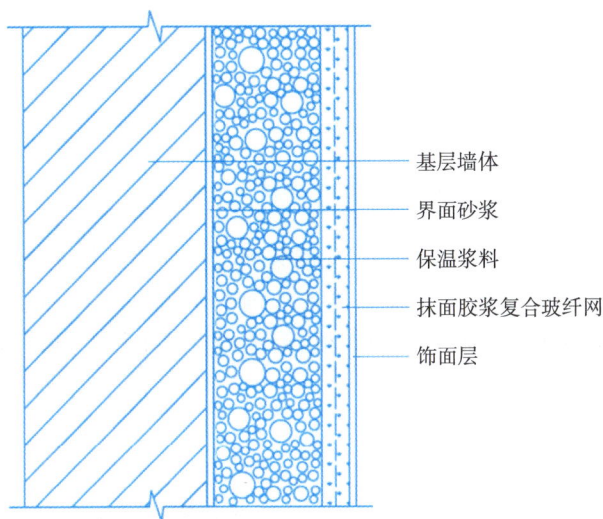

基层墙体
界面砂浆
保温浆料
抹面胶浆复合玻纤网
饰面层

图1-24 胶粉聚苯颗粒保温浆料外保温系统

胶粉聚苯颗粒保温浆料保温层设计厚度不宜超过100mm,宜分遍抹灰,每遍间隔应在前一遍保温浆料终凝后进行,每遍抹灰厚度不宜超过20mm。第一遍抹灰应压实,最后一遍应找平,并应搓平。

(3)EPS板现浇混凝土外保温系统。如图1-25所示,EPS板现浇混凝土外保温系统以现浇混凝土外墙作为基层墙体,EPS板为保温层,EPS板内表面(与现浇混凝土接触的表面)开有凹槽,内外表面均应满涂界面砂浆。施工时应将EPS板置于外模板内侧,并安装辅助固定件。EPS板表面应做抹面胶浆抹面层,抹面层中满铺玻纤网;饰面层可为涂料或饰面砂浆。

EPS板宽度宜为1200mm,高度宜为建筑物层高,进场前EPS板内外表面应预喷刷界面砂浆。水平分隔缝宜按楼层设置;垂直分隔缝宜按墙面面积设置,在板式建筑中不宜大于30m²,在塔式建筑中宜留在阴角部位。

EPS板现浇混凝土外保温系统宜采用钢制大模板施工。混凝土墙外侧钢筋保护层厚度应符合设计要求;混凝土一次浇注高度不宜大于1m;混凝土应振捣密实均匀,墙面及接搓处应光滑、平整;混凝土结构验收后,保温层中的穿墙螺栓孔洞应使用保温材料填塞,EPS板缺损或表面不平整处宜使用胶粉聚苯颗粒保温浆料修补和找平。

(4)EPS钢丝网架板现浇混凝土外保温系统。如图1-26所示,EPS钢丝网架板现浇混凝土外保温系统以现浇混凝土外墙为基层墙体,EPS钢丝网架板为保温层,钢丝网架板

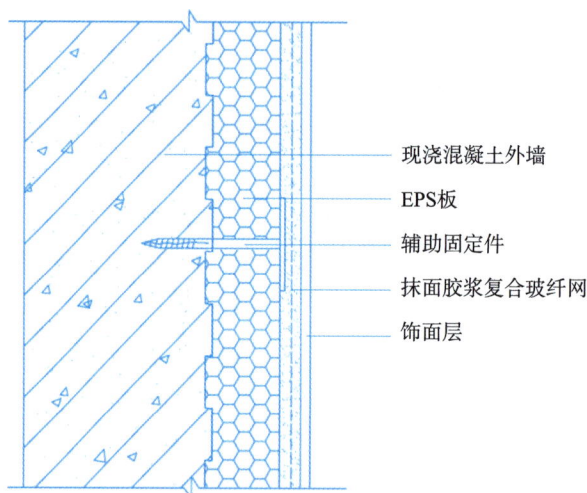

图 1-25　EPS 板现浇混凝土外保温系统

中的 EPS 板外侧开有凹槽。施工时,将钢丝网架板置于外墙外模板内侧,并在 EPS 板上安装辅助固定件。钢丝网架板表面应涂抹掺外加剂的水泥砂浆抹面层,外表可做饰面层。EPS 钢丝网架板每平方米应斜插腹丝 100 根,钢丝均应采用低碳热镀锌钢丝。

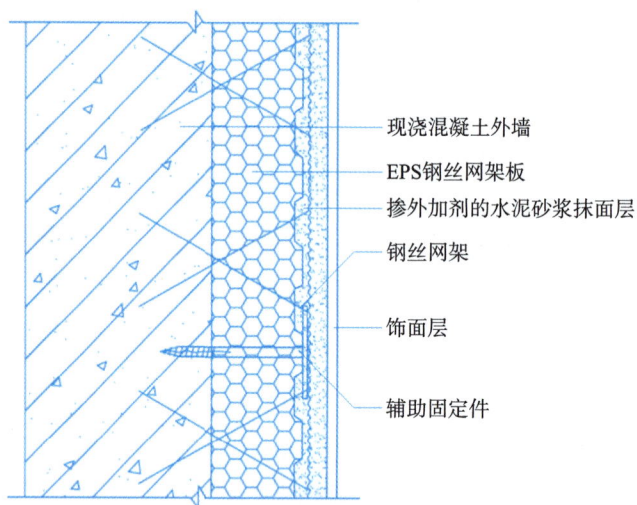

图 1-26　EPS 钢丝网架板现浇混凝土外保温系统

　　EPS 钢丝网架板构造设计和施工安装应注意现浇混凝土侧压力影响,抹面层应均匀平整且厚度不宜大于 25mm,钢丝网应完全包覆于抹面层中。

　　EPS 钢丝网架板现浇混凝土外保温系统应采用钢制大模板施工,EPS 钢丝网架板和辅助固定件安装位置应准确。混凝土墙外侧钢筋保护层厚度应符合设计要求。辅助固定件每平方米不应少于 4 个,锚固深度不得小于 50mm。板竖缝处应连接牢固。阳角及门窗洞口等处应附加钢丝角网,附加的钢丝角网应与原钢丝网架绑扎牢固。在每层层间预留水平分隔缝,分隔缝宽度为 15～20mm。分隔缝处的钢丝网和 EPS 板应断开,抹灰前应嵌入塑料分隔条或泡沫塑料棒,外表应用建筑密封膏嵌缝。垂直分隔缝宜按墙面面积设置,在板式建筑中不宜大于 $30m^2$,在塔式建筑中宜留在阴角部位。

（5）胶粉聚苯颗粒浆料贴砌 EPS 板外保温系统。如图 1-27 所示,胶粉聚苯颗粒贴砌 EPS 板外保温系统由界面砂浆层、胶粉聚苯颗粒贴砌浆料层、EPS 板保温层、胶粉聚苯颗粒贴砌浆料层、抹面层和饰面层构成。抹面层中应满铺玻纤网,饰面层可为涂料或饰面砂浆。

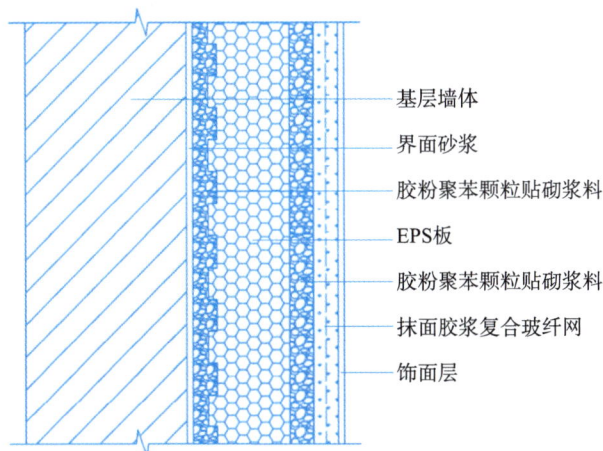

基层墙体
界面砂浆
胶粉聚苯颗粒贴砌浆料
EPS板
胶粉聚苯颗粒贴砌浆料
抹面胶浆复合玻纤网
饰面层

图 1-27　胶粉聚苯颗粒浆料贴砌 EPS 板外保温系统

EPS 板与基层墙体的粘贴面上宜开设凹槽;板材应使用贴砌浆料砌筑在基层墙体上,板间灰缝宽度宜为 10mm,灰缝中的贴砌浆料应饱满;EPS 板贴砌完成 24h 之后,应采用胶粉聚苯颗粒贴砌浆料进行找平,找平层厚度不宜小于 15mm;找平层施工完成 24h 之后,应进行抹面层施工。

（6）现场喷涂硬泡聚氨酯外保温系统。现场喷涂硬泡聚氨酯外保温系统应由界面层、现场喷涂硬泡聚氨酯保温层、界面砂浆层、找平层、抹面层和饰面层组成,如图 1-28 所示。抹面层中应满铺玻纤网,饰面层可为涂料或饰面砂浆。

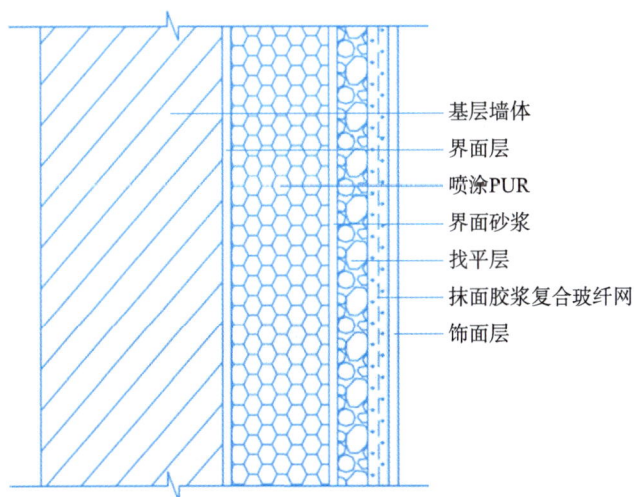

基层墙体
界面层
喷涂PUR
界面砂浆
找平层
抹面胶浆复合玻纤网
饰面层

图 1-28　现场喷涂硬泡聚氨酯外保温系统

喷涂硬泡聚氨酯时,施工环境温度不宜低于 10℃,风力不宜大于三级,空气相对湿度宜小于 85%,不应在雨天、雪天施工。当喷涂硬泡聚氨酯施工中途下雨、下雪时,作业面应采取遮盖措施。

阴阳角及不同材料的基层墙体交接处应采取适当方式喷涂,保温层应连续不留缝。喷涂厚度每遍不宜大于 15mm。当需进行多层喷涂作业时,应在已喷涂完毕的硬泡聚氨酯保温层表面不粘手后进行下一层喷涂。当日的施工作业面应当日连续喷涂完毕。喷涂过程中应保持硬泡聚氨酯保温层表面平整度,喷涂完毕后保温层平整度偏差不宜大于 6mm。应及时抽样检验硬泡聚氨酯保温层的厚度,最小厚度不得小于设计厚度。应在硬泡聚氨酯喷涂完工 24h 后进行下道工序施工。硬泡聚氨酯保温层的表面找平宜采用轻质保温浆料。喷涂时应采取遮挡或保护措施,避免建筑物的其他部位和施工场地周围环境受污染,并应对施工人员进行劳动保护。

2) 外墙内保温构造形式

内保温系统(图 1-29)可单独应用于建筑墙体,也可与外墙外保温系统结合使用。采用建筑内外结合保温时,内保温材料和外保温材料不得同时为有机材料。寒冷地区建筑的建筑外墙单独采用内保温系统时,难以满足节能要求,应与外保温系统结合使用;夏热冬冷地区的建筑外墙可以单独采用内保温系统,也可以采用内保温与外保温相结合的系统以满足较高的节能要求;或与装配式建筑中的预制外挂墙板结合使用。

图 1-29　内保温系统

外墙内保温构造形式包括复合板内保温系统、保温板内保温系统、保温砂浆内保温系统、喷涂硬泡聚氨酯内保温系统以及玻璃棉、岩棉、喷涂硬泡聚氨酯龙骨固定内保温系统等多种形式。

4. 门窗节能技术

门窗是建筑外围护结构的开口部位,相对于外墙、屋面和地面等部位,门窗的保温隔热性能较弱。尤其在供暖地区,通过门窗的热损失在建筑物的总热损失中所占的比例较大。因此,增强门窗的保温隔热性能,减少门窗能耗,是改善室内热环境质量和提高建筑节能水平的重要环节。除此之外,门窗还承担着隔绝与沟通室内外两种环境的任务,不仅要求具有良好的保温隔热性能,同时应具有采光、通风、装饰、隔声、防火等多种功能。

门窗节能的主要措施包括以下几种。

外墙自保温

外墙夹心保温

1）控制窗墙面积比

外门窗的传热系数一般情况下大于外墙的传热系数，因此从节能角度考虑，应尽量减少开窗面积。根据《建筑节能与可再生能源利用通用规范》（GB 55015—2021），居住建筑的窗墙面积比应符合表 1-1 的规定；其中，每套住宅应允许一个房间在一个朝向上的窗墙面积比不大于 0.6。

表 1-1 居住建筑窗墙面积比限值

朝 向	窗墙面积比				
	严寒地区	寒冷地区	夏热冬冷地区	夏热冬暖地区	温和 A 区
北	≤0.25	≤0.30	≤0.40	≤0.40	≤0.40
东、西	≤0.30	≤0.35	≤0.35	≤0.30	≤0.35
南	≤0.45	≤0.50	≤0.45	≤0.40	≤0.50

2）选择适宜的窗型

根据窗户的打开方式不同，常见的窗户类型分为平开窗（图 1-30）、推拉窗（图 1-31）以及固定窗等，窗型对门窗的节能效果影响显著。

图 1-30 平开窗　　　　　　　　　　图 1-31 推拉窗

推拉窗采用装有滑轮的窗扇在窗框的轨道上来回滑动启闭，窗扇与窗框之间存在较大的空隙，窗扇上下都会形成比较明显的空气对流，热冷空气的对流形成较大的热损失。即使采用节能效果好的框扇材料也难以达到较好的节能效果，因此推拉窗不属于节能窗型。

平开窗的窗扇和窗框间一般采用性能良好的橡胶做密封压条。窗扇关闭后，密封橡胶压条压得很紧，几乎没有空隙，很难形成对流，避免了对流传热损失。这种窗型的热量损失主要是玻璃、窗框和窗扇型材的热传导和热辐射，这种传热损失比对流损失小很多，因此，平开窗比推拉窗有明显的节能优势。

固定窗的窗框嵌在墙体内，玻璃直接安在窗框上，玻璃周边和窗框的接触部分用密封胶密封，有良好的水密性和气密性，完全消除了空气对流影响，避免了因对流换热导致的热损失。因此，从节能角度考虑，固定窗是节能效果最理想的窗型。但是由于固定窗不能开启，不具备通风功能，一般用于功能性场景或与平开窗等可开启的窗型组合使用。

3) 选择节能门窗材料

建筑门窗一般由门窗框扇材料(型材)、镶嵌材料(玻璃)、五金配件和密封材料等构成。框扇材料的导热面积虽然不大,但如果选材不当,其传热损失较大,会影响门窗整体的节能效果。断桥铝合金(图 1-32)、塑料、木材(图 1-33)、铝木复合(图 1-34)、铝塑复合和玻璃钢等材料制成的框扇材料导热系数均较低,是节能门窗经常使用的框扇材料。这些框扇材料配以镀膜玻璃、中空玻璃等节能型玻璃可以取得显著的节能效果。

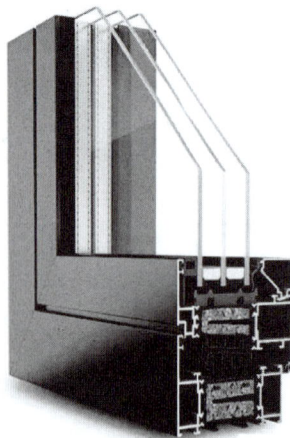

图 1-32　断桥铝合金　　　　　图 1-33　木材　　　　　图 1-34　铝木复合

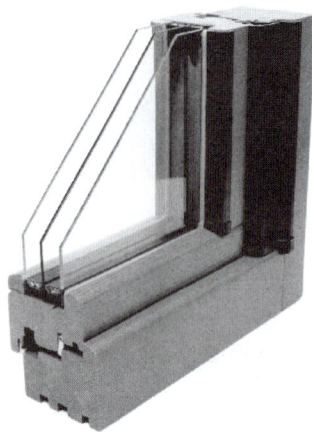

4) 提高门窗的气密性

门窗的气密性是指门窗可开启部分在关闭状态下阻止空气渗透的能力。门窗密封性能不良时,空气会通过门窗缝隙自由流通,导致能量损失。因此,提高门窗的气密性是降低门窗能耗的重要途径之一。

根据《建筑幕墙、门窗通用技术条件》(GB/T 31433—2015),门窗气密性能以单位缝长空气渗透量 q_1 或单位面积空气渗透量 q_2 为分级指标,门窗气密性能分级应符合表 1-2 的规定。

表 1-2　门窗气密性能分级

分级	分级指标值 $q_1[\text{m}^3/(\text{m}\cdot\text{h})]$	分级指标值 $q_2[\text{m}^3/(\text{m}^2\cdot\text{h})]$	分级	分级指标值 $q_1[\text{m}^3/(\text{m}\cdot\text{h})]$	分级指标值 $q_2[\text{m}^3/(\text{m}^2\cdot\text{h})]$
1	$3.5<q_1\leqslant4.0$	$10.5<q_2\leqslant12$	5	$1.5<q_1\leqslant2.0$	$4.5<q_2\leqslant6.0$
2	$3.0<q_1\leqslant3.5$	$9.0<q_2\leqslant10.5$	6	$1.0<q_1\leqslant1.5$	$3.0<q_2\leqslant4.5$
3	$2.5<q_1\leqslant3.0$	$7.5<q_2\leqslant9.0$	7	$0.5<q_1\leqslant1.0$	$1.5<q_2\leqslant3.0$
4	$2.0<q_1\leqslant2.5$	$6.0<q_2\leqslant7.5$	8	$q_1\leqslant0.5$	$q_2\leqslant1.5$

注:第 8 级应在分级后同时注明具体分级指标值。

【查一查】查找你所在地区民用建筑的外窗气密性能等级要求。

5) 采取建筑遮阳措施

建筑遮阳是建筑节能的一项重要技术措施,主要针对暴露在太阳辐射下的外门窗、屋面、外墙,尤其是透明墙体等外围护结构设置。建筑遮阳能有效地减少太阳辐射,避免阳光直射和室内过热,改善室内光热环境质量。在炎热地区设置遮阳系统对降低建筑能耗,提高室内的舒适性有显著的效果。

建筑遮阳有绿化遮阳、建筑自遮阳和附加遮阳等方式。

如图1-35所示,绿化遮阳是利用攀缘植物的特性在建筑外表面形成有效的保护层,是一种经济节能又美观的遮阳形式。遮阳用的绿色植物还能吸收温室气体,美化城市环境,减少热岛效应。

如图1-36所示,建筑自遮阳是利用建筑形体或构件的变化形成对建筑自身的遮挡,使建筑的局部墙体、屋顶或窗户等部分置于阴影区中,减少对太阳辐射能的吸收。

图1-35　绿化遮阳

图1-36　建筑自遮阳

附加遮阳主要有外遮阳和内遮阳两种类型,内遮阳是指在窗口内侧设置百叶帘、卷帘、竹帘、布艺窗帘等遮阳设施,避免阳光直射进入室内,达到遮阳、遮光、调光以及调节室内温度的效果。外遮阳是在窗口外侧设置遮阳板、遮阳帘等遮阳设施,附加遮阳板的外遮阳形式主要包括水平遮阳、垂直遮阳、综合式遮阳和挡板式遮阳。如图1-37所示,水平遮阳是在窗口上方设置一定宽度的水平方向的遮阳板,能够遮挡从窗口上方照射下来的阳光,适用于南向及偏南向、北回归线以南的低纬度地区的北向及偏北向窗口;垂直遮阳是在窗口两侧设置垂直方向的遮阳板,能够遮挡从窗口两侧斜射过来的阳光,适用于偏东、偏西的南向或北向窗口;综合式遮阳是水平遮阳和垂直遮阳的组合形式,能够遮挡从窗口上方及两侧射入的阳光,适用于南向、东南向及西南向的窗口;挡板式遮阳是在窗口前方离开窗口一定距离设置与窗口平行的垂直挡板,可以有效遮挡高度角较小的正射窗口的阳光,适用于西向、东向及其附近的窗口。

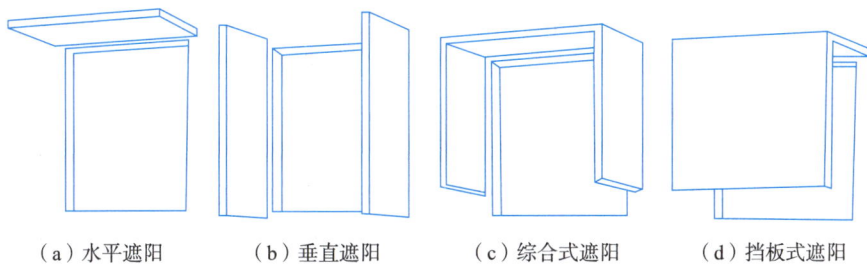

（a）水平遮阳　　　（b）垂直遮阳　　　（c）综合式遮阳　　　（d）挡板式遮阳

图1-37　附加遮阳（外遮阳）

5.幕墙节能技术

建筑幕墙是由面板（玻璃、石材、铝板等）与支承结构体系组成的、可相对主体结构有一定位移能力或自身有一定变形能力、不承担主体结构所受作用的建筑外围护墙。幕墙节能的主要途径包括控制幕墙面积、选择节能幕墙材料、提高幕墙气密性、设置遮阳系统、采用双层幕墙或其他新型节能幕墙等。

双层幕墙，又称呼吸式幕墙、热通道幕墙，主要由内外两道幕墙、遮阳系统和通风装置等组成。内外两道幕墙之间形成一个相对封闭的空间，即热通道，其下部设有进风口，上部设有排风口，可控制空气在其中的流动状态，通道内也可设置百叶等遮阳装置。与传统幕墙相比，双层幕墙在防尘通风、保温隔热、合理采光、隔声降噪、防止结露、安全便利等方面的优势明显。按照通风原理，双层幕墙可以分为自然通风系统（外循环式双层幕墙）和机械通风系统（内循环式双层幕墙）。

1）外循环式双层幕墙

如图 1-38 所示，外循环式双层幕墙利用"烟囱效应"和"温室效应"原理，可以保证室内"冬暖夏凉"，减少能源消耗。

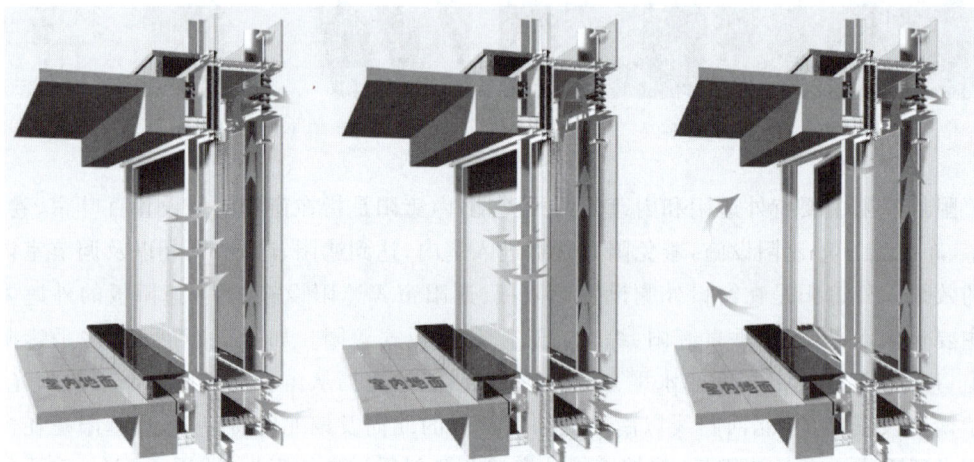

图 1-38 外循环式双层幕墙

夏季，打开双层幕墙中间热通道的通风口，在阳光照射下，通道中空气温度升高自然上浮，形成自下而上的空气流，在"烟囱效应"的作用下带走通道内的热量，从而降低内层玻璃表面的温度，减少室内空调能耗。冬季，关闭热通道两端的通风口，通道中的空气在阳光照射下温度升高，在"温室效应"的作用下，内层玻璃的温度升高，从而减少室内采暖能耗。春秋过渡季节，可根据需要打开内层门窗以及通风装置引入室外新鲜空气，进行通风换气。

2）内循环式双层幕墙

如图 1-39 所示，内循环式双层幕墙的外层幕墙完全封闭，在靠近室内的幕墙底部设有排风口，在房间的天花板处设有进气口，打开进气和排气系统，空气就会在室内有序流动，室外新鲜空气通过进风系统进入房间，室内污浊空气则通过中间热通道经排风道排出室外。对于室外阳光辐射在热通道空气层中产生的热量，也会直接排出室外。内循环式双层幕墙的空气循环需要依靠机械通风系统，而且通过控制进风量大小，可以控制室内温湿度，保证室内良好的热湿环境。为了提高节能效果,通道内还可以设置电动百叶和电动卷帘。

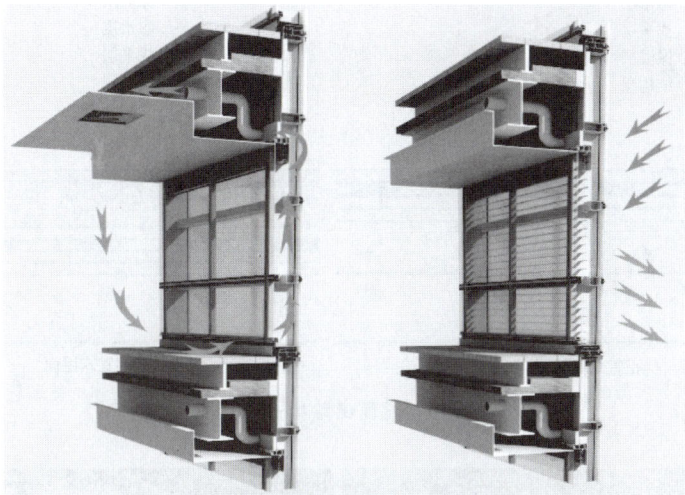

图 1-39　内循环式双层幕墙

6. 屋面节能技术

屋面节能是建筑节能的重要环节,减少通过屋面的热损失,降低屋面能耗对于降低建筑整体能耗意义重大。屋面节能的主要措施包括合理设计屋面构造型式、选用屋面节能材料、加强屋面通风、采用生态型节能屋面等。

1)屋面保温构造

屋面保温与外墙保温类似,也可以采用外保温、内保温、夹心保温、自保温等多种形式。目前比较常见的是外保温屋面,外保温屋面将保温材料铺设在屋面楼板的外侧,由此保护主结构不至于受到过大的温度应力,从而保证整个屋面的热工性能。

如图 1-40 所示,常见的屋面保温构造形式有正置式屋面和倒置式屋面两大类。正置式屋面的基本构造层次为结构层、保温层、防水层,其保温层设置在结构层之上、防水层之下,当室内湿气有可能透过结构层进入保温层时,还应在结构层与保温层之间加设隔气层。倒置式屋面的基本构造层次为结构层、防水层、保温层,保温层位于防水层之上,不受防水层保护,因此,倒置式屋面的保温材料应选用憎水性材料。

2)架空隔热屋面

如图 1-41 所示,架空隔热屋面是在屋面防水层上采用薄型制品架设一定高度的空间,形成可以通风的空气间层。一方面利用通风间层的外层遮挡阳光,避免太阳辐射能直接作用在围护结构上;另一方面利用风压或热压作用下的自然通风,带走层间表面的热量,从而减少室外热作用对室内的影响,提高屋面的隔热能力。

架空屋面常用于夏热冬冷地区和夏热冬暖地区,尤其是在炎热多雨的夏季,架空屋面的隔热效果更为显著。

3)蓄水隔热屋面

如图 1-42 所示,蓄水隔热屋面一般是在檐口形式为女儿墙的平屋顶上蓄积一定深度的水而形成的。蓄水屋面的隔热原理:一方面,利用水分的蒸发作用以及水面对太阳辐射

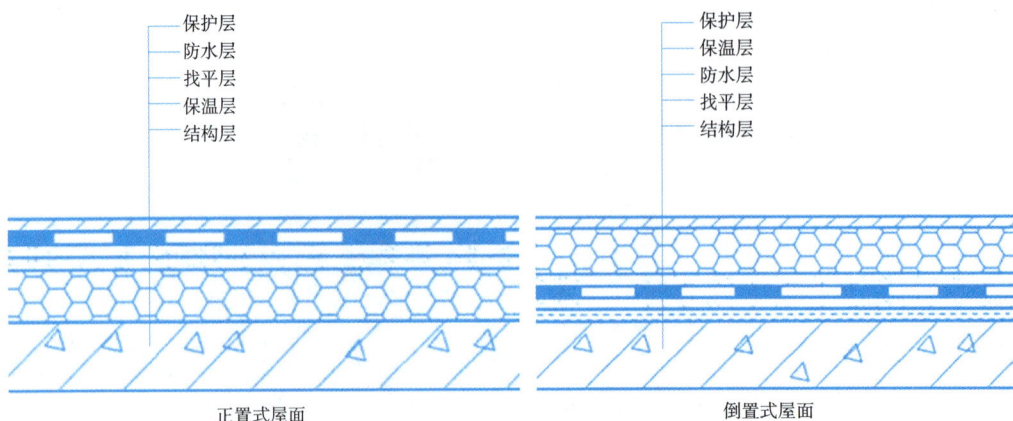

图 1-40　屋面保温构造示意图

图 1-41　架空隔热屋面

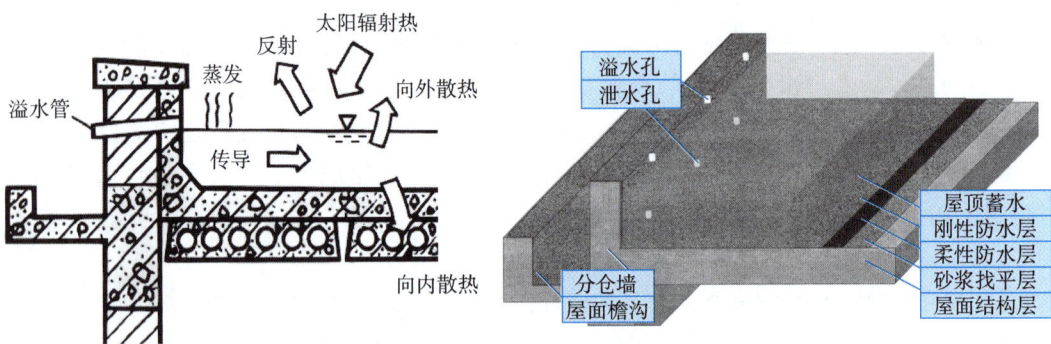

图 1-42　蓄水隔热屋面

能的反射作用,带走大量到达屋面的太阳辐射热量,减少通过屋面传递到室内的热量,降低屋面内表面温度;另一方面,水的比热容较大,蓄热能力强,热稳定性好,能有效延迟和衰减室外综合温度对室内热环境的影响。

如果在水面养殖水浮莲等浮生植物,利用植物的光合作用和植物叶片的遮阳作用,蓄水屋面的隔热效果更显著。另外,蓄水层在冬季也有一定的保温作用。

4）种植屋面

如图 1-43 所示,种植屋面在传统屋面构造基础上增加了蓄排水层、过滤层和种植土层,利用屋面植被的蒸腾和光合作用,吸收太阳辐射能,达到降温隔热的目的。

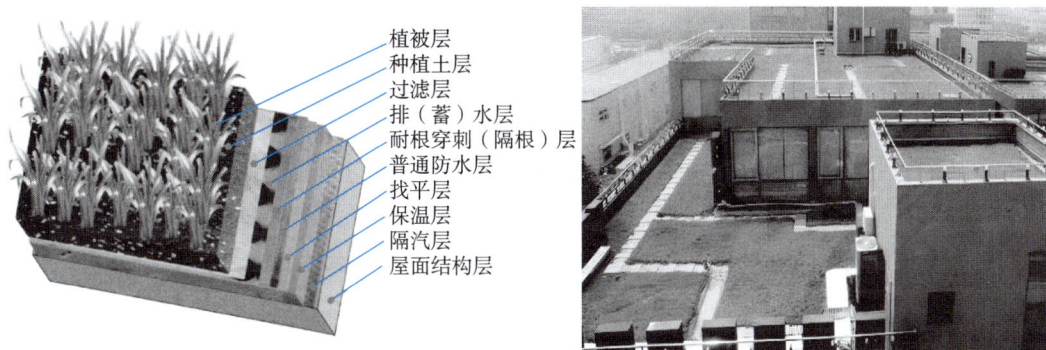

图 1-43　种植屋面

种植屋面可分为覆土种植屋面和无土种植屋面两种类型。覆土种植屋面是在屋面上覆盖一定厚度的种植土壤;无土种植屋面是利用水渣、蛭石、锯末等松散材料代替土壤作为种植层,可以减轻屋面荷载,提高屋面隔热保温效果。种植屋面从种植形式上又可以分为简单式种植屋面和花园式种植屋面。简单式种植屋面仅以地被植物和低矮灌木绿化屋面;花园式种植屋面以乔木、灌木和地被植物绿化,并设有亭台、园路、园林小品和水池、小溪等,可供人们休闲娱乐。种植屋面可有效增加建筑物的隔热性能,降低能耗,同时还能改善城市环境面貌,减少城市"热岛效应",完善城市生态系统。

7. 楼地面节能技术

楼地面是楼面和地面的统称。楼面是指不直接接触土壤的地板,包括不接触室外空气的层间楼板、不采暖地下室上部的地板、底部架空的地板等。楼面在保证强度、隔声及防开裂渗水的同时,应尽量减少其热量损失。具体节能措施可参考屋面的做法,并根据相关规范执行。

地面是直接接触土壤的,具体划分为周边地面和非周边地面。如图 1-44 所示,周边地面指室内距外墙内表面 2m 以内的地面,其余部分划分为非周边地面。位于室外地面以下的外墙(地下室外墙)应从与室外地面相平的墙壁算起,往下 2m 范围内为周边地面,其余部分划为非周边地面。周边地面应采取保温措施,以保证其地面热阻满足规范要求。

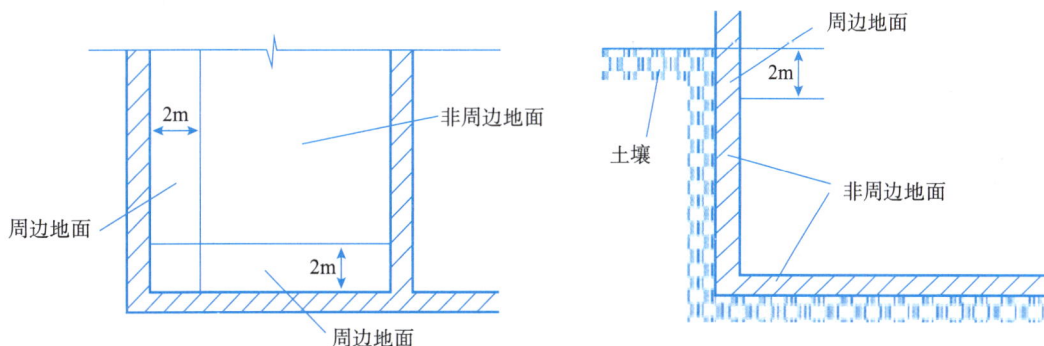

图 1-44　周边地面划分

1.3 绿色建筑评价体系

20世纪90年代以来,世界各个国家和地区相继推出了符合本国国情和地区特点的绿色建筑评价体系,部分具有影响力的评价体系包括英国 BREEAM、美国 LEED、法国 HQE、加拿大 GB Tool、日本 CASBEE、澳大利亚 Green Star、新加坡 Green Mark、德国 DGNB 以及我国《绿色建筑评价标准》(*Assessment Standard for Green Building*)。绿色建筑评价体系通过定性或定量的评价指标对建筑的各类性能进行评价,是绿色建筑等级认定的核心依据。建立并不断完善绿色建筑评价体系是规范发展绿色建筑的重要手段。

【思考】国内外绿色建筑评价体系有何区别与联系?

1.3.1 国外绿色建筑评价体系

1. 英国 BREEAM

BREEAM(Building Research Establishment Environment Assessment Method)是世界上第一个绿色建筑评价体系,由英国建筑研究院(BRE)于 1990 年制定。其核心理念是"因地制宜、平衡效益",兼具国际化和本地化特色。BREEAM 体系的评价对象包括新建建筑和既有建筑,评价条目包括九大项,分别为:管理(management)、能源(energy)、健康宜居(health & well being)、水资源(water)、材料(materials)、垃圾(waste)、污染(pollution)、交通(transport)、土地使用和场地生态(land use & ecology)。除此之外,评价条目还包括一个创新项(innovation),鼓励建筑在有条件的情况下努力取得更好的环境和生态效益。需要注意的是,创新项没有权重系数,其他各项权重系数均小于1。

BREEAM 体系的认证级别分为 5 级,分别为:通过(pass)≥30%、良好(good)≥45%、优秀(very good)≥55%、优异(excellent)≥70%、杰出(outstanding)≥85%。

2. 美国 LEED

LEED(Leadershipln Energyand Environment Design)是由美国绿色建筑委员会(USGBC)建立并推行的。该体系最早发布于 1998 年,是相对比较成熟、影响力较大的评估标准,商业化应用广泛。

LEED 体系提供了一系列的量化测评数据,主要从可持续选址(sustainable sites)、用水效率(water efficiency)、能源和大气环境(energy & atmosphere)、材料和资源(material & resources)、室内环境质量(indoor environmental quality)、设计革新(innovation & design process)等几个方面对建筑进行综合考察,评判其对环境的影响,并根据每个方面的指标进行评分。

根据评分结果,将通过评估的建筑划分为如图 1-45 所示的 4 个等级:认证级(certified)、银级(silver)、金级(gold)和铂金级(platinum)。

3. 日本 CASBEE

CASBEE(Comprehensive Assessment System for Building Environmental Efficiency)

| CERTIFIED | SILVER | GOLD | PLATINUM |
| 40~49points | 50~59points | 60~79points | 80~110points |

图 1-45　美国 LEED 体系认证等级

是日本"建筑物综合环境评价研究委员会"最早于 2002 年发布的一种较为简明的绿色建筑评价体系。

CASBEE 体系将评估内容分为 Q（建筑环境品质）和 LR（建筑环境负荷减量）两大部分。建筑环境品质部分包括室内环境（Q_1）、服务性能（Q_2）、室外环境（Q_3）3 个子项，这些子项主要关注建筑物在提供舒适、健康、安全环境方面的表现；建筑环境负荷减量部分包括能源（LR_1）、资源和材料（LR_2）、建筑用地外环境（LR_3）3 个子项，这些子项主要关注建筑物在减少环境负荷、提高资源利用效率方面的表现。CASBEE 体系通过综合评估这两部分得出建筑物的环境效率，即 BEE 值。

CASBEE 体系通常将建筑划分为 5 个等级：优秀(S)、很好(A)、好(B+)、略差(B−)、差(C)。

4. 德国 DGNB

DGNB(Deutsche Gesellschaft für Nachhaltiges Bauen)是由德国可持续建筑委员会与德国政府共同开发与编制，代表德国最高水平的权威可持续建筑评估体系，于 2008 年正式推出。DGNB 评估体系建立在绿色生态理念与德国先进工业技术体系基础之上，包含绿色生态、建筑经济、建筑功能与社会文化等各方面因素，属于以性能为导向的第二代绿色建筑评估认证体系。

DGNB 评估体系考量的可持续性范围，不仅仅基于普遍应用的"三要素"模式，更是覆盖了可持续建筑相关性能的所有方面。如图 1-46 所示，DGNB 体系结构主要包括环境质量(ENV)、经济质量(ECO)、社会文化功能质量(SOC)、技术质量(TEC)、过程质量(PRO)以及区位质量(SITE)6 个主题的核心模块。前 3 个主题模块在评估中所占权重相等，均为 22.5%；技术质量、过程质量和区位质量作为区别于以往基础"三要素"模式的评估范畴，在体系中占有不同的权重，发挥着补充、整合和联结各主题可持续性的重要作用。在建筑项目的整个生命周期内，获得的分数需要在持续的评估过程中进行修正和更新。

DGNB 评估体系认证等级分为铂金级（platinum）、金级（gold）、银级（silver）和铜级（bronze）4 个等级，如图 1-47 所示。其中，铜级评定仅适用于既有建筑认证或建筑运营认证。

DGNB 评估体系使用加权总得分（百分比）对建筑认证进行分级。计算总得分时，会覆盖所有 6 个核心模块，并考虑其各自权重。加权计算后的总得分达到一定标准即可获得相应的等级证书。需要注意的是，DGNB 致力于促进建筑的全方位可持续发展，针对不同的主题层面都能体现其高质量标准。因此，DGNB 等级认证不仅仅基于加权总得分，项目想要获得某一等级认证时，除了要达到加权总得分的要求外，还必须满足各核心模块中特定

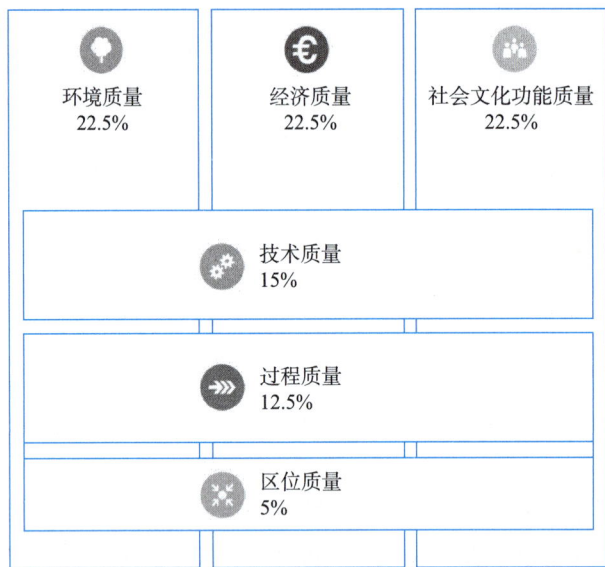

图 1-46　德国 DGNB 体系结构

图 1-47　德国 DGNB 认证等级划分

的最低得分要求(区位质量除外)。例如,项目要获得铂金级证书,每个核心模块中的得分必须都至少要达到 65%。

1.3.2　我国绿色建筑评价体系

1.评价标准

2006 年 3 月,《绿色建筑评价标准》(GB/T 50378—2006)首次发布,为我国绿色建筑的评价提供了明确的标准和依据,标志着我国绿色建筑评价体系的正式建立。该版本用于评价住宅建筑和公共建筑中的办公建筑、商场建筑和旅馆建筑,评价指标体系由节地与室外环境、节能与能源利用、节水与水资源利用、节材与材料资源利用、室内环境质量和运营管理(住宅建筑)或全生命周期综合性能(公共建筑)6 类指标组成。每类指标包括控制项、一般项与优选项。

为了适应绿色建筑技术的快速发展、满足新时代绿色建筑高质量发展的需求,《绿色建筑评价标准》于 2014 年、2019 年和 2024 年进行了 3 次修订。

2014 年版标准的适用范围由原来的住宅建筑和公共建筑中的办公建筑、商场建筑和旅馆建筑扩展至各类民用建筑;评价指标体系在节地与室外环境、节能与能源利用、节水与水资源利用、节材与材料资源利用、室内环境质量和运营管理 6 类指标的基础上,增加了"施工管理"类评价指标;此外,为了鼓励绿色建筑技术、管理的提高和创新,还增设了"提高与创新"加分项。

2019 年版标准在 2014 年版标准的基础上,拓展了绿色建筑内涵,增加了绿色建筑基本级,调整了绿色建筑的评价阶段,提高了绿色建筑性能要求,重新构建了绿色建筑评价指标体系,将原来的"节地与室外环境、节能与能源利用、节水与水资源利用、节材与材料资源利用、室内环境质量、施工管理、运营管理"七大指标体系调整为"安全耐久、健康舒适、生活便利、资源节约、环境宜居"五大指标体系。

2024 年局部修订版标准在 2019 年版标准的基础上进行了局部修订,修订的主要内容包括 3 个方面:一是与现行强制性工程建设规范相协调;二是强化绿色建筑的碳减排性能要求;三是优化实施效果,与现行相关标准进行协调。

2. 评价原则

(1)绿色建筑评价应当在建筑工程竣工后进行,绿色建筑预评价应在建筑工程施工图设计完成后进行。

(2)绿色建筑评价应当遵循因地制宜的原则,结合建筑所在地域的气候、环境、资源、经济及文化等特点,对建筑全生命期内节能、节地、节水、节材、人力资源节约、环境保护等性能进行综合评价。

3. 评价指标

绿色建筑评价指标体系包括五大类,即安全耐久、健康舒适、生活便利、资源节约和环境宜居,每类指标均包括控制项和评分项。其中,控制项是绿色建筑的必要条件,当建筑工程项目满足五大类指标的全部控制项要求时,绿色建筑的等级即达到基本级。除此之外,为了鼓励采用提高、创新的建筑技术和产品建造更高性能的绿色建筑,评价指标体系还统一设置"提高与创新"加分项。

4. 评价等级

1)评价分值

(1)绿色建筑评价的分值设定应符合表 1-3 的规定。

表 1-3　绿色建筑评价的分值设定

项　　目	控制项基础分值	评分项满分值					加分项满分值
		安全耐久	健康舒适	生活便利	资源节约	环境宜居	
预评价	400	100	100	70	200	100	100
评价	400	100	100	100	200	100	100

(2)绿色建筑评价的总得分应按下式进行计算:

$$Q = (Q_0 + Q_1 + Q_2 + Q_3 + Q_4 + Q_5 + Q_A)/10$$

式中:Q——总得分;

Q_0——控制项基础分值,当满足所有控制项的要求时取 400 分;

$Q_1 \sim Q_5$——评价指标体系的五大类指标(安全耐久、健康舒适、生活便利、资源节约、环境宜居)评分项得分;

Q_A——提高与创新加分项得分。

2)评价等级划分

(1)绿色建筑等级应按由低至高划分为基本级、一星级、二星级、三星级4个等级。

(2)当满足全部控制项要求时,绿色建筑等级应为基本级。

(3)绿色建筑星级等级应按下列规定确定。

① 一星级、二星级、三星级3个等级的绿色建筑均应满足本标准全部控制项的要求,且每类指标的评分项得分不应小于其评分项满分值的30%。

② 一星级、二星级、三星级3个等级的绿色建筑均应进行全装修,全装修工程质量、选用材料及产品质量应符合国家现行有关标准的规定。

③ 当总得分分别达到60分、70分、85分且应满足表1-4的要求时,绿色建筑等级分别为一星级、二星级、三星级。

表 1-4　一星级、二星级、三星级绿色建筑的技术要求

技 术 要 求	星　级		
	一星级	二星级	三星级
围护结构热工性能的提高比例,或建筑供暖空调负荷降低比例	—	围护结构提高5%,或负荷降低3%	围护结构提高10%,或负荷降低5%
严寒和寒冷地区住宅建筑外窗传热系数降低比例	5%	10%	20%
节水器具用水效率等级	3级	2级	
住宅建筑隔声性能	—	卧室分户墙和卧室分户楼板两侧房间之间的空气隔声性能(计权标准化声压级差与交通噪声频谱修正量之和)≥47dB,卧室分户楼板的撞击声隔声性能(计权标准化撞击声压级)≤60dB	卧室分户墙和卧室分户楼板两侧房间之间的空气隔声性能(计权标准化声压级差与交通噪声频谱修正量之和)≥50dB,卧室分户楼板的撞击声隔声性能(计权标准化撞击声压级)≤55dB
室内主要空气污染物浓度降低比例	10%	20%	
绿色建材应用比例	10%	20%	30%
碳减排	明确建筑全生命期碳排放强度,并明确降低碳排放强度的技术措施		
外窗气密性能	符合国家现行相关节能设计标准的规定,且外窗洞口与外窗本体的结合部位应严密		

注:① 围护结构热工性能的提高基准、严寒和寒冷地区住宅建筑外窗传热系数降低基准均为现行强制性工程建设规范《建筑节能与可再生能源利用通用规范》(GB 55015—2021)的要求。

② 室内氡、总挥发性有机物、PM2.5等室内空气污染物,其浓度降低基准为现行国家标准《室内空气质量标准》(GB/T 18883—2022)的有关要求。

1.4 绿色建筑评价内容

绿色建筑评价内容主要包括安全耐久、健康舒适、生活便利、资源节约、环境宜居以及提高与创新等6个方面。

【思考】绿色建筑评价与绿色施工评价均有关于资源节约的评价内容,二者有什么区别?

1.4.1 安全耐久

1. 控制项

(1) 场地应避开滑坡、泥石流等地质危险地段,易发生洪涝地区应有可靠的防洪涝基础设施;场地应无危险化学品、易燃易爆危险源的威胁,应无电磁辐射、含氡土壤的危害。

(2) 建筑结构应满足承载力和建筑使用功能要求。建筑外墙、屋面、门窗、幕墙及外保温等围护结构应满足安全、耐久和防护的要求。

(3) 外遮阳、太阳能设施、空调室外机位、外墙花池等外部设施应与建筑主体结构统一设计、施工,并应具备安装、检修与维护条件。

(4) 建筑内部的非结构构件、设备及附属设施等应连接牢固并能适应主体结构变形。

(5) 建筑外门窗必须安装牢固,其抗风压性能和水密性能应符合国家现行有关标准的规定。

(6) 卫生间、浴室的地面应设置防水层,墙面、顶棚应设置防潮层。

(7) 走廊、疏散通道等通行空间应满足紧急疏散、应急救护等要求,且应保持畅通。

(8) 应具有安全防护的警示和引导标识系统。

(9) 安全耐久相关技术要求应符合现行强制性工程建设规范《工程结构通用规范》(GB 55001—2021)、《建筑与市政工程抗震通用规范》(GB 55002—2021)、《建筑与市政地基基础通用规范》(GB 55003—2021)、《组合结构通用规范》(GB 55004—2021)、《木结构通用规范》(GB 55005—2021)、《钢结构通用规范》(GB 55006—2021)、《砌体结构通用规范》(GB 55007—2021)、《混凝土结构通用规范》(GB 55008—2021)、《燃气工程项目规范》(GB 55009—2021)、《供热工程项目规范》(GB 55010—2021)、《建筑环境通用规范》(GB 55016—2021)、《建筑给水排水与节水通用规范》(GB 55020—2021)、《民用建筑通用规范》(GB 55031—2022)、《建筑防火通用规范》(GB 55037—2022)等的规定。

2. 评分项

1) 安全

(1) 采用基于性能的抗震设计并合理提高建筑的抗震性能,评价分值为10分。

(2) 采取保障人员安全的防护措施,评价总分值为15分,并按下列规则分别评分并累计。

① 采取措施提高阳台、外窗、窗台、防护栏杆等安全防护水平,得5分。

② 建筑物出入口均设外墙饰面、门窗玻璃意外脱落的防护措施,并与人员通行区域的遮阳、遮风或挡雨措施结合,得5分。

③ 利用场地或景观形成可降低坠物风险的缓冲区、隔离带,得5分。

(3) 采用具有安全防护功能的产品或配件,评价总分值为10分,并按下列规则分别评分并累计。

① 采用具有安全防护功能的玻璃,得5分。

② 采用具备防夹功能的门窗,得5分。

(4) 室内外地面或路面设置防滑措施,评价总分值为10分,并按下列规则分别评分并累计。

① 建筑出入口及平台、公共走廊、电梯门厅、厨房、浴室、卫生间等设置防滑措施,防滑等级不低于现行行业标准《建筑地面工程防滑技术规程》(JGJ/T 331—2014)规定的 B_d、B_w 级,得3分。

② 建筑室内外活动场所采用防滑地面,防滑等级达到现行行业标准《建筑地面工程防滑技术规程》(JGJ/T 331—2014)规定的 A_d、A_w 级,得4分。

③ 建筑坡道、楼梯踏步防滑等级达到现行行业标准《建筑地面工程防滑技术规程》(JGJ/T 331—2014)规定的 A_d、A_w 级或按水平地面等级提高一级,并采用防滑条等防滑构造技术措施,得3分。

(5) 采取人车分流措施,且步行和自行车交通系统有充足照明,评价分值为8分。

2) 耐久

(1) 采取提升建筑适变性的措施,评价总分值为18分,并按下列规则分别评分并累计。

① 采取通用开放、灵活可变的使用空间设计,或采取建筑使用功能可变措施,得7分。

② 建筑结构与建筑设备管线分离,得7分。

③ 采用与建筑功能和空间变化相适应的设备设施布置方式或控制方式,得4分。

(2) 采取提升建筑部品部件耐久性的措施,评价总分值为10分,并按下列规则分别评分并累计。

① 使用耐腐蚀、抗老化、耐久性能好的管材、管线、管件,得5分。

② 活动配件选用长寿命产品,并考虑部品组合的同寿命性;不同使用寿命的部品组合时,采用便于分别拆换、更新和升级的构造,得5分。

(3) 提高建筑结构材料的耐久性,评价总分值为10分,并按下列规则评分。

① 按100年进行耐久性设计,得10分。

② 采用耐久性能好的建筑结构材料,满足下列条件之一,得10分:对于混凝土构件,提高钢筋保护层厚度或采用高耐久混凝土;对于钢构件,采用耐候结构钢或耐候型防腐涂料;对于木构件,采用防腐木材、耐久木材或耐久木制品。

(4) 合理采用耐久性好、易维护的装饰装修建筑材料,评价总分值为9分,并按下列规则分别评分并累计。

① 采用耐久性好的外饰面材料,得3分。

② 采用耐久性好的防水和密封材料,得3分。

③ 采用耐久性好、易维护的室内装饰装修材料,得3分。

1.4.2 健康舒适

1. 控制项

(1) 室内空气中的氨、甲醛、苯、总挥发性有机物、氡等污染物浓度应符合现行国家标准《室内空气质量标准》(GB/T 18883—2022)的有关规定。建筑室内和建筑主出入口处应禁止吸烟,并应在醒目位置设置禁烟标志。

(2)应采取措施避免厨房、餐厅、打印复印室、卫生间、地下车库等区域的空气和污染物串通到其他空间;应防止厨房、卫生间的排气倒灌。

(3)给水排水系统的设置应符合下列规定。

① 生活饮用水水质应满足现行国家标准《生活饮用水卫生标准》(GB 5749—2022)的要求。

② 应制订水池、水箱等储水设施定期清洗消毒计划并实施,且生活饮用水储水设施每半年清洗消毒不应少于1次。

③ 应使用构造内自带水封的便器,且其水封深度不应小于50mm。

④ 非传统水源管道和设备应设置明确、清晰的永久性标识。

(4)建筑声环境设计应符合下列规定。

① 场地规划布局和建筑平面设计时应合理规划噪声源区域和噪声敏感区域,并应进行识别和标注。

② 外墙、隔墙、楼板和门窗等主要建筑构件的隔声性能指标不应低于现行国家标准《民用建筑隔声设计规范》(GB 50118—2010)的规定,并应根据隔声性能指标明确主要建筑构件的构造做法。

(5)建筑照明应符合下列规定。

① 各场所的照度、照度均匀度、显色指数、统一眩光值应符合现行国家标准《建筑照明设计标准》(GB/T 50034—2024)的规定。

② 人员长期停留的房间或场所采用的照明光源和灯具,其频闪效应可视度(SVM)不应大于1.3。

(6)应采取措施保障室内热环境。采用集中供暖空调系统的建筑,房间内的温度、湿度、新风量等设计参数应符合现行国家标准《民用建筑供暖通风与空气调节设计规范》(GB 50736—2012)的有关规定;采用非集中供暖空调系统的建筑,应具有保障室内热环境的措施或预留条件。

(7)围护结构热工性能应符合下列规定。

① 在室内设计温度、湿度条件下,建筑非透光围护结构内表面不得结露。

② 供暖建筑的屋面、外墙内部不应产生冷凝。

③ 屋顶和外墙应进行隔热性能计算,透光围护结构太阳得热系数与夏季建筑遮阳系数的乘积还应满足现行国家标准《民用建筑热工设计规范》(GB 50176—2016)的要求。

(8)主要功能房间应具有现场独立控制的热环境调节装置。

(9)地下车库应设置与排风设备联动的一氧化碳浓度监测装置。

(10)健康舒适相关技术要求应符合现行强制性工程建设规范《建筑环境通用规范》(GB 55016—2021)、《建筑给水排水与节水通用规范》(GB 55020—2021)、《民用建筑通用规范》(GB 55031—2022)等的规定。

2. 评分项

1）室内空气品质

（1）控制室内主要空气污染物的浓度，评价总分值为 12 分，并按下列规则分别评分并累计。

① 氨、甲醛、苯、总挥发性有机物、氡等污染物浓度比现行国家标准《室内空气质量标准》（GB/T 18883—2022）规定限值降低 10%，得 3 分；降低 20%，得 6 分。

② 室内 PM2.5 年均浓度不高于 $25\mu g/m^3$，且室内 PM10 年均浓度不高于 $50\mu g/m^3$，得 6 分。

（2）选用的装饰装修材料满足国家现行绿色产品评价标准中对有害物质限量的要求，评价总分值为 8 分。选用满足要求的装饰装修材料达到 3 类及以上，得 5 分；达到 5 类及以上，得 8 分。

（3）直饮水、集中生活热水、游泳池水、供暖空调系统用水、景观水体等的水质满足国家现行有关标准的要求，评价分值为 8 分。

2）水质

（1）直饮水、集中生活热水、游泳池水、供暖空调系统用水、景观水体等的水质满足国家现行有关标准的要求，评价分值为 8 分。

（2）生活饮用水水池、水箱等储水设施采取措施满足卫生要求，评价总分值为 9 分，并按下列规则分别评分并累计。

① 使用符合国家现行有关标准要求的成品水箱，得 4 分。

② 采取保证储水不变质的措施，得 5 分。

（3）所有给水排水管道、设备、设施设置明确、清晰的永久性标识，评价分值为 8 分。

3）声环境与光环境

（1）采取措施优化主要功能房间的室内声环境，评价总分值为 8 分，并按下列规则分别评分并累计。

① 噪声级达到现行国家标准《民用建筑隔声设计规范》（GB 50118—2010）中的低限标准限值和高要求标准限值的平均值，得 4 分。

② 达到高要求标准限值，得 8 分。

（2）主要功能房间的隔声性能良好，评价总分值为 10 分，按表 1-5 的规则分别评分并累计。

表 1-5　主要功能房间隔声性能评分规则

建筑类别	构件或房间名称		评价指标	得分
住宅建筑	卧室含窗外墙		计权标准化声压级差与交通噪声频谱修正量之和≥35dB	2
	相邻两户房间之间空气声隔声	隔墙两侧房间之间	计权标准化声压级差与交通噪声频谱修正量之和≥50dB（卧室与邻户房间之间），且计权标准化声压级差与噪声频谱修正量之和≥50dB（其他相邻两户房间之间）	2
		楼板上下房间之间		2
	卧室和起居楼板撞击声隔声		计权标准化撞击声压级≤60dB（55dB）	2(4)

续表

建筑类别	构件或房间名称		评价指标	得分
公共建筑	外围护结构		计权标准化声压级差与交通噪声频谱修正量之和≥30dB	2
	房间之间空气声隔声	隔墙两侧房间之间	比国家民用建筑隔声设计标准规定限值高 3dB 及以上	2
		楼板两侧房间之间		2
	楼板撞击声隔声		比国家民用建筑隔声设计标准规定限值低 5dB (10dB)及以上	2(4)

（3）充分利用天然光，评价总分值为 12 分，并按下列规则评分。

① 住宅建筑室内主要功能空间至少 60%面积比例区域，其采光照度值不低于 300lx 的小时数平均不少于 8h/d，得 12 分。

② 公共建筑按下列规则分别评分并累计。内区采光系数满足采光要求的面积比例达到 60%，得 4 分；地下空间平均采光系数不小于 0.5%的面积与地下室首层面积的比例达到 10%以上，得 4 分；室内主要功能空间至少 60%面积比例区域的采光照度值不低于采光要求的小时数平均不少于 4h/d，得 4 分。

4）室内热湿环境

（1）具有良好的室内热湿环境，评价总分值为 8 分，并按下列规则评分。

① 建筑主要功能房间自然通风或复合通风工况下室内热环境参数在适应性热舒适区域的时间比例，达到 30%，得 2 分；每再增加 10%，再得 1 分，最高得 8 分。

② 建筑主要功能房间供暖、空调工况下室内热环境参数达到现行国家标准《民用建筑室内热湿环境评价标准》(GB/T 50785—2012)规定的室内人工冷热源热湿环境整体评价Ⅱ级的面积比例，达到 60%，得 5 分；每再增加 10%，再得 1 分，最高得 8 分。

③ 当建筑主要功能房间部分时段采用自然通风或复合通风，部分时段采用供暖、空调时，按照上述两条规定分别评分后再按各工况运行时间加权平均计算作为本条得分。

（2）优化建筑空间和平面布局，改善自然通风效果，评价总分值为 8 分，并按下列规则评分。

① 住宅建筑。通风开口面积与房间地板面积的比例在夏热冬暖和温和 B 地区达到12%，在夏热冬冷和温和 A 地区达到 8%，在其他地区达到 5%，得 5 分；每再增加 2%，再得 1 分，最高得 8 分。

② 公共建筑。过渡季典型工况下主要功能房间平均自然通风换气次数不小于 2 次/h 的面积比例达到 70%，得 5 分；每再增加 10%，再得 1 分，最高得 8 分。

（3）设置可调节遮阳设施，改善室内热舒适，评价总分值为 9 分，根据可调节遮阳设施的面积占外窗透明部分的比例按表 1-6 的规则评分。

表 1-6 可调节遮阳设施的面积占外窗透明部分的比例评分规则

可调节遮阳设施的面积占外窗透明部分比例	得 分
$25\% \leqslant S_z < 35\%$	3
$35\% \leqslant S_z < 45\%$	5
$45\% \leqslant S_z < 55\%$	7
$S_z \geqslant 55\%$	9

1.4.3 生活便利

1. 控制项

(1) 建筑、室外场地、公共绿地、城市道路相互之间应设置连贯的无障碍步行系统。

(2) 场地人行出入口 500m 内应设有公共交通站点或配备联系公共交通站点的专用接驳车。

(3) 停车场应具有电动汽车充电设施或具备充电设施的安装条件,并应合理设置电动汽车和无障碍汽车停车位。

(4) 自行车停车场所应位置合理、方便出入。

(5) 建筑设备管理系统应具有自动监控管理功能。

(6) 建筑应设置信息网络系统。

(7) 生活便利相关技术要求应符合现行强制性工程建设规范《建筑与市政工程无障碍通用规范》(GB 55019—2021)、《建筑电气与智能化通用规范》(GB 55024—2022)、《建筑节能与可再生能源利用通用规范》(GB 55015—2021)等的规定。

2. 评分项

1) 出行与无障碍

(1) 场地与公共交通站点联系便捷,评价总分值为 8 分,并按下列规则分别评分并累计。

① 场地出入口到达公共交通站点的步行距离不超过 500m,或到达轨道交通站的步行距离不大于 800m,得 2 分;场地出入口到达公共交通站点的步行距离不超过 300m,或到达轨道交通站的步行距离不大于 500m,得 4 分。

② 场地出入口步行距离 800m 范围内设有不少于 2 条线路的公共交通站点,得 4 分。

(2) 建筑室内公共区域满足全龄化设计要求,评价总分值为 8 分,并按下列规则分别评分并累计。

① 建筑室内公共区域的墙、柱等处的阳角均为圆角,并设有安全抓杆或扶手,得 5 分。

② 设有可容纳担架的无障碍电梯,得 3 分。

2) 服务设施

(1) 提供便利的公共服务,评价总分值为 10 分,并按下列规则评分。

① 住宅建筑,满足下列要求中的 4 项,得 5 分;满足 6 项及以上,得 10 分。场地出入口到达幼儿园的步行距离不大于 300m;场地出入口到达小学的步行距离不大于 500m;场地出入口到达中学的步行距离不大于 1000m;场地出入口到达医院的步行距离不大于 1000m;场地

出入口到达群众文化活动设施的步行距离不大于 800m;场地出入口到达老年人日间照料设施的步行距离不大于 500m;场地周边 500m 范围内具有不少于 3 种商业服务设施。

② 公共建筑,满足下列要求中的 3 项,得 5 分;满足 5 项,得 10 分。建筑内至少兼容 2 种面向社会的公共服务功能;建筑向社会公众提供开放的公共活动空间;电动汽车充电桩的车位数占总车位数的比例不低于 10%;周边 500m 范围内设有社会公共停车场(库);场地不封闭或场地内步行公共通道向社会开放。

(2) 城市绿地、广场及公共运动场地等开敞空间,步行可达,评价总分值为 5 分,并按下列规则分别评分并累计。

① 场地出入口到达城市公园绿地、居住区公园、广场的步行距离不大于 300m,得 3 分。

② 到达中型多功能运动场地的步行距离不大于 500m,得 2 分。

(3) 合理设置健身场地和空间,评价总分值为 10 分,并按下列规则分别评分并累计。

① 室外健身场地面积不少于总用地面积的 0.5%,得 3 分。

② 设置宽度不少于 1.25m 的专用健身慢行道,健身慢行道长度不少于用地红线周长的 1/4 且不少于 100m,得 2 分。

③ 室内健身空间的面积不少于地上建筑面积的 0.3% 且不少于 60m²,得 3 分。

④ 楼梯间具有天然采光和良好的视野,且距离主入口的距离不大于 15m,得 2 分。

3) 智慧运行

(1) 设置分类、分级用能自动远传计量系统,且设置能源管理系统实现对建筑能耗的监测、数据分析和管理,评价分值为 8 分。

(2) 设置 PM10、PM2.5、CO_2 浓度的空气质量监测系统,且具有存储至少一年的监测数据和实时显示等功能,评价分值为 5 分。

(3) 设置用水远传计量系统、水质在线监测系统,评价总分值为 7 分,并按下列规则分别评分并累计。

① 设置用水量远传计量系统,能分类、分级记录、统计分析各种用水情况,得 3 分。

② 利用计量数据进行管网漏损自动检测、分析与整改,管道漏损率低于 5%,得 2 分。

③ 设置水质在线监测系统,监测生活饮用水、管道直饮水、游泳池水、非传统水源、空调冷却水的水质指标,记录并保存水质监测结果,且能随时供用户查询,得 2 分。

(4) 具有智能化服务系统,评价总分值为 9 分,并按下列规则分别评分并累计。

① 具有家电控制、照明控制、安全报警、环境监测、建筑设备控制、工作生活服务等至少 3 种类型的服务功能,得 3 分。

② 具有远程监控的功能,得 3 分。

③ 具有接入智慧城市(城区、社区)的功能,得 3 分。

4) 运营管理

(1) 制订完善的节能、节水的操作规程,实施能源资源管理激励机制,且有效实施,评价总分值为 5 分,并按下列规则分别评分并累计。

① 相关设施具有完善的操作规程,得 2 分。

② 运营管理机构的工作考核体系中包含节能和节水绩效考核激励机制,得 3 分。

(2) 建筑平均日用水量满足现行国家标准《民用建筑节水设计标准》(GB 50555—

2010)中节水用水定额的要求,评价总分值为 5 分,并按下列规则评分。

① 平均日用水量大于节水用水定额的平均值、不大于上限值,得 2 分。

② 平均日用水量大于节水用水定额下限值、不大于平均值,得 3 分。

③ 平均日用水量不大于节水用水定额下限值,得 5 分。

(3) 定期对建筑运营效果进行评估,并根据结果进行运行优化,评价总分值为 10 分,并按下列规则分别评分并累计。

① 制订绿色建筑运营效果评估的技术方案和计划,得 3 分。

② 定期检查、调适公共设施设备,具有检查、调试、运行、标定的记录,且记录完整,得 3 分。

③ 定期开展节能诊断评估,并根据评估结果制订优化方案并实施,得 4 分。

(4) 建立绿色低碳教育宣传和实践机制,形成良好的绿色氛围,并定期开展使用者满意度调查,评价总分值为 10 分,并按下列规则分别评分并累计。

① 每年组织不少于 2 次的绿色建筑技术宣传、绿色生活引导等绿色低碳教育宣传和实践活动,并有活动记录,得 3 分。

② 具有绿色低碳生活展示、体验或交流分享的渠道,得 3 分。

③ 每年开展 1 次针对建筑绿色性能的使用者满意度调查,且根据调查结果制订改进措施并实施、公示,得 4 分。

1.4.4 资源节约

1. 控制项

(1) 应结合场地自然条件和建筑功能需求,对建筑的体形、平面布局、空间尺度、围护结构等进行节能设计,且应符合国家有关节能设计的要求。

(2) 应采取措施降低部分负荷、部分空间使用下的供暖、空调系统能耗,并应符合下列规定:应区分房间的朝向细分供暖、空调区域,并应对系统进行分区控制;空调系统的电冷源综合制冷性能系数应符合现行国家标准《公共建筑节能设计标准》(GB 50189—2015)的规定。

(3) 应根据建筑空间功能设置分区温度,合理降低室内过渡区空间的温度设定标准。

(4) 公共区域的照明系统应采用分区、定时、感应等节能控制;采光区域的照明控制应独立于其他区域的照明控制。

(5) 冷热源、输配系统和照明等各部分能耗应进行独立分项计量。

(6) 垂直电梯应采取群控、变频调速或能量反馈等节能措施;自动扶梯应采用变频感应启动等节能控制措施。

(7) 应制订水资源利用方案,统筹利用各种水资源,并应符合下列规定:应按使用用途、付费或管理单元,分别设置用水计量装置;用水点处水压大于 0.2MPa 的配水支管应设置减压设施,并应满足用水器具最低工作压力的要求;用水器具和设备应满足现行国家标准《节水型产品通用技术条件》(GB/T 18870—2011)的要求。

(8) 不应采用建筑形体和布置严重不规则的建筑结构。

(9) 建筑造型要素应简约,应无大量装饰性构件,并应符合下列规定:住宅建筑的装饰性构件造价占建筑总造价的比例不应大于 2%;公共建筑的装饰性构件造价占建筑总造价的比例不应大于 1%。

（10）选用的建筑材料应符合下列规定：500km 以内生产的建筑材料重量占建筑材料总重量的比例应大于 60%；现浇混凝土应采用预拌混凝土，建筑砂浆应采用预拌砂浆。

（11）资源节约相关技术要求应符合现行强制性工程建设规范《建筑节能与可再生能源利用通用规范》（GB 55015—2021）、《建筑给水排水与节水通用规范》（GB 55020—2021）等的规定。

2. 评分项

1）节地与土地利用

（1）节约集约利用土地，评价总分值为 20 分，并按下列规则评分。

① 对于住宅建筑，根据其所在居住街坊人均住宅用地指标按表 1-7 的规则评分。

表 1-7　居住街坊人均住宅用地指标评分规则

建筑气候区划	人均住宅用地指标 A/m^2					得分
	平均 3 层及以下	平均 4～6 层	平均 7～9 层	平均 10～18 层	平均 19 层及以上	
Ⅰ、Ⅶ	$33<A\leqslant36$	$29<A\leqslant32$	$21<A\leqslant22$	$17<A\leqslant19$	$12<A\leqslant13$	15
	$A\leqslant33$	$A\leqslant29$	$A\leqslant21$	$A\leqslant17$	$A\leqslant12$	20
Ⅱ、Ⅵ	$33<A\leqslant36$	$27<A\leqslant30$	$20<A\leqslant21$	$16<A\leqslant17$	$12<A\leqslant13$	15
	$A\leqslant33$	$A\leqslant27$	$A\leqslant20$	$A\leqslant16$	$A\leqslant12$	20
Ⅲ、Ⅳ、Ⅴ	$33<A\leqslant36$	$24<A\leqslant27$	$19<A\leqslant20$	$15<A\leqslant16$	$11<A\leqslant12$	15
	$A\leqslant33$	$A\leqslant24$	$A\leqslant19$	$A\leqslant15$	$A\leqslant11$	20

② 对于公共建筑，根据不同功能，公共建筑的容积率按表 1-8 的规则评分。

表 1-8　公共建筑的容积率（R）评分规则

行政办公、商务办公、商务金融、旅馆饭店、交通枢纽等	教育、文化、体育、医疗、卫生、社会福利等	得分
$1.0\leqslant R<1.5$	$0.5\leqslant R<0.8$	8
$1.5\leqslant R<2.5$	$0.8\leqslant R<1.5$	12
$2.5\leqslant R<3.5$	$1.5\leqslant R<2.0$	16
$R\geqslant3.5$	$R\geqslant2.05$	20

（2）合理开发利用地下空间，评价总分值为 12 分，根据地下空间开发利用指标按表 1-9 的规则评分。

表 1-9　地下空间开发利用指标评分规则

建筑类型	地下空间开发利用指标		得分
住宅建筑	地下建筑面积与地上建筑面积的比率 R_r 地下一层建筑面积与总用地面积的比率 R_p	$5\%\leqslant R_r<20\%$	5
		$R_r\geqslant20\%$	7
		$R_r\geqslant35\%$ 且 $R_p<60\%$	12

续表

建筑类型	地下空间开发利用指标		得分
公共建筑	地下建筑面积与总用地面积的比率 R_{p1} 地下一层建筑面积与总用地面积的比率 R_p	$R_{p1} \geqslant 0.5$	5
		$R_{p1} \geqslant 0.7$ 且 $R_p < 70\%$	7
		$R_{p1} \geqslant 1.0$ 且 $R_p < 60\%$	12

（3）采用机械式停车设施、地下停车库或地面停车楼等方式，评价总分值为 8 分，并按下列规则评分。

① 住宅建筑地面停车位数量与住宅总套数的比率小于 10%，得 8 分。

② 公共建筑地面停车占地面积与其总建设用地面积的比率小于 8%，得 8 分。

2）节能与能源利用

（1）优化建筑围护结构的热工性能，评价总分值为 10 分，并按下列规则评分。

① 围护结构热工性能比现行强制性工程建设规范《建筑节能与可再生能源利用通用规范》（GB 55015—2021）的规定提高 5%，得 5 分；每再提高 1%，再得 1 分；最高得 10 分。

② 建筑供暖空调负荷降低 3%，得 5 分；每再降低 1%，再得 1 分；最高得 10 分。

（2）供暖空调系统的冷、热源机组能效均优于现行强制性工程建设规范《建筑节能与可再生能源利用通用规范》（GB 55015—2021）的规定以及国家现行有关标准能效限定值的要求，评价总分值为 10 分，按表 1-10 的规则评分。

表 1-10 冷、热源机组能效提升幅度评分规则

机 组 类 型		能 效 指 标	评 分 要 求	
电机驱动的蒸汽压缩循环冷水（热泵）机组	定频水冷	制冷性能系数（COP）	提高 4%	提高 8%
	变频水冷	制冷性能系数（COP）	提高 6%	提高 12%
	活塞式/涡旋式风冷或蒸发冷却	制冷性能系数（COP）	提高 4%	提高 8%
	螺杆式风冷或蒸发冷却	制冷性能系数（COP）	提高 6%	提高 12%
直燃型溴化锂吸收式冷（温）水机组		制冷、供热性能系数（COP）	提高 6%	提高 12%
单元式空气调节机、风管送风式空调（热泵）机组	风冷单冷型	制冷季节能效比（SEER）	提高 8%	提高 16%
	风冷热泵型	全年性能系数（APF）		
	水冷	制冷综合部分负荷性能系数（IPLV）		
多联式空调（热泵）机组	水冷	制冷综合部分负荷性能系数（IPLV）	提高 8%	提高 16%
	风冷	全年性能系数（APF）		
锅炉		热效率	提高 1%	提高 2%

续表

机 组 类 型	能 效 指 标	评 分 要 求	
房间空气调节器	制冷季节能源消耗效率(SEER)或全年能源消耗效率(APF)	2级能效等级限值	1级能效等级限值
燃气供暖热水炉	热效率		
蒸汽型溴化锂吸收式冷水机组	制冷、供热性能系数(COP)		
得分		5分	10分

（3）采取有效措施降低供暖空调系统的末端系统及输配系统的能耗,评价总分值为5分,并按以下规则分别评分并累计。

① 通风空调系统风机的单位风量耗功率比现行国家标准《公共建筑节能设计标准》(GB 50189—2015)的规定低20%,得2分。

② 集中供暖系统热水循环泵的耗电输热比、空调冷热水系统循环水泵的耗电输冷(热)比比现行国家标准《民用建筑供暖通风与空气调节设计规范》(GB 50736—2012)规定值低20%,得3分。

（4）采用节能型电气设备及节能控制措施,评价总分值为10分,并按下列规则分别评分并累计。

① 主要功能房间的照明功率密度值达到现行国家标准《建筑照明设计标准》(GB/T 50034—2024)规定的目标值,得5分。

② 采光区域的人工照明随天然光照度变化自动调节,得2分。

③ 照明产品、电力变压器、水泵、风机等设备满足国家现行有关标准的能效等级2级要求,得3分。

（5）采取措施降低建筑能耗,评价总分值为10分,并按下列规则评分。

① 建筑设计能耗相比现行强制性工程建设规范《建筑节能与可再生能源利用通用规范》(GB 55015—2021)降低5%,得6分,降低10%,得8分;降低15%,得10分。

② 建筑运行能耗相比国家现行有关建筑能耗标准降低10%,得6分;降低15%,得8分;降低20%,得10分。

（6）结合当地气候和自然资源条件合理利用可再生能源,评价总分值为15分,可再生能源利用率达到10%,得15分;可再生能源利用率不足10%时,按线性内插法计算得分。

3）节水与水资源利用

（1）使用较高水效等级的卫生器具,评价总分值为15分,并按下列规则评分。

① 全部卫生器具的水效等级达到2级,得8分。

② 50%以上卫生器具的水效等级达到1级且其他达到2级,得12分。

③ 全部卫生器具的水效率等级达到1级,得15分。

（2）绿化灌溉及空调冷却水系统采用节水设备或技术,评价总分值为12分,并按下列规则分别评分并累计。

① 绿化灌溉在节水灌溉的基础上采用节水技术,并按下列规则评分:设置土壤湿度感

应器、雨天自动关闭装置等节水控制措施,得 6 分;50% 以上的绿地种植无须永久灌溉植物,且不设永久灌溉设施,得 6 分。

② 空调冷却水系统采用节水设备或技术,并按下列规则评分:循环冷却水系统采取设置水处理措施、加大集水盘、设置平衡管或平衡水箱等方式,避免冷却水泵停泵时冷却水溢出,得 3 分;采用无蒸发耗水量的冷却技术,得 6 分。

(3) 结合雨水综合利用设施营造室外景观水体,室外景观水体利用雨水的补水量大于水体蒸发量的 60%,且采用保障水体水质的生态水处理技术,评价总分值为 8 分,并按下列规则分别评分并累计。

① 对进入室外景观水体的雨水,利用生态设施削减径流污染,得 4 分。

② 利用水生动、植物保障室外景观水体水质,得 4 分。

(4) 使用非传统水源,评价总分值为 15 分,并按下列规则分别评分并累计。

① 绿化灌溉、车库及道路冲洗、洗车用水采用非传统水源的用水量占其总用水量的比例不低于 40%,得 3 分;不低于 60%,得 5 分。

② 冲厕采用非传统水源的用水量占其总用水量的比例不低于 30%,得 3 分;不低于 50%,得 5 分。

③ 冷却水补水采用非传统水源的用水量占其总用水量的比例不低于 20%,得 3 分;不低于 40%,得 5 分。

4) 节材与绿色建材

(1) 建筑所有区域实施土建工程与装修工程一体化设计及施工,评价分值为 8 分。

(2) 合理选用建筑结构材料与构件,评价总分值为 10 分,并按下列规则评分。

① 混凝土结构,按下列规则分别评分并累计:400MPa 级及以上强度等级钢筋应用比例达到 85%,得 5 分;混凝土竖向承重结构采用强度等级不小于 C50 混凝土用量占竖向承重结构中混凝土总量的比例达到 50%,得 5 分。

② 钢结构,按下列规则分别评分并累计:Q355 及以上高强钢材用量占钢材总量的比例达到 50%,得 3 分;达到 70%,得 4 分;螺栓连接等非现场焊接节点占现场全部连接、拼接节点的数量比例达到 50%,得 4 分;采用施工时免支撑的楼屋面板,得 2 分。

③ 混合结构:对其混凝土结构部分、钢结构部分,分别按上述两条的规定进行评价,得分取各项得分的平均值。

(3) 建筑装修选用工业化内装部品,评价总分值为 8 分。建筑装修选用工业化内装部品占同类部品用量比例达到 50% 以上的部品种类,达到 1 种,得 3 分;达到 3 种,得 5 分;达到 3 种以上,得 8 分。

(4) 选用可再循环材料、可再利用材料及利废建材,评价总分值为 12 分,并按下列规则分别评分并累计。

① 可再循环材料和可再利用材料用量比例,按下列规则评分:住宅建筑达到 6% 或公共建筑达到 10%,得 3 分。住宅建筑达到 10% 或公共建筑达到 15%,得 6 分。

② 利废建材选用及其用量比例,按下列规则评分:采用一种利废建材,其占同类建材的用量比例不低于 50%,得 3 分。选用两种及以上的利废建材,每一种占同类建材的用量比例均不低于 30%,得 6 分。

(5) 选用绿色建材,评价总分值为 12 分。绿色建材应用比例不低于 40%,得 4 分;不低于 50%,得 8 分;不低于 70%,得 12 分。

1.4.5　环境宜居

1. 控制项

(1) 建筑规划布局应满足日照标准,且不得降低周边建筑的日照标准。

(2) 室外热环境应满足国家现行有关标准的要求。

(3) 配建的绿地应符合所在地城乡规划的要求,应合理选择绿化方式,植物种植应适应当地气候和土壤,且应无毒害、易维护,种植区域覆土深度和排水能力应满足植物生长需求,并应采用复层绿化方式。

(4) 场地的竖向设计应有利于雨水的收集或排放,应有效组织雨水的下渗、滞蓄或再利用;对大于 10hm² 的场地应进行雨水控制利用专项设计。

(5) 建筑内外均应设置便于识别和使用的标识系统。

(6) 场地内不应有排放超标的污染源。

(7) 生活垃圾应分类收集,垃圾容器和收集点的设置应合理并应与周围景观协调。

(8) 环境宜居相关技术要求应符合现行强制性工程建设规范《建筑环境通用规范》(GB 55016—2021)、《市容环卫工程项目规范》(GB 55013—2021)、《园林绿化工程项目规范》(GB 55014—2021)、《建筑给水排水与节水通用规范》(GB 55020—2021)等的规定。

2. 评分项

1) 场地生态与景观

(1) 充分保护或修复场地生态环境,合理布局建筑及景观,评价总分值为 10 分,并按下列规则评分。

① 保护场地内原有的自然水域、湿地、植被等,保持场地内的生态系统与场地外生态系统的连贯性,得 10 分。

② 采取净地表层土回收利用等生态补偿措施,得 10 分。

③ 根据场地实际状况,采取其他生态恢复或补偿措施,得 10 分。

(2) 规划场地地表和屋面雨水径流,对场地雨水实施外排总量控制,评价总分值为 10 分。场地年径流总量控制率达到 55%,得 5 分;达到 70%,得 10 分。

(3) 充分利用场地空间设置绿化用地,评价总分值为 16 分,并按下列规则评分。

① 住宅建筑按下列规则分别评分并累计:绿地率达到规划指标 105% 及以上,得 10 分;住宅建筑所在居住街坊内人均集中绿地面积按表 1-11 的规则评分,最高得 6 分。

表 1-11　住宅建筑人均集中绿地面积评分规则

人均集中绿地面积 A_g/(m²/人)		得　分
新　区　建　设	旧　区　改　建	
0.5	0.35	2
0.5<A_g<0.6	0.35<A_g<0.45	4
A_g≥0.6	A_g≥0.45	6

② 公共建筑按下列规则分别评分并累计:公共建筑绿地率达到规划指标 105% 及以上,得 10 分;绿地向公众开放,得 6 分。

(4) 室外吸烟区位置布局合理,评价总分值为 9 分,并按下列规则分别评分并累计。

① 室外吸烟区布置在建筑主出入口的主导风的下风向,与所有建筑出入口、新风进气口和可开启窗扇的距离不少于 8m,且距离儿童和老人活动场地不少于 8m,得 5 分。

② 室外吸烟区与绿植结合布置,并合理配置座椅和带烟头收集的垃圾筒,从建筑主出入口至室外吸烟区的导向标识完整、定位标识醒目,吸烟区设置吸烟有害健康的警示标识,得 4 分。

(5) 利用场地空间设置绿色雨水基础设施,汇集场地径流进入设施,有效实现雨水的滞蓄与入渗,评价总分值为 15 分,并按下列规则分别评分并累计。

① 下凹式绿地、雨水花园等有调蓄雨水功能的绿地和水体的面积之和占绿地面积的比例达到 40%,得 3 分;达到 60%,得 5 分。

② 衔接和引导不少于 80% 的屋面雨水进入设施,得 3 分。

③ 衔接和引导不少于 80% 的道路雨水进入设施,得 4 分。

④ 硬质铺装地面中透水铺装面积的比例达到 50%,得 3 分。

2) 室外物理环境

(1) 场地内的环境噪声优于现行国家标准《声环境质量标准》(GB 3096)的要求,评价总分值为 10 分,并按下列规则评分。

① 环境噪声值大于 2 类声环境功能区噪声等效声级限值,且小于或等于 3 类声环境功能区噪声等效声级限值,得 5 分。

② 环境噪声值小于或等于 2 类声环境功能区噪声等效声级限值,得 10 分。

(2) 建筑室外照明及室外显示屏避免产生光污染,评价总分值为 10 分,并按下列规则分别评分并累计。

① 在居住空间窗户外表面产生的垂直照度不大于表 1-12 规定的最大允许值,得 5 分。

表 1-12　居住空间窗户外表面的垂直照度最大允许值

照明技术参数	应用条件	环境区域		
		E2	E3	E4
垂直面照度 E_v/lx	非熄灯时段	2	5	10
	熄灯时段	0*	1	2

注:* 对于公共(道路)照明灯具产生的影响,此值提高到 1lx。

② 建筑室外设置的显示屏表面平均亮度不大于表 1-13 规定的限值,且车道和人行道两侧未设置动态模式显示屏,得 5 分。

表 1-13　建筑室外设置的显示屏表面平均亮度限值

照明技术参数	环境区域		
	E2	E3	E4
平均亮度/(cd/m²)	200	400	600

（3）场地内风环境有利于室外行走、活动舒适和建筑的自然通风，评价总分值为 10 分，并按下列规则分别评分并累计。

① 在冬季典型风速和风向条件下，按下列规则分别评分并累计：建筑物周围人行区距地高 1.5m 处风速小于 5m/s，户外休息区、儿童娱乐区风速小于 2m/s，且室外风速放大系数小于 2，得 3 分；除迎风第一排建筑外，建筑迎风面与背风面表面风压差不大于 5Pa，得 2 分。

② 过渡季、夏季典型风速和风向条件下，按下列规则分别评分并累计：场地内人活动区不出现涡旋或无风区，得 3 分；50% 以上可开启外窗室内外表面的风压差大于 0.5Pa，得 2 分。

（4）采取措施降低热岛强度，评价总分值为 10 分，按下列规则分别评分并累计。

① 场地中处于建筑阴影区外的步道、游憩场、庭院、广场等室外活动场地设有遮阴措施的面积比例，住宅建筑达到 30%，公共建筑达到 10%，得 2 分；住宅建筑达到 50%，公共建筑达到 20%，得 3 分。

② 场地中处于建筑阴影区外的机动车道设有遮阴面积较大的行道树的路段长度超过70%，得 3 分。

③ 屋顶的绿化面积、太阳能板水平投影面积以及太阳辐射反射系数不小于 0.4 的屋面面积合计达到 75%，得 4 分。

1.4.6 提高与创新

1. 一般规定

（1）绿色建筑评价时，应按规定对提高与创新加分项进行评价。

（2）提高与创新加分项得分为各加分项得分之和，当总得分大于 100 分时，应取为 100 分。

2. 加分项

（1）采取措施进一步降低建筑供暖空调系统的能耗，评价总分值为 30 分。建筑供暖空调系统能耗比现行强制性工程建设规范《建筑节能与可再生能源利用通用规范》（GB 55015—2021）的规定降低 20%，得 10 分；每再降低 10%，再得 5 分，最高得 30 分。

（2）因地制宜建设绿色建筑，评价总分值为 30 分，并按下列规则分别评分并累计。

① 传承建筑文化，采用适宜地区特色的建筑风貌设计，得 15 分。

② 适应自然环境，充分利用气候适应性和场地属性进行设计，得 7 分。

③ 利用既有资源，合理利用废弃场地或充分利用旧建筑，得 8 分。

（3）采用蓄冷蓄热蓄电、建筑设备智能调节等技术实现建筑电力交互，评价总分值为 20 分。用电负荷调节比例达到 5%，得 5 分；每再增加 1%，再得 1 分，最高得 20 分。

（4）采取措施提升场地绿容率，评价总分值为 5 分，并按下列规则评分。

① 场地绿容率计算值，不低于 1.0，得 1 分；不低于 2.0，得 2 分；不低于 3.0，得 3 分。

② 场地绿容率实测值，不低于 1.0，得 1 分；不低于 2.0，得 2 分；不低于 3.0，得 3 分。

（5）采用符合工业化建造要求的结构体系与建筑构件，评价分值为 10 分，并按下列规则评分：主体结构采用钢结构、木结构，得 10 分。主体结构采用混凝土结构，地上部分预制构件应用混凝土体积占混凝土总体积的比例达到 35%，得 5 分；达到 50%，得 10 分。

（6）应用建筑信息模型（BIM）技术，评价总分值为 15 分。在建筑的规划设计、施工建造和运行维护阶段中的一个阶段应用,得 5 分;两个阶段应用,得 10 分;三个阶段应用,得 15 分。

(7) 采取措施降低建筑全生命周期碳排放强度,评价分值为 30 分,降低 10%,得 10 分;每再降低 1%,再得 1 分,最高得 30 分。

(8) 按照绿色施工的要求进行施工和管理,评价总分值为 20 分,并按下列规则分别评分并累计。

① 单位工程单位面积的用电量比定额节约 10% 以上,得 4 分。

② 采取措施加强建筑垃圾回收利用,建筑垃圾回收利用率不低于 50%,得 4 分。

③ 采取措施减少预拌混凝土损耗,损耗率降低至 1.5%,得 4 分。

④ 采取措施减少现场加工钢筋损耗,损耗率降低至 1.5%,得 4 分。

⑤ 现浇混凝土构件采用高周转率、免抹灰的新型模板体系,得 4 分。

(9) 采用建设工程质量潜在缺陷保险产品或绿色建筑性能保险产品,评价总分值为 30 分,并按下列规则分别评分并累计。

① 建设工程质量潜在缺陷保险承保范围包括地基基础工程、主体结构工程、屋面防水工程和其他土建工程的质量问题,得 10 分。

② 建设工程质量潜在缺陷保险承保范围包括装修工程、电气管线、上下水管线的安装工程,供热、供冷系统工程的质量问题,得 10 分。

③ 具有绿色建筑性能保险,得 10 分。

保险承保范围包括地基基础工程、主体结构工程、屋面防水工程和其他土建工程的质量问题,得 10 分;保险承保范围包括装修工程、电气管线、上下水管线的安装工程,供热、供冷系统工程的质量问题,得 10 分。

(10) 采取节约资源、保护生态环境、降低碳排放、保障安全健康、智慧友好运行、传承历史文化等其他创新,并有明显效益,评价总分值为 40 分。每采取一项,得 10 分,最高得 40 分。

职业能力训练

一、基本技能练习

1. 单项选择题

(1) 绿色建筑评价应遵循( )的原则,结合建筑所在地域的气候、环境、资源、经济和文化等特点,对建筑( )内的安全耐久、健康舒适、生活便利、资源节约、环境宜居等性能进行综合评价。

　　A. 以人为本;全生命周期　　　　B. 因地制宜;全生命周期
　　C. 可持续发展;全生命周期　　　D. 可持续发展;竣工验收投入使用阶段

(2) 对于三星级绿色建筑,要求其绿色建材的应用比例达到( )。

　　A. 10%　　　　　　　　　　B. 20%
　　C. 30%　　　　　　　　　　D. 60%

（3）绿色建筑评价应在（   ）进行。

    A. 建筑工程施工阶段   B. 建筑工程施工图设计完成后

    C. 建筑工程竣工后   D. 建筑工程竣工验收阶段

（4）建筑节能的主要途径有（   ）。

    A. 增大建筑物外表面积   B. 增大体形系数

    C. 减小窗墙面积比   D. 围护结构选择导热系数大的建材

（5）被世卫组织列入一级致癌物名单，世界上多数国家已限制或全面禁止使用的材料是（   ）。

    A. 岩棉   B. 石棉

    C. 玻璃棉   D. 矿渣棉

（6）Low-E 玻璃属于（   ）玻璃。

    A. 吸热玻璃   B. 真空玻璃

    C. 热反射玻璃   D. 低辐射玻璃

（7）下列选项中有关热桥的说法错误的是（   ）。

    A. 外墙周边的钢筋混凝土抗震柱、圈梁、门窗过梁是常见的热桥部位

    B. 热桥部分传热系数明显小于主体结构的传热系数

    C. 热桥部位热流密集、容易形成传热的桥梁

    D. 热桥部位内表面温度较低，容易形成结露现象

（8）拌制外墙保温砂浆常用的材料为（   ）。

    A. 玻化微珠   B. 玻璃棉

    C. 膨胀蛭石   D. 胶粉聚苯颗粒

（9）膨胀蛭石是一种较好的绝热、隔声材料，使用时应注意（   ）。

    A. 防潮   B. 防火

    C. 不能松散铺设   D. 不能与胶凝材料配合使用

（10）绿色建筑评价指标中的生活便利评分项设置了出行与无障碍、服务设施、智慧运行以及（   ）4 类二级指标。

    A. 物业管理   B. 运营管理

    C. 室内外热湿环境   D. 场地生态与景观

（11）绿色建筑评价指标中，资源节约的控制项要求 500km 以内生产的建筑材料重量占建筑材料总比重的比例应大于（   ）。

    A. 30%   B. 50%

    C. 60%   D. 80%

（12）绿色建筑的基本内涵不包括（   ）。

    A. 节能   B. 环保

    C. 建设成本低   D. 健康、适用、高效

（13）（   ）是近零能耗建筑的高级表现形式，其室内环境参数与近零能耗建筑相同，充分利用建筑本体和周边的可再生能源资源，使可再生能源年产能大于或等于建筑全年全部用能的建筑。

A. 超低能耗建筑　　　　　　　　B. 零能耗建筑

C. 健康建筑　　　　　　　　　　D. 零碳建筑

(14) 下列选项中的保温材料中属于有机保温材料的是(　　)。

A. 泡沫玻璃　　　　　　　　　　B. 岩棉板

C. 加气混凝土　　　　　　　　　D. 挤塑聚苯乙烯泡沫板

(15) 保温板应采用点框粘法或条粘法固定在基层墙体上,XPS 板与基层墙体的有效粘贴面积不得小于保温板面积的(　　),并宜使用锚栓辅助固定。

A. 40%　　　　　　　　　　　　B. 50%

C. 80%　　　　　　　　　　　　D. 100%

(16) 建筑围护结构传递热量能力的基本指标是(　　)。

A. 传热系数　　　　　　　　　　B. 体形系数

C. 热导率　　　　　　　　　　　D. 遮阳系数

(17) 下列建筑中常用的窗型中节能效果相对最弱的窗型是(　　)。

A. 推拉窗　　　　　　　　　　　B. 平开窗

C. 悬窗　　　　　　　　　　　　D. 固定窗

(18) 绿色建筑评价应在建筑工程竣工后进行,在建筑工程施工图设计完成后,可进行(　　)。

A. 预评价　　　　　　　　　　　B. 设计评价

C. 运行评价　　　　　　　　　　D. 施工评价

(19) 把通过适当的建筑设计无须机械设备获取太阳能采暖的建筑称为(　　)太阳能建筑。

A. 主动式　　　　　　　　　　　B. 被动式

C. 直接受益式　　　　　　　　　D. 间接受益式

(20) 建筑外墙外保温的主要特点不包括(　　)。

A. 保温层耐久性差,易剥落

B. 主体结构受保温层保护,耐久性较高

C. 基本消除热桥影响,保温效果好

D. 热桥部分保温处理困难,不易处理结露现象

(21) 周边地面指室内距外墙内表面(　　)的地面,其余部分划为非周边地面。

A. 1.5m 以内　　　　　　　　　B. 2.0m 以内

C. 1.5m 以外　　　　　　　　　D. 2.0m 以外

(22) 建筑物外窗采用节能玻璃 6Low-E+12A+6C,下列说法中不正确的是(　　)。

A. 中空玻璃中间填充了惰性气体　　B. 中空玻璃空气间层厚度 12mm

C. 其中一片玻璃为普通白玻　　　　D. 其中一片玻璃为低辐射镀膜玻璃

(23) 建筑节能含义的发展经历了 3 个阶段,我国现阶段建筑节能的含义已经上升为第三阶段,即(　　)。

A. 能源开发　　　　　　　　　　B. 能源节约

C. 能源保持　　　　　　　　　　D. 提高能源利用率

（24）"十四五"期间，为实现碳达峰、碳中和的双碳目标，以及能源绿色低碳转型的战略目标，（　　）是我国能源发展的主导方向。

    A. 煤炭能源   B. 油气能源

    C. 可再生能源   D. 生物质能源

（25）当满足《绿色建筑评价标准》中的全部控制项要求时，绿色建筑等级应为（　　）。

    A. 三星级   B. 二星级

    C. 一星级   D. 基本级

2. 多项选择题

（1）已获得绿色建筑标识的建设项目存在下列（　　）项问题时需要进行限期整改。

    A. 伪造技术资料和数据获得绿色建筑标识

    B. 利用绿色建筑标识进行虚假宣传

    C. 项目主要性能低于绿色建筑标识证书的指标

    D. 连续三年不如实上报主要指标数据

    E. 发生重大安全事故

（2）住房和城乡建设部发现获得绿色建筑标识项目存在以下（　　）问题时，应撤销绿色建筑标识，并收回标牌和证书。

    A. 伪造技术资料和数据获得绿色建筑标识

    B. 整改期限内未完成整改

    C. 项目低于已认定绿色建筑星级

    D. 连续两年以上不如实上报主要指标数据

    E. 发生重大安全事故

（3）绿色建筑评价指标体系由（　　）和环境宜居等五大类指标组成。

    A. 资源节约   B. 施工简便   C. 生活便利

    D. 健康舒适   E. 安全耐久

（4）绿色建筑的评价指标包括（　　）。

    A. 控制项   B. 一般项   C. 优选项

    D. 评分项   E. 加分项

（5）建筑遮阳措施有三大类，分别是（　　）。

    A. 建筑自遮阳   B. 挡板遮阳   C. 绿化遮阳

    D. 水平遮阳   E. 附加遮阳设施

（6）下列绿色建筑的评价内容中不属于安全耐久指标中的控制项的是（　　）。

    A. 不应采用建筑形体和布置严重不规则的建筑结构

    B. 合理采用耐久性好、易维护的装饰装修建筑材料

    C. 建筑应设置信息网络系统

    D. 应具有安全防护的警示和引导标识系统

    E. 建筑结构应满足承载力和建筑使用功能要求

（7）当外墙外保温系统采用燃烧性能等级为（　　）的保温材料时，应在外保温系统中每层设置水平防火隔离带。

A. A 级   B. A_1 级   C. B_1 级

D. B_2 级   E. B_3 级

（8）外墙外保温的水平防火隔离带可采用（　　）材料。

A. 岩棉   B. 复合硅酸盐板

C. 石墨聚苯乙烯板   D. 硬质聚氨酯板

E. 发泡水泥板

（9）从建筑节能角度考虑,控制建筑体形系数的方法有（　　）。

A. 增设架空层

B. 选择适宜的建筑长宽比

C. 增加建筑层数

D. 建筑立面造型简单规整

E. 建筑体形复杂、错落有致

（10）根据《绿色建筑评价标准》(GB/T 50378—2019),当绿色建筑达到（　　）条件时,该绿色建筑等级可以评定为三星级。

A. 全装修

B. 满足全部控制项要求

C. 总得分达到 85 分

D. 控制项至少 80% 满足要求

E. 每类指标的评分项得分不小于其评分项满分值的 30%

3. 判断改错题

（1）绿色建筑星级标识认定统一采用国家标准,二星级、一星级标识可采用国家标准或与国家标准相对应的地方标准。 （　　）

（2）绿色建筑应在施工图设计阶段提供绿色建筑设计专篇,在交付时提供绿色建筑使用说明书。 （　　）

（3）绿色建筑评价指标中的控制项和评分项的评定结果应为达标或不达标。 （　　）

（4）根据《绿色建筑评价标准》(GB/T 50378—2019),当绿色建筑评价总得分为 86 分时,该绿色建筑等级可以认定为三星级。 （　　）

（5）围护结构的热惰性越小,稳定性越好,越有利于节能。 （　　）

（6）英国 LEED 体系结构包括环境质量、经济质量、社会文化功能质量、技术质量、过程质量以及区位质量 6 个主题的核心模块。 （　　）

（7）根据绿色建筑评价的提高与创新加分项的评分原则,只要在建筑的规划设计、施工建造和运行维护阶段中的任何一个阶段应用建筑信息模型(BIM)技术,即可获得该项评价总分值 15 分。 （　　）

（8）已竣工验收的建设工程项目和在建工程项目均可以申报绿色建筑标识。 （　　）

（9）种植屋面常用于夏热冬冷地区和夏热冬暖地区,尤其是在炎热多雨的夏季,种植屋面的隔热效果更为显著。 （　　）

（10）外循环式双层幕墙利用烟囱效应、温室效应原理,可以保证室内冬暖夏凉,减少能源消耗。 （　　）

二、能力训练项目

1. 典型绿色建筑案例解析

搜集近年来我国典型的三星级绿色建筑建设项目,分析该项目在前期策划与设计、施工全过程以及投入使用期间各个阶段的节能做法以及采用的创新技术。

2. 建筑节能设计专篇图纸识读

练习识读典型建设项目的建筑节能设计专篇图纸,熟悉建筑节能标准、主要节能材料的选择、建筑围护结构各部分的节能做法和节能参数等。

3. 绿色建筑设计专篇图纸识读

练习识读典型建设项目的绿色建筑设计专篇图纸,熟悉建筑、结构、暖通、给排水以及电气等各专业的"安全耐久、健康舒适、生活便利、资源节约、环境宜居"五类指标以及"提高与创新"加分项的评价方法。

《绿色建筑评价标准》
(GB/T 50378—2019)

单元 1 学习效果评价

评价项目		评价标准	标准分值	自我评分 30%	团队评分 30%	教师评分 40%	加权平均	总评分
思想素质		学习态度端正;有节能环保意识;树立绿色发展理念;有工程思维、创新思维;有责任意识和使命担当;积极践行社会主义核心价值观	10					
课堂表现		按时出勤;认真听讲、主动思考;精神饱满、积极参与课堂互动;回答问题言之有物、有辩证思维	20					
职业能力训练	基本技能练习	知识点掌握牢固,基本功扎实;诚实诚信、独立完成基本技能练习任务	20					
	能力训练项目	学以致用,知识点运用灵活熟练;团结协作,按时完成任务;提交成果质量较高	30					
拓展学习		充分利用在线课程平台和网络资源,拓宽知识广度与深度;课前自主预习、课后巩固复习、认真完成在线测试与互动话题讨论	20					
团队成员评价								
任课教师评价								
自我评价反思								

单元 2 绿色施工管理

引言

向"绿"而行·擘画生态蓝图

人类文明的演进历程始终伴随着对自然资源的掠夺和生态环境的破坏。科学技术的进步推动人类社会的生产力水平持续提升，人类能够以前所未有的各种方式开发和利用自然资源。自然资源的利用促进了现代社会经济繁荣，满足了人类丰富的物质生活需求和精神享受，同时也加剧了对生态环境的压力。

随着全球生态环境的日益恶化，可持续发展已成为人类的共识。建筑行业作为资源消耗和环境污染的主要领域之一，其绿色转型对于推动可持续发展意义重大。绿色施工是可持续发展战略在建筑施工领域的重要实践，绿色施工关注的不仅是工程本身，它强调以人为本、因地制宜，通过科学管理和技术进步，最大限度地节约资源、减少污染、保护环境，实现经济效益、社会效益和环境效益的协调统一。

生态文明是人类社会发展的必然趋势和必然选择。建筑行业应贯彻执行可持续发展战略，向"绿"而行，充分发挥绿色施工在节约资源和保护环境方面的巨大潜能，不断深化绿色施工理念、创新管理方法和技术手段，在建设美丽中国的道路上发挥更加重要的作用。

2.1 认识绿色施工

绿色施工作为建筑全生命周期中的一个重要阶段,是实现建筑领域资源节约与环境保护的关键环节。随着可持续发展战略的深入推进,绿色施工越来越受到重视,相关部门陆续出台了一系列政策和法规,鼓励和引导建筑企业全面践行绿色建造方式,对传统施工工艺进行绿色化升级革新,推广使用绿色施工技术,着力提升工程质量,减轻资源环境压力。

【思考】绿色施工与传统施工的区别与联系。

2.1.1 绿色施工与相关概念

1. 绿色施工的定义

绿色施工是在国家建设"资源节约型、环境友好型"社会,倡导"循环经济、低碳经济"的大背景下提出并实施的。

根据《建筑工程绿色施工规范》(GB/T 50905—2014),绿色施工的定义如下:"在保证质量、安全等基本要求的前提下,通过科学管理和技术进步,最大限度地节约资源,减少对环境负面影响,实现节能、节材、节水、节地和环境保护('四节一环保')的建筑工程施工活动。"

根据《建筑与市政工程绿色施工评价标准》(GB/T 50640—2023),绿色施工的定义如下:"在保证质量、安全等基本要求的前提下,以人为本,因地制宜,通过科学管理和技术进步,最大限度地节约资源,减少对环境负面影响的施工活动。"

全国各地相关管理机构也针对绿色施工发布了一系列标准规范。例如,山东省地方标准《建筑与市政工程绿色施工管理标准》(DB37/T 5086—2021)中,对绿色施工的定义如下:"在保证质量、安全等基本要求的前提下,通过科学管理和技术进步,最大限度地节约资源,减少对环境的负面影响,实现环境保护、节材、节水、节能、节地、节约人力资源的施工活动。"

2. 绿色施工与文明施工

绿色施工与文明施工的侧重点不同。文明施工主要侧重于保持施工现场良好的作业环境、卫生环境和工作秩序,具体内容包括规范施工现场的场容,保持作业环境的整洁卫生;科学组织施工,使生产有序进行;减少施工对周围居民和环境的影响;遵守施工现场文明施工的规定和要求,保证职工的职业安全与健康等方面。文明施工更多强调文化和管理层面的要求,追求的是现场整洁舒畅的一种感官效果,一般可以通过管理手段来实现。而绿色施工是基于环境保护,资源高效利用,减少废弃物排放,改善作业环境的一种相对具体的追求,需要从管理和技术两个方面双管齐下才能有效实现。此外,文明施工重点关注的是施工现场,而绿色施工着眼于建筑全生命周期,从规划阶段就开始考虑绿色建筑材料和绿色施工技术的使用,因此,绿色施工的内涵更加丰富和深入。

3. 绿色施工与绿色建筑

绿色施工是绿色建筑全生命周期内的一个重要阶段,随着绿色建筑概念的普及而提出。

绿色施工与绿色建筑的联系主要表现在：一方面，两者在基本目标上是一致的，都遵从绿色发展理念，致力于减少资源消耗和保护环境。另一方面，施工是建筑产品的生成阶段，属于建筑全生命周期中的一个重要环节，在施工阶段推进绿色施工必然有利于建筑全生命周期的绿色化。因此，绿色施工的深入推进，对于绿色建筑的生成具有积极促进作用。

绿色施工与绿色建筑又存在较大的区别。第一，两者的时间跨度不同。绿色建筑涵盖建筑全生命周期，重点在设计和运行阶段；绿色施工则主要针对建筑实体的生成阶段。第二，两者的实现途径不同。绿色建筑的实现主要依靠绿色建筑设计和提高建筑运行维护的绿色化水平；绿色施工则主要针对施工过程，通过对施工过程的绿色施工策划，采取绿色施工技术和管理措施来实现。第三，两者的对象不同。绿色建筑强调的主要是对建筑实体的绿色要求，而绿色施工强调的是施工过程的绿色特征。在所有的建筑实体中，符合绿色建筑标准的建筑实体可以称为绿色建筑；在所有的施工活动中，达到绿色施工评价标准的施工活动可以称为绿色施工。就特定的绿色建筑而言，其生成阶段不一定符合绿色施工标准；就特定的施工过程而言，绿色施工最终建造的工程实体也不一定能达到绿色建筑的标准。因此这两者强调的对象有着本质的区别，绿色建筑主要针对建筑实体，绿色施工主要针对建筑生成过程，这是两者最本质的区别。

4. 绿色施工与绿色建造

根据《绿色建造技术导则（试行）》，绿色建造是按照绿色发展的要求，通过科学管理和技术创新，采用有利于节约资源、保护环境、减少排放、提高效率、保障品质的建造方式，实现人与自然和谐共生的工程建造活动。绿色施工是在保证工程质量、施工安全等基本要求的前提下，以人为本，因地制宜，通过科学管理和技术进步，最大限度地节约资源，减少对环境负面影响的施工及生产活动。

绿色施工是绿色建造的一个阶段。如图 2-1 所示，绿色建造包含绿色策划、绿色设计和绿色施工 3 个核心阶段，每个阶段解决的侧重点各不相同。在工程立项阶段，绿色策划解决的是建筑工程绿色建造总体规划问题；绿色设计重点解决绿色建筑实现问题，为绿色施工提供施工依据；绿色施工的重点是强调节约资源，减少废弃物排放、解决环境保护问题，为绿色建筑的最终建成提供支持。

绿色建造
技术导则

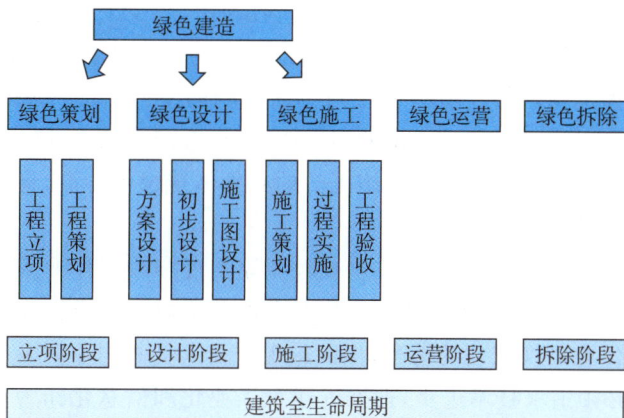

图 2-1 绿色建造与绿色施工

2.1.2 绿色施工的本质与作用

1.绿色施工的本质

推进绿色施工是建筑行业转型升级的必然要求,是施工领域践行可持续发展理念的重要措施。推进绿色施工也是施工企业在当前形势下的必然选择,它不仅有助于企业降本增效,推动施工技术创新和管理水平提升,还能体现企业的社会责任担当,提升企业形象。

从施工过程中物质与能量的输入输出分析入手,有助于准确把握施工过程影响环境的机理,深入理解绿色施工的本质。如图 2-2 所示,施工过程是由一系列工艺过程构成的,工艺过程需要投入建筑材料、机械设备、能源、人力资源等各类资源,这些资源一部分转化为建筑实体,还有一部分转化为废弃物或污染物。一般情况下,对于确定的建筑实体,消耗的资源量是一定的,废弃物和污染物的产生量则与施工模式直接相关。施工过程的绿色水平越高,废弃物和污染物的排放量就越小,反之亦然。

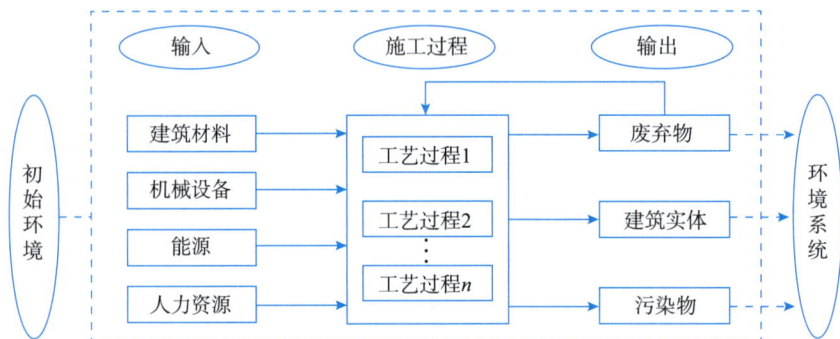

图 2-2　施工过程环境影响示意图

基于以上分析,理解绿色施工的本质应重点把握以下几个方面。

(1)绿色施工应把保护和高效利用资源放在重要位置。施工过程是一个大量资源集中投入的过程,绿色施工要把节约资源放在首要位置,本着循环经济要求的"3R"原则(减量化原则、再利用原则、再循环原则)来保护和高效利用资源。在施工过程中就地取材、精细施工,以尽可能减少资源投入,同时加强资源回收利用,减少废弃物排放。

(2)绿色施工应将保护环境和控制污染物排放作为前提条件。建设工程施工是一种对现场周围乃至更大范围内的环境有着相当负面影响的生产活动。施工活动可能造成大气污染、水体污染和土壤破坏,产生大量的固体废物,还会产生扬尘、噪声、强光等刺激人类感官、影响人类身体健康的污染。因此,施工活动必须体现绿色特点,将环境保护和控制污染物排放作为前提条件。

(3)绿色施工必须坚持以人为本,注重减轻劳动强度和改善作业条件。施工企业应基于以人为本的主导思想,尊重和保护生命,高度重视并采取有效措施改善施工作业人员劳动强度高、时间长、作业条件较差的情况,保障施工作业人员的职业健康与安全。

(4)绿色施工必须追求技术进步,把推进建筑工业化和信息化作为重要支撑。绿色施工不是一句口号,也不仅仅是施工理念的变革,绿色施工旨在创造一种对自然环境和社会环境影响相对较小,资源高效利用的全新施工模式。绿色施工的实现需要技术进步和管理创新的支撑,特别要把推进建筑工业化和施工信息化作为重要方向,这两者对于节约资源、保护环境和改善作业条件具有重要的推进作用。

2. 绿色施工的作用

施工阶段是建筑全生命周期的阶段之一,是建筑实体的形成过程。基于建筑全生命周期的视角,可以更加完整地理解绿色施工在建筑整个寿命周期环境影响中的地位和作用。

(1)绿色施工有助于减少施工阶段对环境的污染。相对于建筑物几十年甚至上百年运营阶段的能耗总量和碳排放总量而言,施工阶段的能耗总量和碳排放总量并不突出,但施工阶段能耗和碳排放却较为集中,施工过程需要消耗大量的资源,同时产生大量的粉尘、噪声、固体废物、土地占用等多种类型的环境影响,对施工现场和周围人群的生活和工作有更加明显的影响,是人体感受最为突出的阶段。绿色施工通过控制各种环境影响,节约资源能源,能有效减少各类污染物的产生,减少对周围人群的负面影响,取得突出的环境效益和社会效益。

(2)绿色施工有助于改善建筑全生命周期的绿色性能。施工阶段是落实项目规划设计、建成工程实体、实现建筑绿色性能的重要阶段。施工过程的质量直接影响建筑运营时期的功能、成本和环境影响。绿色施工在保证工程质量与安全的基础上,强调保护环境、节约资源,绿色施工的基础质量保证,有助于延长建筑的使用寿命,减少运营维护成本,从实质上提升资源利用效率,改善建筑全生命周期的绿色性能。

(3)绿色施工是建造可持续性建筑的重要支撑。建筑在全生命周期中是否"绿色",是否具有可持续性,是由其规划设计、工程施工以及运营维护等各个阶段是否具有绿色性能、是否具有可持续性决定的。绿色施工是贯彻落实绿色发展理念的关键环节之一,涵盖了一系列环保、节能、高效的施工方法和技术,为可持续性建筑或绿色建筑的建造起到了关键的支撑作用。

(4)绿色施工有助于施工企业转变发展理念。建筑施工企业是绿色施工的实施主体。传统施工模式下,施工企业的组织管理以及现场管理往往侧重于项目的经济效益,比较重视工程进度和工程成本的控制。而绿色施工的目标是促使施工企业转变发展理念,深入理解可持续发展的重要性,主动承担社会责任,从长远利益出发,积极推行绿色施工,研发绿色施工新技术,提高绿色施工水平和创新能力,实现经济效益、社会效益以及环境效益三者的有机统一。

总之,绿色施工是实现建筑领域可持续发展的重要手段,推行绿色施工有利于建设资源节约型、环境友好型社会,是功在当代、利在千秋的具有战略意义的重大举措。积极践行绿色施工,也是施工企业长远发展的必然选择。

2.1.3　绿色施工的发展进程

我国绿色施工的发展进程,大致分为以下 3 个阶段。

1. 启动阶段(被动发展)

2004 年,建设部"全国绿色建筑创新奖"的启动标志着我国绿色建筑进入了全面发展阶段,适合我国国情的绿色建筑评价体系逐步完善。基于绿色建筑的全面发展,绿色施工也随之得到了迅速的发展和应用。2007年,建设部和科技部颁布了《绿色施工导则》,对建筑施工中的节能、节材、节水、节地以及环境保护提出了一系列新的要求和措施。在国家相关政策的引导和支持下,建筑施工企业纷纷开展了绿色施工的应用。

在这一阶段,绿色施工概念首次被提出,全国各地区以及企业开始对绿色施工技术及国家发布的有关绿色施工文件进行研究,并根据本地区、本企业的实际情况制订绿色施工发展计划。

2. 起步阶段(摸索积累)

2009年,我国开始绿色施工工程试点。2011年,"全国建筑业绿色施工示范工程"启动,首批有11个工程立项,这标志着绿色施工正式从理论研究走向工程实践。2010年,住房和城乡建设部发布首个关于绿色施工评价的国家标准,为绿色施工评价提供了依据。随后,全国各地纷纷结合本地实际情况,编制更具地方特色的绿色施工地方标准和管理办法。随着绿色施工评价体系以及技术体系应用的不断成熟,绿色施工技术的应用深度和广度都得到了极大的推进。同时,随着工业的迅猛发展,随之而来的环境污染和资源短缺问题越来越显著,改善环境、节约资源、开发利用可再生能源已成为迫切需求,绿色施工技术在此背景下得到了快速的发展。

在这一阶段,绿色施工技术以单项技术的推广普及为主,为满足绿色施工评价标准的相关条款要求,各地区积极采用节能环保相关技术,学习摸索,积累前进。

3. 发展阶段(主动创新)

2014年,住房和城乡建设部发布《建筑工程绿色施工规范》(GB/T 50905—2014),这是我国第一部指导建筑工程绿色施工的国家规范。随后,各地区纷纷结合当地实际情况,制订并发布了适合地方发展的绿色施工相关标准。越来越多的建筑施工企业与建设工程项目积极响应国家政策,主动采用新材料、新工艺、新技术来提升绿色施工水平,降低施工活动对环境的负面影响和资源的过量消耗。2021年,住房和城乡建设部发布《绿色建造技术导则(试行)》。2023年,住房和城乡建设部发布《建筑与市政工程绿色施工评价标准》(GB/T 50640—2023),为绿色施工评价提供了依据。

在当前这一阶段,可持续发展思想深入人心,绿色施工的基本理念已在行业内得到了广泛接受。绿色施工标准规范体系逐步建立并完善;绿色施工技术创新成果大量涌现;绿色施工科技示范工程、节能减排达标竞赛活动等广泛开展;全社会绿色施工生产体系和生产要素市场不断完善。一批有实力和超前意识的建筑施工企业在项目建设过程中重视绿色施工策划与实施,自主创新、积极研发绿色施工新技术,并在工程实践中取得了良好的经济、社会和环境效益。

2.1.4 绿色施工的基本原则

基于可持续发展理念,绿色施工应坚持以下基本原则。

1. 以人为本的原则

人类生产活动的最终目标是创造更加美好的生存条件和发展环境。绿色施工把节约资源和保护人类的生存环境作为基本要求,把人的因素摆在核心位置,强调在施工过程中,必须始终把人的安全和健康放在首位,为施工人员提供安全的工作环境,采取必要的防护措施,预防职业病和工伤事故的发生。同时,也关注施工活动对周边居民和社区的影响,减少噪声、粉尘等污染,确保施工活动不对公众健康和生活造成负面影响。

2. 因地制宜的原则

我国幅员辽阔,东西南北跨度大,不同地区地理环境、气候条件和资源状况差异较大。在施工规划和实施过程中,要充分考虑项目所在地的具体情况有针对性地组织绿色施工,最大限度地利用当地的自然资源和优势条件,减少对外来材料和能源的依赖,降低施工成本和对环境的负面影响。

3. 环保优先的原则

自然生态环境质量直接关系到人类的健康,影响着人类的生存与发展,保护生态环境就是保护人类的生存和发展。工程施工活动对环境有较大的负面影响,因此,绿色施工应秉承环保优先的原则,在施工前的环境影响评价、施工过程中的污染控制和生态保护、施工完成后的生态恢复等各个环节做好策划与管控,采取有效措施确保工程施工活动不对环境造成破坏或污染。

4. 资源高效利用的原则

资源的可持续性是人类发展可持续性的重要保障。建筑业是典型的资源消耗型产业,在未来相当长的时期内,我国建筑业还将保持较大规模的需求,资源的消耗不可避免。绿色施工要把改变传统粗放的生产方式作为基本目标,把高效利用资源作为重点,坚持在施工活动中节约资源、高效利用资源,开发利用可再生资源。在施工过程中,合理规划和利用各类资源,通过科学管理和技术创新,最大限度地提高资源的利用效率。

5. 精细施工的原则

精细施工可以有效减少施工过程中的失误,减少返工,从而减少资源的浪费。因此,绿色施工应坚持精细施工的原则,通过精细策划、精细管理、严格规范标准、优化施工流程、提升施工技术水平、强化施工动态监控等方法促使施工方式由传统高消耗的粗放型、劳动密集型向资源集约型和智力、技术、管理密集型的方向转变,逐步践行精细施工。

2.1.5 绿色施工的总体框架

《绿色施工导则》中明确了绿色施工的总体框架,如图 2-3 所示,绿色施工的主要任务包括施工管理、环境保护、节材与材料资源利用、节水与水资源利用、节能与能源利用、节地与施工用地保护等 6 个方面组成。这 6 个方面涵盖了绿色施工的基本指标,同时包含了施工策划、材料采购、现场施工、工程验收等各阶段的指标的子集。

需要注意的是,现阶段的绿色施工已由"四节一环保"更新为"五节一环保",现代信息技术与建筑业的融合也逐渐加深,因此,现阶段的绿色施工总体框架应包括施工管理、环境保护、资源节约与利用、现代信息技术应用等方面。其中,资源节约与利用中会详细讲解"五节一环保"的"五节"。

1. 施工管理

绿色施工管理主要包括组织管理、规划管理、实施管理、评价管理和人员安全与健康管理等 5 个方面。

图 2-3　绿色施工的总体框架

（1）组织管理。首先应建立绿色施工管理体系，并制订相应的管理制度与目标。项目经理为绿色施工第一责任人，负责绿色施工的组织实施及目标实现，并指定绿色施工管理人员和监督人员。

（2）规划管理。组织施工前应编制绿色施工方案，绿色施工方案应包括资源节约与环境保护措施，在施工组织设计中独立成章，并按有关规定进行审批。

（3）实施管理。绿色施工应对整个施工过程实施动态管理，加强对施工策划、施工准备、材料采购、现场施工、工程验收等各阶段的管理和监督。同时应结合工程项目的特点，有针对性地对绿色施工做相应的宣传，通过宣传营造绿色施工的氛围，定期对职工进行绿色施工知识培训，增强职工绿色施工意识。

（4）评价管理。绿色施工应根据评价指标体系，结合工程特点，对施工效果及采用的新技术、新设备、新材料与新工艺，进行自评估。同时应组织专家评估小组，对绿色施工方案、实施过程至项目竣工，进行综合评估。

（5）人员安全与健康管理。合理规划布置施工场地，保护生活及办公区不受施工活动的有害影响；建立职业健康安全管理体系和组织机构，采取保障作业安全、防止职业危害的措施，改善施工人员作业环境、确保施工人员安全和长期职业健康。

2. 环境保护

工程建设过程中的污染主要包括对施工场界的污染和对周围环境的污染，施工现场环境保护的主要目的是保护和改善施工场界的环境，保护生态环境。环境保护的具体内容包括扬尘控制、噪声与振动控制、光污染控制、水污染控制、土壤保护、建筑垃圾控制以及地下设施、文物和资源保护等几个方面。

（1）扬尘控制：施工单位应严格落实扬尘管控责任，制订扬尘控制计划，积极采取防尘降尘措施，对施工现场实行封闭管理、加强物料管理、注重降尘作业、硬化路面和清洗车辆、及时清运建筑垃圾、加强监测监控和宣传教育，保证施工现场包括 PM2.5、PM10、TSP 在内的各类颗粒物浓度等扬尘控制指标符合环保要求。

（2）噪声与振动控制：建筑施工现场是一个复杂且活跃的工作环境，施工中大量使用的机械设备、运输车辆以及钢筋切割、脚手架搭拆、混凝土浇筑等各类施工作业活动，不可避免地会产生各种噪声与振动。长期暴露在噪声与振动环境中，会干扰人的正常生活和工作,影响人的心理状态与情绪,造成人的听力损失,甚至引起相关疾病。因此,施工现场应采取科学合理的组织管理和技术措施,重点从源头和传播途径上避免或减弱噪声与振动的产生与传播,实时动态监测现场数据,消除对施工人员、周边居民以及周围环境的影响。

(3)光污染控制:施工现场的光污染主要来源于施工过程中的照明设备、电焊作业以及建筑物表面反光等。过量的光辐射会导致施工作业人员视觉疲劳、工作效率下降,甚至引起电光性眼炎等职业病;同时也会影响周边居民的正常生活和休息,对人体健康造成危害。通过合理安置施工区域、减少夜间施工、使用低辐射光源、设置光污染防护设施等手段,可以有效预防和减少光污染的发生。

(4)水污染控制:施工现场的水污染主要来源于施工过程中产生的污废水、施工作业人员在日常生活中产生的污废水以及处理不当的雨水和基坑降排水等。对于施工现场产生的污废水以及基坑降排水、雨水等宜分类处理,经过处理后的水可回用于施工现场用作冲洗车辆、绿化灌溉、洒水降尘等。无法回收利用的部分确保水质达到排放标准后按当地环保部门的相关规定进行排放。

(5)土壤保护:施工过程中应注意保护地表环境,防止因施工造成土壤侵蚀和流失现象;施工后应尽快恢复施工活动破坏的植被和地貌,减少对生态环境的负面影响。

(6)建筑垃圾控制:制订建筑垃圾减量化计划,遵循"源头减量、分类管理、就地处置、排放控制"的原则,充分应用新技术、新材料、新工艺、新装备,从源头上减少施工过程中产生的建筑垃圾,对建筑垃圾进行分类处理,加强建筑垃圾的回收再利用。

(7)地下设施、文物和资源保护:施工前应调查清楚现场及周边已有的各类地下设施,制订保护计划,保障其安全运行;施工过程中发现文物,立即停止施工,保护现场并通报文物部门并协助做好工作;施工过程中还应避让、保护施工场区及周边的古树名木。

3. 资源节约与利用

资源节约与利用主要包括节材与材料资源利用、节水与水资源利用、节能与能源利用、节地与施工用地保护、人力资源节约与保护等5个方面。

(1)节材与材料资源利用:节材与材料资源利用是绿色施工的重要内容。施工项目应通过施工方案优化、材料采购和使用计划,合理选材、精益施工、精细管理,减少材料消耗量和损耗量,提高材料利用率,实现材料资源的节约和可持续利用。

(2)节水与水资源利用:水是生命之源,水资源是影响可持续发展的关键资源之一。建筑施工过程中的节水与水资源利用措施主要包括优化供水管网、实施用水计量、推广节水施工工艺、采用节水型器具、建立循环水系统、加强用水安全管理以及增强节水意识等。通过以上措施,减少施工过程中的水资源消耗和浪费,提高水资源的利用效率。

(3)节能与能源利用:根据项目规模和特点,制订合理的施工能耗指标,明确各阶段的能耗控制目标。在施工过程中,通过合理使用、控制施工机械设备、机具和照明设备,减少施工活动对电力、油气等能源的消耗,提高能源利用效率。施工现场还应根据当地气候和自然资源条件,充分利用太阳能、地热能等可再生能源,降低传统能源消耗和碳排放。

(4)节地与施工用地保护:根据施工规模、现场条件及项目需求,合理规划临时设施的占地面积,确保用地效率最大化。施工现场布置合理、紧凑,充分利用原有建(构)筑物、道路、管线为施工服务。施工过程中尽量减少对土地的扰动,保护周边自然生态环境。

(5)人力资源节约与保护:根据工程规模、进度计划合理确定人员进场计划、优化岗位安排、合理投入施工作业人员,避免人力资源过剩或短缺。在适宜的施工环节推广机械化作业,采用先进的施工技术和机械设备,减少人力资源投入,提高施工自动化和智能化水平。应用数字化管理和人工智能技术,通过数字化管理平台,实现施工过程的精准管理和资源优化配置,同时利用人工智能技术辅助决策,提高管理效率。改善施工现场作业条件,加强劳动防护,定期进行职业健康检查,保障施工人员作业安全与职业健康。

4. 现代信息技术应用

现代信息技术在绿色施工中的应用涵盖了 BIM 技术、物联网技术、人工智能与大数据技术等多个方面。利用现代信息技术,可以实现绿色施工方案优化、动态施工管理、智能环境监测、资源精确化管理、设备远程监控、能耗分析预测等多方面功能,从而实现与提高绿色施工的各项指标,降低资源消耗,减少环境污染。

2.2　绿色施工组织策划

绿色施工是一项复杂的系统工程,涉及工程质量、安全、进度、成本、节能与环境保护等多个方面。绿色施工实施前应做好整体策划与前期准备工作,明确绿色施工目标,编制绿色施工策划书或绿色施工专项方案,加强绿色施工的组织、规划和实施管理,统筹协调、确保工程项目实现经济、社会、环境综合效益最大化。

【思考】绿色施工目标如何确定?

2.2.1　绿色施工策划

1. 绿色施工影响因素分析

工程项目开工前,项目部应进行绿色施工影响因素分析。依据绿色施工影响因素的分析结果进行绿色施工策划,并应对绿色施工评价要素中的评价条款进行取舍。

绿色施工影响因素主要有以下几个方面。

(1)项目施工组织体系不完善。例如,绿色施工目标不明确、不分解、责任主体职责不清晰等。

(2)施工程序划分不合理。例如,缺少系统、全面的施工程序划分,工序关系安排不符合施工程序要求,流水段划分未考虑施工的整体性,工序安排未考虑各种机械设备的使用率和满载率等。

(3)施工准备考虑不周全。例如,缺少绿色施工方案策划,图纸会审没有审核节材与材料资源利用的相关内容等。

(4)施工工期安排不合理。例如,基坑和地下工程安排在雨季施工、大量湿作业安排在雨季施工,切割、钻孔等噪声较大的工序安排在夜间施工等。

(5)施工平面布置不合理。例如,生产、生活区混合布置,平面布置不紧凑、缺少优化,临时设施占地面积有效利用率小于 90%,施工现场道路未能形成环形通路等。

(6)施工过程中未采用新技术、新产品和新工艺。例如,部分管理人员思想保守、创新意识薄弱,不采用或抵触采用先进、节能降耗的新技术、新产品和新工艺等。

（7）施工队伍技术落后。例如,绿色施工意识差,缺少相应系统化的知识、技能培训等。

2. 绿色施工的基本要求

（1）绿色施工应符合《建筑工程绿色施工规范》(GB/T 50905—2014)、《建筑与市政工程绿色施工评价标准》(GB/T 50640—2023)等相关规范标准的要求。

（2）应根据绿色施工策划进行绿色施工组织设计、绿色施工专项方案的编制。

（3）应建立与规划设计、施工、运营维护联动的协同管理机制。

（4）应积极采用工业化、智能化建造方式,实现工程建设低消耗、低排放、高质量和高效益。

（5）宜积极运用 BIM、大数据、云计算、物联网以及移动通信等信息化技术组织绿色施工,提高施工管理的信息化和精细化水平。

（6）应建立完善的绿色建材供应链,采用绿色建筑材料、部品部件等。

（7）应编制施工现场建筑垃圾减量化专项方案,实现建筑垃圾源头减量、过程控制和循环利用。

（8）鼓励对传统施工工艺进行绿色化升级革新。

（9）应加强绿色施工新技术、新材料、新工艺、新设备的应用,优先采用"建筑业 10 项新技术"和各省市地区推广应用的绿色施工新技术。

（10）部品部件生产应采用环保生产工艺和设备设施,并应严格执行质量管理体系、环境管理体系和职业健康安全管理体系。

（11）部品部件生产应提高数字化、智能化水平,逐步实现精益生产、智能制造。

（12）应制订消防疏散、卫生防疫、职业健康安全等管理制度和突发事件应急措施,保障施工人员身心健康。

3. 绿色施工专项方案编制

绿色施工策划应通过绿色施工组织设计、绿色施工专项方案和绿色施工技术交底等文件的编制来体现。绿色施工专项方案一般应包括以下内容。

（1）工程概况:包括拟建项目概况、现场施工环境概况等。

（2）编制依据:包括法律法规、标准规范、合同及设计文件等。

（3）绿色施工目标:包括绿色施工总体目标、绿色施工目标分解等。

（4）绿色施工管理组织机构:包括企业及项目绿色施工管理组织机构设置、绿色施工岗位职责、项目相关方绿色施工职责等。

（5）绿色施工管理制度:环境保护管理制度、施工现场防噪声污染管理制度、节材与材料资源利用管理制度、绿色施工检查评估制度、绿色施工教育培训制度等。

（6）绿色施工部署:包括绿色施工的一般规定、施工部署、施工计划管理等。

（7）绿色施工具体措施:包括环境保护措施、节材与材料资源利用措施、节水与水资源利用措施、节能与能源利用措施、节地与土地资源保护措施、人力资源节约与保护措施、创新与创效措施、绿色施工技术经济指标分析等。

（8）应急预案:包括综合应急预案、专项应急预案、现场处置方案等。

（9）附图:包括施工平面布置图、现场噪声监测平面布置图、现场扬尘监测平面布置图、施工现场消防平面布置图等。

某项目绿色施工专项方案

4. 绿色施工组织管理

绿色施工的组织管理应由建设单位、设计单位、施工单位、监理单位等各方责任主体共同参与。建设单位应明确工程实施绿色施工的要求,提供包括场地、环境、工期、资金等各方面的条件保障;设计单位应实施绿色设计,做好设计交底工作;施工单位是绿色施工的实施主体,宜成立绿色施工专业指导委员会,对绿色施工进行咨询、研究、决策和评估;监理单位应在绿色施工过程中做好检查和监督工作。

1)建设单位的绿色施工责任

(1)在编制工程概算和招标文件时,应明确绿色施工的要求,并提供包括场地、环境、工期、资金等方面的条件保障。

(2)应向施工单位提供建设工程绿色施工的设计文件、产品要求等相关资料,保证资料的真实性和完整性。

(3)应建立工程项目绿色施工的协调机制。

2)设计单位的绿色施工责任

(1)应按国家现行有关标准和建设单位的要求进行工程的绿色设计。

(2)应协助、支持、配合施工单位做好建筑工程绿色施工的有关设计工作。

3)监理单位的绿色施工责任

(1)应对建筑工程绿色施工承担监理责任。

(2)应审查绿色施工组织设计、绿色施工方案或绿色施工专项方案,并在实施过程中做好监督检查工作。

4)施工单位的绿色施工责任

(1)施工单位是建筑工程绿色施工的实施主体,应组织绿色施工的全面实施。

(2)实行总承包管理的建设工程,总承包单位应对绿色施工负总责。

(3)总承包单位应对专业承包单位的绿色施工实施管理,专业承包单位应对工程承包范围的绿色施工负责。

(4)施工单位应结合施工现场及周边环境、工程实际情况等进行影响因素分析和环境风险评估,并依据分析和评估结果进行绿色施工策划。

(5)施工单位应按照国家法律法规的有关规定,制订施工现场环境保护和人员安全等突发事件的应急预案。

(6)施工单位应建立以项目经理为第一责任人的绿色施工管理体系,制订绿色施工管理制度,负责绿色施工的实施。

(7)施工单位应结合工程项目的特点,有针对性地做好绿色施工的宣传工作,在施工现场营造浓厚的绿色施工氛围(图 2-4);定期对项目管理人员和现场作业人员进行绿色施工知识培训,提高绿色施工技术技能、增强绿色施工意识。

(8)施工单位应建立绿色施工检查与评价制度,定期对工程项目绿色施工实施情况进行检查和评价,并根据检查和评价情况,采取改进措施。

(9)施工单位应根据绿色施工要求,对传统施工工艺进行改进,对绿色施工技术及措施进行优化,推动绿色施工新技术的创新与应用。

(10)施工单位宜采用 BIM、物联网、大数据等信息化技术,对施工现场进行数字化建设、智慧化管理。

图 2-4　营造浓厚的绿色施工氛围

2.2.2　绿色施工准备

1. 施工准备工作

项目正式开工之前,施工单位应完成绿色施工的各项准备工作。绿色施工的准备工作主要包括以下几方面。

(1) 基础资料准备。对施工场地、周边建筑物、道路交通、地下管线、气候环境、水文地质条件等进行调查核实,整理分析相关资料。

(2) 技术准备。组织项目经理部管理人员学习绿色施工相关政策文件、施工标准、施工图纸及合同文件等,准备编制绿色施工组织设计、绿色施工专项方案和绿色施工技术交底等相关技术文件,并在施工前按规定进行逐级交底。

(3) 施工临时设施建设。按照绿色施工组织设计、绿色施工专项方案要求,合理规划和布置施工现场生产区域、生活区域以及办公区域的临时设施,确保现场施工的基本需求。

(4) 施工资源准备。根据工程图纸资料和施工进度计划安排等,确定不同施工阶段所需的各类资源,制订资源供应计划,分批次组织施工人员、工程物资、机械设备进场。

(5) 绿色施工培训。明确管理人员和施工作业人员在绿色施工方面应达到的知识和技能水平,结合项目特点和要求,确定绿色施工的培训目标、培训内容、培训方式,编制绿色施工培训计划;施工过程中可根据项目的进度安排,按计划开展绿色施工培训。

2. 施工场地管理

1) 施工总平面布置

(1) 施工总平面布置宜利用场地及周边现有和拟建建(构)筑物、道路和管线等,并应制订合理的场地使用计划,施工中应减少场地相互干扰,保护环境。

(2) 施工平面图设计应科学、合理,临时建筑、物料堆放与机械设备定位应准确,施工现场的场容场貌应符合绿色环保要求。

(3) 临时设施应方便生产和生活,办公区、生活区、生产区宜分区域设置,场地应进行硬化处理。

(4) 施工现场作业棚、库房、材料堆场等布置宜靠近交通线路和主要用料位置,减少二次转运。

(5) 施工现场的强噪声机械设备宜远离噪声敏感区。

（6）塔吊等垂直运输设施基座宜采用可重复利用的装配式基座或利用在建工程的结构。

（7）施工平面布置应随施工阶段进行调整，保证施工全过程平面布置的合理性。

2）场区围护及道路设置

（1）施工现场进出口（图 2-5）、封闭围挡（图 2-6）宜采用可重复利用的材料和部件，并应实现工具化和标准化。进出口设置应考虑现场周边的道路交通情况、转弯半径和坡度限制，一般应设置两个及以上大门，大门的高度和宽度应满足施工车辆运输和消防车通行的需求，并充分考虑与场内材料加工场所、物资仓库的位置有效衔接。

图 2-5   施工现场进出口

图 2-6   封闭围挡

（2）施工现场道路宜采用永临时结合技术，工程施工时，优先进行规划道路位置的道路施工，将施工道路作为规划道路路基，既节约土地，又节约材料。施工主要道路应进行硬化处理，路面宜采用预制混凝土板、钢板或钢板路基箱、硬塑制品等可周转材料进行铺装（图 2-7、图 2-8）。

（3）施工现场围墙、大门和施工道路周边宜设绿化隔离带。

3）临时设施管理

（1）临时设施的设计、布置和使用，应利用场地自然条件，临时建筑的体形宜规整，应有自然通风和采光，并应满足节能要求。

（2）临时设施应采用保温、隔热效果好的防火阻燃材料，门窗应采用密封保温隔热材料，应采取有效的节能降耗措施。

图 2-7 可周转钢板道路

图 2-8 可周转预制混凝土板道路

（3）临时设施建设不宜使用一次性墙体材料，宜采用标准化设计，可重复使用。

（4）宜利用现有建筑物作为临时设施，活动板房和围挡应采用可重复使用的轻质材料且满足消防要求。

（5）动力线路、用水线路应尽可能缩短线路长度。

（6）临时用电设施应采用节能型设备，办公区和生活区节能照明灯具的数量应达到100%，配置声控、光控等节能控制装置。

（7）临时设施内应合理配置空调、风扇的数量，规定使用时间及合理的室内温度，实行分段分时控制。

2.3 绿色施工过程控制

绿色施工是贯彻落实绿色施工策划的实践环节。绿色施工贯穿于工程项目施工的全过程，包括地基与基础工程施工、主体结构工程施工、装饰装修工程施工以及机电安装工程施工等各个阶段。绿色施工应按照绿色施工规范要求、坚持动态控制原则，针对施工过程中的不确定性因素，对绿色施工指标和措施进行实时监测、评估和调整，不断优化和改进绿色施工方案，确保绿色施工目标的顺利实现。

【思考】不同施工阶段绿色施工的侧重点是什么？

2.3.1 地基与基础工程

1. 一般规定

（1）地基与基础工程施工应优先选用低噪、环保、节能、高效的机械设备和工艺。如桩基施工可采用螺旋、静压、喷注式等成桩工艺，以减少噪声、振动、大气污染等对周边环境的影响。

（2）地基与基础工程施工时，应加强场地保护、减少场地干扰、保护环境。应识别场地内及周边现有的自然、文化和建（构）筑物特征，并采取合理措施保存其特征；场内发现文物时，应立即停止施工，派专人看管，并通知当地文物主管部门。

《建筑工程绿色施工规范》（GB/T 50905—2014）

（3）地基与基础工程在选择施工方法、施工机械、安排施工顺序、布置施工场地时应结合气候特征,减少因气候原因带来施工时间和资源消耗的增加。

（4）地基与基础工程施工时,现场土堆、料堆存放应采取遮盖、喷洒覆盖剂或植被覆盖等防止粉尘污染的措施(图2-9、图2-10);土方、渣土装卸车和运输车应有防止遗撒和扬尘的措施(图2-11、图2-12);施工过程产生的泥浆应设置专门的泥浆池或泥浆罐车存储。

图 2-9　覆盖防尘网

图 2-10　喷洒环保抑尘剂

图 2-11　渣土车防止遗撒和扬尘覆盖措施

图 2-12　材料运输车防止遗撒和扬尘覆盖措施

（5）地基与基础工程涉及的混凝土结构、钢结构、砌体结构工程应按主体结构工程的有关规定执行。

2. 土石方工程

（1）土石方工程开工前应进行挖、填方的平衡计算,综合考虑土石方最短运距和工序衔接,减少重复挖填,并应与城市规划和农田水利相结合,保护环境,减少资源浪费。

（2）土石方作业应采取覆盖措施或喷水、洒水等湿法作业方式(图2-13)。

（3）土石方工程开挖宜采用逆作法或半逆作法进行施工,施工中应采取通风、降尘、降温、降噪等改善地下工程作业条件的措施。

（4）在受污染的场地进行施工时,应对土质进行专项检测和治理。

（5）土石方工程爆破施工前,应进行爆破方案的编制和评审;对用药量进行精确计算,应做好振动、噪声、飞石以及扬尘控制。可采用清理积尘、淋湿地面、外设高压喷雾洒水系统、设置防尘排栅和直升机投水弹等综合降尘措施。

逆作法
施工技术

图 2-13 土石方施工湿法作业

（6）4 级以上大风天气，严禁土石方工程爆破施工作业。

（7）工程渣土应分类堆放和运输，并宜按照现行国家标准《工程施工废弃物再生利用技术规范》（GB/T 50743—2012）的规定再生利用。

3. 桩基工程

（1）桩基工程施工应根据桩基的类型、使用功能、土层特性、地下水位、施工机械、施工环境和材料供应等情况选择安全适用、经济合理的成桩工艺。

（2）混凝土灌注桩施工采用泥浆护壁成孔工艺时，施工现场应设置专用泥浆池（图 2-14）或泥浆罐车，用于收集处理施工过程中产生的泥浆；泥浆池应采取防渗漏措施，防止污水渗入土壤，污染土壤和地下水源；泥浆池中沉积的泥浆应及时清理。采用泥浆护壁正反循环成孔工艺时，施工现场应设置泥浆分离净化处理循环系统（图 2-15）；施工时泥浆应集中搅拌，集中向钻孔输送；清出的钻渣应及时采用封闭容器运出。

图 2-14 专用泥浆池

图 2-15 泥浆净化分离机

（3）工程桩不宜采用人工挖孔成桩。当特殊情况采用时，应采取有毒气体检测、通风、护壁、防坠落等安全措施。

（4）在城区或人口密集地区施工混凝土预制桩和钢桩时，宜采用静压沉桩工艺。静力压装宜选择液压式和绳索式压桩工艺。

（5）工程桩桩顶剔除部分的再生利用应符合现行国家标准《工程施工废弃物再生利用技术规范》（GB/T 50743—2012）的规定。

4. 地基处理工程

(1) 换填法施工应符合下列规定。

① 回填土施工应采取防止扬尘的措施,4 级以上大风天气严禁回填土施工。施工间歇时应对回填土进行覆盖。

② 当采用砂石料作为回填材料时,宜采用振动碾压。

③ 灰土过筛施工应采取避风措施。

④ 开挖原土的土质不适宜回填时,应采取土质改良措施后加以利用。如对具有膨胀性土质地区的土方回填,可在膨胀土中掺入石灰、水泥或其他固化材料,令其满足回填土土质要求,从而减少土方外运,保护土地资源。

(2) 在城区或人口密集地区,不宜使用强夯法施工。

(3) 高压喷射注浆法施工的浆液应有专用容器存放,置换出的废浆应收集清理。

(4) 采用砂石回填时,砂石填充料应保持湿润。

(5) 基坑支护结构采用锚杆(锚索)时,宜采用可拆式锚杆。

(6) 喷射混凝土施工(图 2-16)宜采用湿喷或水泥裹砂喷射工艺,并采取防尘措施。喷射混凝土作业区的粉尘浓度不应大于 $10\mathrm{mg/m^3}$,喷射混凝土作业人员应佩戴防尘用具。

图 2-16　喷射混凝土施工

5. 地下水控制

(1) 基坑降水宜采用基坑封闭降水方法。施工降水应遵循保护优先、合理抽取、抽水有偿、综合利用的原则,宜采用连续墙、护坡桩+桩间旋喷桩、水泥土桩+型钢等全封闭帷幕隔水施工方法,隔断地下水进入基坑施工区域。

(2) 基坑施工排出的地下水应加以利用。基坑施工排出的地下水可用于冲洗、降尘、绿化、养护混凝土等。

(3) 采用井点降水施工时,地下水位与作业面高差宜控制在 250mm 以内,并应根据施工进度进行水位自动控制。轻型井点降水应根据土层渗透系数合理确定降水深度、井点间距和井点管长度;管井降水应在合理位置设置自动水位控制装置;在满足施工需要的前提下,尽量减少地下水抽取。

(4) 当无法采用基坑封闭降水,且基坑抽水对周围环境可能造成不良影响时,应采用对地下水无污染的回灌方法(图 2-17)。不同地区应根据建设行政主管部门的规定执行。

(5) 鼓励新技术避免工程施工降水,充分保护地下水资源。

图 2-17　地下水回灌

2.3.2　主体结构工程

1. 一般规定

（1）预制装配式结构构件，宜采取工厂化加工；构件的存放和运输应采取防止变形和损坏的措施（图 2-18、图 2-19）；构件的加工和进场顺序应与现场安装顺序一致，不宜二次倒运。钢结构、预制装配式混凝土结构、木结构采取工厂化生产、现场安装，有利于保证质量、提高机械化作业水平和减少施工现场土地占用，应大力提倡。当采取工厂化生产时，构件的加工和进场，应按照安装的顺序，随安装随进场，减少现场存放场地和二次倒运。构件在运输和存放时，应采取正确支垫或专用支架存放，防止构件变形或损坏。

基坑降水回灌技术

图 2-18　预制装配式结构构件场内运输

（2）基础和主体结构施工应统筹安排垂直和水平运输机械。基础和主体施工阶段的大型结构件安装，一般需要较大能力的起重设备，为节省机械费用，在安排构件安装机械的同时应考虑混凝土、钢筋等其他分部分项工程施工垂直运输的需要。

（3）施工现场宜采用预拌混凝土和预拌砂浆（图 2-20、图 2-21）。现场搅拌混凝土和砂浆时，应使用散装水泥；搅拌机棚应有封闭降噪和防尘措施。预拌砂浆是指由专业生产厂生产的湿拌砂浆或干混砂浆。其中，干混砂浆需现场拌和，应采取防尘措施。经批准进行混凝土现场搅拌时，宜使用散装水泥节省包装材料；搅拌机应设在封闭的棚内，以降噪和防尘。

图 2-19　预制装配式结构构件现场存放

图 2-20　预拌混凝土

图 2-21　预拌砂浆

2. 混凝土结构工程

1）钢筋工程

（1）钢筋宜采用专用软件优化放样下料，根据优化配料结果确定进场钢筋的定尺长度。使用专用软件进行优化钢筋配料，能合理确定进场钢筋的定尺长度，充分利用短钢筋，使剩余的钢筋头最少。

（2）钢筋工程宜采用专业化生产的成型钢筋。钢筋现场加工时，宜采取集中加工方式。

（3）钢筋连接宜采用机械连接方式（图 2-22）。采用先进的钢筋连接方式，不仅质量可靠而且节省材料。

建筑用成型
钢筋制品加
工与配送技术

图 2-22　钢筋机械连接

（4）进场钢筋原材料和加工半成品（图 2-23）应存放有序、标识清晰、储存环境适宜，并应制订保管制度，采取防潮、防污染等措施。进场钢筋的原材料和经加工的半成品，应标识清晰，便于使用和辨认；现场存放场地应有排水、防潮、防锈、防泥污等措施。

图 2-23　钢筋原材料及加工半成品现场存放

（5）钢筋除锈时，应采取避免扬尘和防止土壤污染的措施。

（6）钢筋加工中使用的冷却液体，应过滤后循环使用，不得随意排放。

（7）钢筋除锈、冷拉、调直、切断等加工过程中会产生金属粉末和锈皮等废弃物，应及时收集处理，不得随意掩埋或丢弃，防止污染土地。

（8）钢筋安装时，绑扎丝、焊剂等材料应妥善保管和使用，散落的余废料应收集利用。

2）模板工程

（1）应选用周转率高的模板和支撑体系。模板宜选用可回收利用高的塑料、铝合金（图 2-24）等材料。制订模板及支撑体系方案时，应贯彻"以钢代木"（图 2-25）和应用新型材料的原则，尽量减少木材的使用，保护森林资源。

图 2-24　铝合金模板体系

图 2-25　"以钢代木"新型模板支撑加固体系

组合式带肋
塑料模板技术

组合铝合金
模板施工技术

（2）模板工程宜使用大模板（图 2-26）、定型模板、爬升模板和早拆模板等工业化模板及支撑体系。使用工业化模板体系，机械化程度高、施工速度快，工厂化加工可减少现场作业和场地占用。

（3）当采用木或竹制模板（图 2-27）时，宜采取工厂化定型加工、现场安装的方式，不得在工作面上直接加工拼装；在现场加工时，应设封闭场所集中加工，并采取有效的隔声和防粉尘污染措施。

图 2-26　全钢大模板

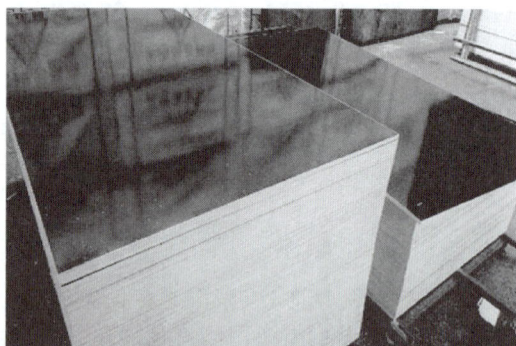

图 2-27　清水木模板

（4）模板安装精度应符合现行国家标准《混凝土结构工程施工质量验收规范》（GB 50204—2015）的要求。模板加工和安装的精度，直接决定了混凝土构件的尺寸和表面质量；提高模板加工和安装的精度，可节省抹灰材料和人工，提高工程质量，加快施工进度。

（5）脚手架和模板支撑宜选用高强度工具式管件合一的脚手架材料搭设，图 2-28 所示为目前施工现场推广使用的承插型盘扣式脚手架。

图 2-28　承插型盘扣式脚手架

（6）高层建筑结构施工，应采用整体或分片提升的附着式升降脚手架和分段悬挑式脚手架（图 2-29、图 2-30）。高层建筑特别是超高层建筑，使用整体提升或分段悬挑等工具式外脚手架随结构施工而上升，具有减少投入、减少垂直运输、安全可靠等优点，应优先采用。

（7）模板及脚手架施工，应采取措施防止小型材料配件丢失或散落，节约材料和保证施工安全；对不慎散落的铁钉、铁丝、扣件、螺栓等小型材料配件应及时回收利用。

（8）短木方可采用指接技术接长使用；木、竹胶合板的边角余料应拼接并利用。用作模板龙骨的残损短木料，可采用"叉接"接长技术接长使用，木、竹胶合板配料剩余的边角余料可拼接使用，节约材料。

图 2-29 附着式升降脚手架

图 2-30 分段悬挑式脚手架

（9）模板脱模剂应选用环保型产品，并派专人保管和涂刷，剩余部分应加以利用。

（10）模板拆除宜按支设的逆向顺序进行，不得硬撬或重砸。拆除平台楼层的底模，应采取临时支撑、支垫等防止模板坠落和损坏的措施，并应建立维护维修制度。模板拆除时，模板和支撑应采用适当的工具、按规定的程序进行，不应乱拆硬撬；并应随拆随运，防止交叉、叠压、碰撞等造成损坏。不慎损坏的应及时修复；暂时不使用的应采取保护措施。

3）混凝土工程

（1）在混凝土配合比设计时，应减少水泥用量，增加工业废料、矿山废渣的掺量；当混凝土中添加粉煤灰时，宜利用其后期强度。混凝土中宜添加粉煤灰、磨细矿渣粉等工业废料和高效减水剂，以减少水泥用量，节约资源。

（2）混凝土宜采用泵送、布料机布料浇筑（图 2-31），地下大体积混凝土宜采用溜槽或串筒浇筑（图 2-32），不仅能保证混凝土质量，还可加快施工、节省人工。

图 2-31 混凝土布料机

图 2-32 混凝土"溜管＋溜槽"

（3）超长无缝混凝土结构宜采用滑动支座法、跳仓法和综合治理法施工；当裂缝控制要求较高时，可采用低温补仓法施工。

【思考】什么是跳仓法施工？跳仓法施工的优点是什么？

（4）混凝土振捣应采用低噪声振捣设备，也可采取围挡等降噪措施；在噪声敏感环境或钢筋密集时，宜采用自密实混凝土。

（5）混凝土宜采用塑料薄膜加保温材料覆盖保湿、保温养护（图2-33）；当采用洒水或喷雾养护时，养护用水宜使用回收的基坑降水或雨水；混凝土竖向构件宜采用养护剂进行养护。在常温施工时，浇筑完成的混凝土表面宜采用覆盖塑料薄膜，利用混凝土内蒸发的水分自养护。冬期施工或大体积混凝土应采用塑料薄膜加保温材料养护，以节约养护用水。当采用洒水或喷雾养护时，提倡使用回收的基坑降水或收集的雨水等非传统水源。

（6）混凝土结构宜采用清水混凝土，其表面应涂刷保护剂。清水混凝土表面涂刷保护剂可增加混凝土的耐久性。

清水混凝土
施工技术

自密实混凝土
施工技术

（7）混凝土浇筑余料应制成小型预制件，或采用其他措施加以利用，不得随意倾倒（图2-34）。每次浇筑混凝土，不可避免地会有少量的剩余，应制成小型预制件，用于临时工程或在不影响工程质量安全的前提下，用于门窗过梁、沟盖板、隔断墙中的预埋件砌块等，充分利用剩余材料；不得随意倒掉或当作建筑垃圾处理。

图 2-33　混凝土养护

图 2-34　混凝土余料再利用

（8）清洗泵送设备和管道的污水应经沉淀后回收利用，浆料分离后可做室外道路、地面等垫层的回填材料。

3. 砌体结构工程

（1）砌体结构宜采用工业废料或废渣制作的砌块及其他节能环保的砌块。

（2）应采用预拌砂浆技术，砌筑砂浆掺合料可使用电石膏、粉煤灰等工业废料；使用干粉砂浆时应采取防尘措施。

（3）砌块运输宜采用托板整体包装（图2-35），现场应减少二次搬运。

（4）砌块湿润和砌体养护宜使用经检验合格的非传统水源。

（5）砌块应按组砌图砌筑；砌筑施工时，落地灰应随即清理、收集和再利用。

图 2-35　砌块运输

（6）非标准砌块应在工厂加工按计划进场，现场切割时应集中加工，并采取防尘降噪措施。

4. 钢结构工程

（1）钢结构深化设计时，应结合加工、运输、安装方案和焊接工艺要求，合理确定分段、分节数量和位置，优化节点构造，减少钢材用量。

（2）钢结构安装连接宜优先选用高强螺栓连接，以减少现场焊接量；钢结构宜采用金属涂层等方法进行防腐处理，以减少使用期维护。

（3）大跨度钢结构安装（图 2-36）宜采用起重机械吊装、整体提升、顶升和滑移等机械化程度高、劳动强度低的方法。

（4）钢结构加工应制订废料减量计划，优化下料，综合利用余料；废料应分类收集、集中堆放、定期回收处理（图 2-37）。

图 2-36　大跨度钢结构吊装

图 2-37　废料分类收集

（5）钢材、零（部）件、成品、半成品件和标准件等应堆放在平整、干燥场地或仓库内。

（6）复杂空间钢结构制作和安装，应预先采用 BIM 技术模拟施工过程和状态，以避免和减少错误或误差。

（7）钢结构现场涂料应采用无污染、耐候性好的材料；防腐防火涂料涂装应采取减少涂料浪费和防止环境污染的措施。

5. 装配式混凝土结构

（1）宜采用 BIM 技术对施工全过程及关键工艺进行信息化模拟。

（2）装配式混凝土结构件，在安装时需要临时固定用的埋件或螺栓，与室内外装饰、装修需要连接的预埋件，应在工厂加工时准确预留、预埋，不宜采用后续二次预埋和现场钻孔方式。

（3）构件进场顺序应与现场安装顺序一致，并应按规格、品种、使用部位、吊装顺序分别设置存放场地。

（4）预制混凝土叠合夹心保温墙板和预制混凝土夹心保温外墙板中保温系统所采用的材料，以及采用粘贴板块或喷涂工艺的保温材料，其组成材料应彼此相容，并应对人体和环境无害。

（5）预制阳台、叠合板、叠合梁等宜采用工具式支撑体系（图 2-38），以提高周转率和使用效率。

图 2-38　叠合板钢支撑体系

2.3.3　装饰装修工程

1. 一般规定

（1）施工前，块材、板材和卷材类材料应进行排版优化设计，减少现场切割作业以及因此产生的噪声、废料等。

（2）门窗、幕墙、块材、板材宜采用工厂化加工，五金件、连接件、构造性构件宜采用工厂化标准件；充分利用工厂化加工的优势，减少现场加工而产生的占地、耗能以及可能产生的噪声和废水。

（3）装饰用砂浆宜采用预拌砂浆；落地灰应及时回收使用。

（4）装饰装修成品、半成品应根据其部位和特点，采取相应的保护措施，避免损坏、污染或返工，如图 2-39～图 2-42 所示。

（5）材料的包装物应分类回收。

（6）不得采用沥青类、煤焦油类等材料作为室内防腐、防潮处理剂。

（7）应制订材料使用的减量计划，材料损耗宜比额定损耗率降低30％；应充分利用当地材料资源。

图 2-39 线盒成品保护

图 2-40 窗台成品保护

图 2-41 电梯间成品保护

图 2-42 室内地板成品保护

（8）室内装饰装修材料应按现行国家标准《民用建筑工程室内环境污染控制规范》（GB 50325—2020）的要求进行甲醛、氨、挥发性有机化合物和放射性等有害指标的检测。

（9）民用建筑工程验收时，必须进行室内环境污染物浓度检测，其限量应符合表2-1的规定。

表 2-1 民用建筑工程室内环境污染物浓度限量

污 染 物	Ⅰ类民用建筑工程	Ⅱ类民用建筑工程
氡浓度/(Bq/m³)	≤200	≤400
甲醛浓度/(mg/m³)	≤0.08	≤0.1
苯浓度/(mg/m³)	≤0.09	≤0.09
氨浓度/(mg/m³)	≤0.2	≤0.2
TVOC浓度/(mg/m³)	≤0.5	≤0.6

2. 地面工程

（1）地面基层处理应采取降尘措施；基层粉尘清理宜采用吸尘器，没有防潮要求时可采用洒水降尘等措施。基层需剔凿的，应采用低噪声的剔凿机具和剔凿方式。

（2）地面找平层、隔气层、隔声层厚度应控制在允许偏差的负值范围内。干作业应有防尘措施，湿作业应采用喷洒方式保湿养护。

（3）水磨石地面施工应对地面洞口、管线口进行封堵，墙面应采取防污染措施；应采取水泥浆收集处理措施。现制水磨石地面应采取控制污水和噪声的措施。

（4）施工现场切割地面块材时，应采取降噪措施；污水应集中收集处理。

（5）地面养护期内不得上人或堆物，地面养护用水，应采用喷洒方式，严禁养护用水溢流。

3. 门窗及幕墙工程

（1）门窗洞口预留应严格控制洞口尺寸。

（2）木制、塑钢、金属门窗应采取成品保护措施。

（3）外门窗安装应与外墙面装修同步进行，宜同时使用外墙操作平台。

（4）门窗框周围的缝隙填充应采用憎水保温材料。

（5）幕墙工程应进行安全计算和深化设计；幕墙玻璃、石材、金属板材应采用工厂化加工；幕墙与主体结构的预埋件应在结构施工时埋设，连接件应采用耐腐蚀材料或采取可靠的防腐措施。

4. 吊顶工程

（1）吊顶施工前应结合吊顶内隐蔽的管线设备进行优化设计。

（2）吊顶施工应减少板材、型材的切割。

（3）吊顶龙骨、配件及金属面板、塑料面板等余料应全部回收。

（4）应避免采用温湿度敏感材料进行大面积吊顶施工。温湿度敏感材料是指变形、强度等受温度、湿度变化影响较大的装饰材料，如纸面石膏板、木工板等。

（5）高大空间的整体顶棚施工，宜采用地面拼装、整体提升就位的方式。

（6）高大空间吊顶施工时，宜采用可移动式操作平台（图 2-43）等节能节材设施。

图 2-43　移动式操作平台

5. 隔墙及内墙面工程

（1）隔墙材料宜采用轻质砌块砌体或轻质墙板（图 2-44），严禁采用实心烧结黏土砖。

图 2-44 轻质隔墙

（2）预制板或轻质隔墙板间的填塞材料应采用弹性或微膨胀的材料。

（3）抹灰墙面宜采用喷雾方法进行养护。

（4）使用溶剂型腻子找平或直接涂刷溶剂型涂料时，混凝土或抹灰基层含水率不得大于8%；使用乳液型腻子找平或直接涂刷乳液型涂料时，混凝土或抹灰基层含水率不得大于10%。木材基层的含水率不得大于12%。

（5）涂料调配应有计划性，减少每天的涂料剩余；废弃涂料必须全部回收密封处理，严禁随意倾倒。

（6）涂料调配环境应通风良好，涂料施工应采取遮挡、防止挥发和劳动保护等措施。

（7）民用建筑轻质隔墙工程隔声性能应符合现行国家标准《民用建筑隔声设计规范》（GB 50118—2010）的相关规定。

2.3.4 保温和防水工程

1. 一般规定

（1）保温和防水工程施工时，应分别满足建筑节能和防水设计的要求。

（2）保温和防水材料及辅助用材，应根据材料特性进行有害物质限量的现场复检。

（3）板材、块材和卷材施工应结合保温和防水的工艺要求，进行预先排版。

（4）保温和防水材料在运输、存放和使用时应根据其性能采取防水、防潮和防火措施。

2. 保温工程

（1）保温施工宜选用结构自保温、保温与装饰一体化、保温板兼作模板、全现浇混凝土外墙与保温一体化和管道保温一体化等方案。

（2）采用外保温材料的墙面和屋顶，不宜进行焊接、钻孔等施工作业。确需施工作业时，应采取防火保护措施，并应在施工完成后，及时对裸露的外保温材料进行防护处理。

（3）应在外门窗安装，水暖及装饰工程需要的管卡、挂件，电气工程的暗管、接线盒及穿线等施工完成后，进行内保温施工。

（4）外保温工程施工时应采取可靠的防火安全措施。可燃、难燃保温材料的施工应分区段进行，并同步进行防火隔离带施工；施工期间现场不应有高温或明火作业，环境空气温度不应低于5℃。

（5）保温砂浆宜采用预拌砂浆，现场拌和应随用随拌，落地灰应收集利用。

（6）玻璃棉、岩棉（图 2-45）等纤维类保温材料应封闭存放，不得淋水或直接接触地面；裁切后的剩余材料应封闭包装、回收利用；施工过程中应做好劳动保护，以防矿物纤维刺伤皮肤和眼睛或吸入肺部。

图 2-45 岩棉板、岩棉条

（7）硬泡聚氨酯材料进入施工现场过程中、硬泡聚氨酯保温层喷涂或安装施工过程中、硬泡聚氨酯保温层未进行保护层施工前或无保护层保护时，严禁电焊、切割等动火作业。

（8）现场喷涂硬泡聚氨酯时，环境温度宜为 $10\sim40℃$，空气相对湿度宜小于 80%，风力不宜大于 3 级，且应对作业面采取遮挡、防风和防护措施。

3. 防水工程

（1）基层清理应采取控制扬尘的措施。

（2）卷材防水层施工应符合下列规定。

① 宜采用自粘型防水卷材（图 2-46）。

② 采用热熔法（图 2-47）施工时，应控制燃料泄漏，并控制易燃材料储存地点与作业点的间距。高温环境或封闭条件施工时，应采取措施加强通风。

③ 防水层不宜采用热粘法施工。

④ 基层处理剂和胶黏剂应选用环保型材料，并封闭存放。

⑤ 防水卷材余料应回收处理。

图 2-46 自粘型防水卷材施工

图 2-47 热熔法施工

（3）涂膜防水层施工应符合下列规定。

① 液态防水涂料和粉末状涂料应采用封闭容器存放，余料应及时回收。

② 涂膜防水宜采用滚涂或涂刷工艺，当采用喷涂工艺时，应采取遮挡等防止污染的措施。

③ 涂膜固化期内应采取保护措施。

（4）块瓦屋面宜采用干挂法施工。

（5）蓄水、淋水试验宜采用非传统水源。

（6）防水层应采取成品保护措施。

2.3.5 机电安装工程

1. 一般规定

（1）机电安装工程施工前应采用 BIM 技术对各专业的设备及管线的布置进行综合分析和优化，并绘制综合管线布置图（图 2-48）。

图 2-48 BIM 综合管线布置图

（2）机电安装工程施工应采用工厂化制作，整体化安装的方法。

（3）机电安装工程应选用能效高的设备和器具，并选用密闭性能好的阀门、设备，使用耐腐蚀、耐久性能好的管材、管件。

（4）机电安装工程的临时设施安排应与工程总体部署协调。工作平台、脚手架、施工配电箱、用水点、消防设施、施工通道、临时房屋设施和垂直运输设备等应综合利用，以免重复设置，浪费资源。

（5）管线的预埋、预留（图 2-49、图 2-50）应与土建及装修工程同步进行，减少现场临时剔凿、开孔。

（6）除锈、防腐宜在工厂内完成，接口处应采取可靠的防锈和防腐措施；必要的现场除锈作业应有扬尘遮挡措施，现场涂装时应采用无污染、耐候性好的材料。

（7）管线布置时，相邻管线应采用工业化成品支吊架（图 2-51），支吊架大小与管径应相匹配。

图 2-49　电气管线预埋

图 2-50　给排水管道套管预留

图 2-51　管道支吊架

2. 给排水及采暖工程

（1）轻型空心墙体内的水管敷设，应和墙体施工同步采用套砌法进行。

（2）涉水部位穿楼板管道安装时，宜采取成品防水套管。

（3）采暖散热片组装应在工厂完成。

（4）设备安装产生的油污应及时清理。

工业化成品
支吊架技术

（5）地下室出墙管道应在高层建筑结构封顶并经初沉后安装。

（6）管道连接宜采用机械连接方式。铜管连接宜采用卡套式、插接式、压接式等机械密封式连接方式；薄壁不锈钢管宜采用卡压式、卡凸式螺母型、环压式等机械密封连接方式，如图 2-52、图 2-53 所示。

（7）污水管道、雨水管道试验及冲洗用水宜利用非传统水源，如利用施工现场收集的雨水、中水等；管道试验及冲洗用水宜采取有效措施处理后重复利用，并应有组织排放。

3. 通风与空调工程

（1）通风与空调工程的风管及部件（图 2-54）、支吊架等应采用工厂化加工预制；预制风管下料宜按先大管料、后小管料，先长料、后短料的顺序进行。

薄壁金属管道
新型连接安装
施工技术

（2）风管安装前应将管内杂物和内壁清理干净。

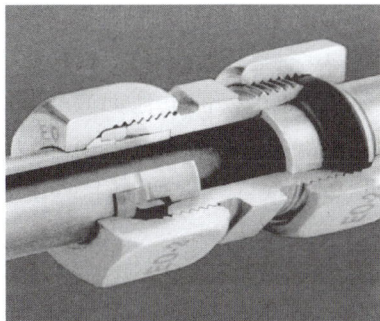

图 2-52 卡套式连接

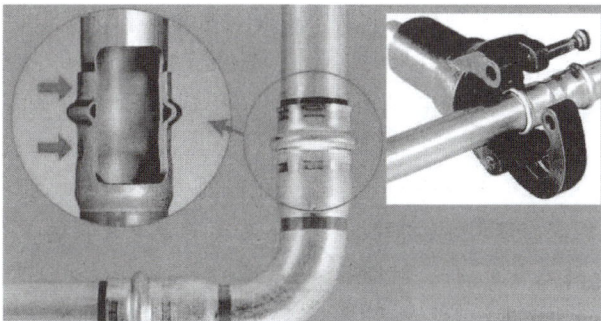

图 2-53 卡压式连接

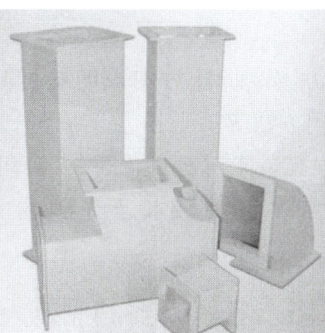

（a）镀锌风管及部件　　　（b）玻璃钢风管及部件　　　（c）铝箔酚醛复合风管

图 2-54 预制风管及部件

（3）风管连接宜采用机械连接方式。

（4）复合风管的黏结胶水应采用环保型胶水。

（5）冷媒储存应采用压力密闭容器。

4. 电气工程

（1）电线导管暗敷时，应沿最近的线路敷设并应减少弯曲。

（2）应选用节能型导线、电缆和灯具，并应进行节能测试。

（3）预埋管线口应采取如图 2-55 所示的临时封堵措施。

图 2-55 预埋电气管线口临时封堵

（4）线路连接宜采用免焊接头和机械压接方式。

（5）不间断电源柜试运行时应进行噪声监测。

（6）不间断电源安装应采取可靠的防止电池液泄漏的措施，废旧电池回收率应达到100％。

（7）电气设备试运行时间不得低于规定时间，但也不宜过长，达到规定时间即可。特殊情况需延长试运行时间时，不应超过规定时间的1.5倍。

【思考】举例说明节能型导线、电缆系列类型以及节能灯具类型。

2.3.6　拆除工程

1. 一般规定

（1）拆除工程应制订专项方案。拆除方案应明确拆除的对象及其结构特点、拆除方法、安全措施、拆除物的回收利用方法等。

（2）施工总平面布置应按设计要求进行优化，减少占用场地。

（3）建筑物拆除过程应采取有效的控制废水、废弃物、粉尘的产生和排放的措施（图2-56）。

图 2-56　拆除施工控制扬尘措施

（4）施工现场严禁焚烧各类废弃物。

（5）建筑物拆除应按规定进行公示。拆除工程相关信息的公示是保证拆除工程作业安全的手段，拆除前张贴告示通知拆除工程附近的单位及路过的人群，提醒相关人员注意安全。大型拆除工程可通过电台等告知人们注意安全。

（6）4级风以上、大雨或冰雪天气，不得进行露天拆除施工。

（7）建筑拆除物处理应符合充分利用、就近消纳的原则。各类拆除物料分类收集，宜回收再生利用；废弃物应及时清运出场。施工现场应设置车辆冲洗设施，运输车辆驶出施工现场前应将车轮和车身等部位清洗干净。运输渣土的车辆应采取封闭或覆盖等防扬尘、防遗撒的措施。

（8）拆除工程完成后，应将现场清理干净；裸露的场地应采取覆盖、硬化或绿化等防扬尘的措施；对临时占用的场地应及时腾退并恢复原貌。

2. 拆除施工准备

（1）拆除施工前，拆除方案应得到相关方批准；应对周边环境进行调查和记录，界定影响区域。

（2）拆除工程应按建筑构配件的情况，确定保护性拆除或破坏性拆除。保护性拆除是指拆除过程有计划、按合理顺序，使结构构件或配件不产生破坏的拆除方式；破坏性拆除是指拆除过程中，对拆除物中的构件或配件不进行保护的拆除方式。

（3）拆除施工应依据实际情况，分别采用人工拆除、机械拆除、爆破拆除和静力破碎的方法。

（4）拆除施工前，应制订应急预案。

（5）拆除施工前，应制订防尘措施；采取水淋法降尘时，应采取控制用水量和污水流淌的措施。

3. 拆除施工

（1）人工拆除前应制订安全防护和降尘措施。拆除管道及容器时，应查清残留物性质并采取相应安全措施，方可进行拆除施工。

（2）机械拆除宜选用低能耗、低排放、低噪声的机械；并应合理确定机械作业位置和拆除顺序，采取保护机械和人员安全的措施。

（3）在爆破拆除前，应进行试爆，并根据试爆结果，对拆除方案进行完善。

（4）爆破拆除时防尘和飞石控制应符合下列规定。

① 钻机成孔时，应设置粉尘收集装置，或采取钻杆带水作业等降尘措施。

② 爆破拆除时，可采用在爆点位置设置水袋的方法或多孔微量爆破方法。

③ 爆破完成后，宜采用高压水枪进行水雾消尘。

④ 对重点防护的范围，应在其附近架设防护排架，并挂金属网防护。

（5）对烟囱、水塔等高大建（构）筑物进行爆破拆除时，应根据建筑物的体量计算倒塌时的触地振动力，在倒塌范围内采取铺设缓冲垫层或开挖减振沟等触地防振措施。

（6）在城镇或人员密集区域，爆破拆除宜采用对环境影响小的静力爆破，并应符合下列规定。

① 采用具有腐蚀性的静力破碎剂作业时，灌浆人员必须戴防护手套和防护眼镜。

② 静力破碎剂不得与其他材料混放。

③ 爆破成孔与破碎剂注入不宜同步施工。

④ 破碎剂注入时，不得进行相邻区域的钻孔施工。

⑤ 孔内注入破碎剂后，作业人员应保持安全距离，不得在注孔区域行走。

⑥ 使用静力破碎发生异常情况时，必须停止作业；待查清原因采取安全措施后，方可继续施工。

4. 拆除物的综合利用

（1）建筑物拆除前应设置建筑拆除物的临时消纳处置场地，拆除施工完成后应对临时处置场地进行清理。

（2）建筑拆除物分类和处理应符合现行国家标准《工程施工废弃物再生利用技术规范》（GB/T 50743—2012）的规定；对于无法再生利用的剩余废弃物应做无害化处理。

（3）不得将建筑拆除物混入生活垃圾，不得将危险废弃物混入建筑拆除物。

（4）拆除的门窗、管材、电线、设备等材料应回收利用。

（5）拆除的钢筋和型材应经分拣后再生利用。

2.4 绿色施工检查与评价

　　绿色施工检查与评价是对绿色施工的合规性、绿色施工专项方案的执行情况以及绿色施工的实际效果进行定性或定量评估的过程。绿色施工检查与评价应注重科学性和规范性，引入先进的检测技术，采用科学的评价方法，提高检查与评价的准确性和可靠性。通过检查与评价，及时发现问题、调整策略，推动绿色施工技术和管理手段持续优化和创新，提高项目绿色施工水平，确保项目整体质量。

　　【思考】绿色施工检查与评价的依据是什么？

2.4.1 绿色施工检查

《建筑与市政
工程绿色施工
评价标准》
（GB/T 50640—
2023）

1. 绿色施工检查要求

工程项目绿色施工应符合下列规定。

（1）建立健全的绿色施工管理体系和制度。

（2）具有齐全的绿色施工策划文件。

（3）设立清晰醒目的绿色施工宣传标志。

（4）建立专业培训和岗位培训相结合的绿色施工培训制度，并有实施记录。

（5）绿色施工批次和阶段评价记录完整，持续改进的资料保存齐全。

（6）采集和保存实施过程中的绿色施工典型图片或影像资料。

（7）推广应用"四新"技术。

（8）分包合同或劳务合同包含绿色施工要求。

　　绿色施工检查应当根据工程实际进展状况，明确检查的时间、范围和重点内容；检查可采取听汇报、查现场、看资料、谈话、询问、沟通反馈等方式。施工单位应定期组织自检并形成检查记录，检查内容应全面，数据真实，准确反映施工现场实际。检查组可对照绿色施工检查评分标准进行检查，客观反映被检查单位绿色施工的组织实施情况，并针对存在的问题提出改进建议；被检查单位应及时进行整改，检查组应督促整改并完成整改闭合验证，留存资料并归档。

2. 绿色施工检查内容

　　施工单位应定期对工程项目的绿色施工目标及指标的完成情况、施工方案的落实情况、新技术的研发和应用情况、施工资料留存情况等进行检查。检查的具体内容包括（但不限于）以下部分。

（1）绿色施工管理具体要求及目标完成情况。

（2）绿色施工专项方案及技术交底落实情况。

（3）绿色施工培训记录。

（4）绿色施工检查及整改记录。

（5）绿色施工评价记录。

（6）绿色施工监测记录。

（7）相关方的绿色施工管理记录等。

2.4.2 绿色施工评价指标

绿色施工评价指标包括环境保护评价指标、资源节约评价指标、人力资源节约和保护评价指标、技术创新评价指标。

1. 环境保护评价指标

绿色施工的环境保护评价指标包括控制项、一般项和优选项，具体内容如表 2-2 所示。

表 2-2　环境保护评价指标

评 价 指 标		具 体 内 容
控制项		（1）绿色施工策划文件中应包含环境保护内容，并建立环境保护管理制度。 （2）施工现场应在醒目位置设置环境保护标识。 （3）施工现场的古迹、文物、树木及生态环境等应采取有效保护措施，制订地下文物保护应急预案
一般项	扬尘控制	（1）现场建立洒水清扫制度，配备洒水设备，并有专人负责。 （2）对裸露地面、集中堆放的土方采取抑尘措施。 （3）现场进出口设车胎冲洗设施和吸湿垫，保持进出现场车辆清洁。 （4）易飞扬和细颗粒建筑材料封闭存放，余料回收。 （5）拆除、爆破、开挖、回填及易产生尘的施工作业有抑尘措施。 （6）高空垃圾清运采用封闭式管道或垂直运输机械。 （7）遇有六级及以上大风天气时，停止土方开挖、回填、转运及其他可能产生扬尘污染的施工活动。 （8）现场运送土石方、弃渣及易引起扬尘的材料时，车辆采取封闭或遮盖措施。 （9）弃土场封闭，并进行临时性绿化。 （10）现场搅拌设有密闭和防尘措施。 （11）现场采用清洁燃料
	废气排放控制	（1）施工车辆及机械设备废气排放符合国家年检要求。 （2）现场厨房烟气净化后排放。 （3）在环境敏感区域内的施工现场进行喷漆作业时，设有防挥发物扩散措施
	建筑垃圾处置	（1）制订建筑垃圾减量化专项方案，明确减量化、资源化具体指标及各项措施。 （2）装配式建筑施工的垃圾排放量不大于 200t/万 m^2，非装配式建筑施工的垃圾排放量不大于 300t/万 m^2。 （3）建筑垃圾回收利用率达到 30%，建筑材料包装物回收利用率达到 100%。 （4）现场垃圾分类、封闭、集中堆放。 （5）办理施工渣土建筑废弃物等排放手续，按指定地点排放。 （6）碎石和土石方类等建筑垃圾用作地基和路基回填材料。

续表

评 价 指 标		具 体 内 容
一般项	建筑垃圾处置	（7）土方回填不采用有毒有害的废弃物。 （8）施工现场办公用纸两面使用，废纸回收，废电池、废硒鼓、废墨盒、剩油漆、剩涂料等有毒有害的废弃物封闭分类存放，设置醒目标志，并由符合要求的专业机构消纳处置。 （9）施工选用绿色、环保材料
	污水排放控制	（1）现场道路和材料堆放场地周边设置排水沟。 （2）工程污水和试验室养护用水处理合格后，排入市政污水管道，检测频率不少于 1 次/月。 （3）现场厕所设置化粪池，化粪池定期清理。 （4）工地厨房设置隔油池，定期清理。 （5）工地生活污水、预制场和搅拌站等施工污水达标排放和利用。 （6）钻孔桩、顶管或盾构法作业采用泥浆循环利用系统，不得外溢漫流
	光污染控制	（1）施工现场采取限时施工、遮光或封闭等防治光污染措施。 （2）焊接作业时，采取挡光措施。 （3）施工场区照明采取防止光线外泄措施
	噪声控制	（1）针对现场噪声源，采取隔声、吸声、消音等降噪措施。 （2）采用低噪声施工设备。 （3）噪声较大的机械设备远离现场办公区、生活区和周边敏感区。 （4）混凝土输送泵、电锯等机械设备设置吸声降噪屏或其他降噪措施。 （5）施工作业面设置降噪设施。 （6）材料装卸设置降噪垫层，轻拿轻放、控制材料撞击噪声。 （7）施工场界声强限值昼间不大于 70dB(A)，夜间不大于 55dB(A)
优选项		（1）施工现场宜设置可移动厕所，并定期清运、消毒。 （2）施工现场宜采用自动喷雾（淋）降尘系统。 （3）施工场界宜设置扬尘自动监测仪，动态连续定量监测扬尘[总悬浮颗粒物(TSP)颗粒物(粒径小于或等于 $10\mu m$，PM10)]。 （4）施工场界宜设置动态连续噪声监测设施，保存昼夜噪声曲线。 （5）装配式建筑施工的垃圾排放量不宜大于 $140t/万\ m^2$，非装配式建筑施工的垃圾排放量不宜大于 $210t/万\ m^2$。 （6）建筑垃圾回收利用率宜达到 50%。 （7）施工现场宜采用地磅或自动监测平台，动态计量建筑废弃物重量。 （8）施工现场宜采用雨水就地渗透措施。 （9）施工现场宜采用生态环保泥浆、泥浆净化器反循环快速清孔等环境保护技术。 （10）施工现场宜采用水封爆破、静态爆破等高效降尘的先进工艺。 （11）土方施工宜采用水浸法湿润土壤等降尘方法。 （12）施工现场淤泥质渣土宜经脱水后外运

【知识链接】控制项是绿色施工过程中必须达到要求的条款；一般项是绿色施工过程中实施难度和要求适中的条款；优选项是绿色施工过程中实施难度较大、要求较高的条款。

2. 资源节约评价指标

绿色施工的资源节约评价指标包括控制项、一般项和优选项，具体内容如表 2-3 所示。

表 2-3　资源节约评价指标

评 价 指 标		具 体 内 容
控制项		(1) 绿色施工策划文件中应涵盖资源节约与利用的内容。 (2) 项目部应建立具体材料进场计划，以及材料采购、限额领料等管理制度。 (3) 项目部应确定用水、用能消耗指标，办公区、生活区、生产区用水、用能单独计量，并建立台账。 (4) 项目部应了解施工场地及毗邻区域内人文景观、特殊地质及基础设施管线分布情况，制订相应的用地计划和保护措施
一般项	临时设施	(1) 合理规划设计临时用电线路铺设、配电箱配置和照明布局。 (2) 办公区和生活区节能照明灯具配置率达到 100%。 (3) 合理设计临时用水系统，供水管线及末端无渗漏。 (4) 临时用水系统节水器具配置率达到 100%。 (5) 采用多层、可周转装配式临时办公及生活用房。 (6) 临时用房围护结构满足节能指标，外窗有遮阳设施。 (7) 采用可周转装配式场界围挡和临时路面。 (8) 采用标准化、可周转装配式作业工棚、试验用房及安全防护设施。 (9) 利用既有建筑物、市政设施和周边道路。 (10) 采用永临结合技术。 (11) 使用再生建筑材料建设临时设施
	材料节约	(1) 利用建筑信息模型（BIM）等信息技术，深化设计、优化方案，减少用材、降低损耗。 (2) 采用管件合一的脚手架和支撑体系。 (3) 采用高周转率的新型模架体系。 (4) 采用钢或钢木组合龙骨。 (5) 利用粉煤灰、矿渣、外加剂及新材料，减少水泥用量。 (6) 现场使用预拌混凝土、预拌砂浆。 (7) 钢筋连接采用对接、机械等低损耗连接方式。 (8) 墙、地块材饰面预先总体排版，合理选材。 (9) 对工程成品采取保护措施
	用水节约	(1) 混凝土养护采用覆膜、喷淋设备、养护液等节水工艺。 (2) 管道打压免用循环水。 (3) 施工废水与生活废水有收集管网、处理设施和利用措施。 (4) 雨水和基坑降水产生的地下水有收集管网、处理设施和利用措施。 (5) 喷洒路面、绿化浇灌采用非传统水源。

续表

评价指标		具 体 内 容
一般项	用水节约	(6) 现场冲洗机具、设备和车辆采用非传统水源。 (7) 非传统水源经过处理和检验合格后作为施工、生活非饮用水。 (8) 采用非传统水源,并建立使用台账
	水资源保护	(1) 采用基坑封闭降水施工技术。 (2) 基坑抽水采用动态管理技术,减少地下水开采量。 (3) 不得向水体倾倒有毒有害物品及垃圾。 (4) 制订水上和水下机械作业方案,并采取安全和防污染措施
	能源节约	(1) 合理安排施工工序和施工进度,共享施工机具资源,减少垂直运输设备能耗,避免集中使用大功率设备。 (2) 建立机械设备管理档案,定期检查保养。 (3) 高能耗设备单独配置计量仪器,定期监控能源利用情况,并有记录。 (4) 建筑材料及设备的选用应根据就近原则,500km 以内生产的建筑材料及设备重量占比大于 70%。 (5) 合理布置施工总平面图,避免现场二次搬运。 (6) 减少夜间作业、冬期施工和雨天施工时间。 (7) 地下工程混凝土施工采用溜槽或串筒浇筑
	土地保护	(1) 施工总平面根据功能分区集中布置。 (2) 采取措施防止施工现场土壤侵蚀、水土流失。 (3) 优化土石方工程施工方案,减少土方开挖和回填量。 (4) 危险品、化学品存放处采取隔离措施。 (5) 污水排放管道不得渗漏。 (6) 对机用废油、涂料等有害液体进行回收,不得随意排放。 (7) 工程施工完成后,进行地貌和植被复原
优选项		(1) 主要建筑材料损耗率宜比定额损耗率低 50% 以上。 (2) 宜采用钢筋工厂化加工和集中配送。 (3) 大宗板材、线材宜定尺采购,集中配送。 (4) 宜采用清水混凝土技术、免抹灰技术。 (5) 宜充分利用物联网技术管控物资、设备。 (6) 宜采用无污染地下水回灌。 (7) 施工现场宜采用可周转的恒温恒湿蒸汽养护设施与自动控制系统。 (8) 设置在海岛海岸的无市政管网接入条件的工程项目,宜采用海水淡化系统。 (9) 单位工程单位建筑面积的用电量宜比定额节约 10% 以上。 (10) 单位工程单位建筑面积的用水量宜比定额节约 10% 以上。 (11) 施工现场宜利用太阳能或其他可再生能源。 (12) 建筑垃圾垂直运输时,宜采用重力势能装置。 (13) 无直接采光的施工通道和施工区域照明宜采用声控、光控、延时等控制方式

3. 人力资源节约和保护评价指标

绿色施工的人力资源节约和保护评价指标包括控制项、一般项和优选项，具体内容如表 2-4 所示。

表 2-4　人力资源节约和保护评价指标

评 价 指 标		具 体 内 容
控制项		(1) 绿色施工策划文件中应包含人力资源节约和保护内容，并建立相关制度。 (2) 施工现场人员应实行实名制管理。 (3) 炊事员应持有效健康证明。 (4) 施工现场人员应按规定要求持证上岗。 (5) 施工现场应按规定配备消防、防疫、医务、安全、健康等设施和用品。 (6) 卫生设施、排水沟及阴暗潮湿地带应定期消毒
一般项	人员健康保障	(1) 制订职业病预防措施，定期对高原地区施工人员、从事有职业病危害作业的人员进行体检。 (2) 生活区、办公区、生产区有专人负责环境卫生。 (3) 生活区、办公区设置可回收与不可回收垃圾桶，餐厨垃圾单独回收处理，并定期清运。 (4) 生活区中的垃圾堆放区域定期消毒。 (5) 施工作业区、生活区和办公区分开布置，生活设施远离有毒有害物质。 (6) 现场有应急疏散、逃生标志、应急照明。 (7) 现场有防暑防寒设施，并设专人负责。 (8) 现场设置医务室，有人员健康应急预案。 (9) 生活区设置满足施工人员使用的盥洗设施。 (10) 现场宿舍人均使用面积不得小于 $2.5m^2$，并设置可开启式外窗。 (11) 制订食堂管理制度，建立熟食留样台账。 (12) 特殊环境条件下施工，有防止高温、高湿、高盐、沙尘暴等恶劣气候条件及野生动植物伤害的措施和应急预案。 (13) 工人宿舍设置消防报警、防火等安全装置
	劳动保护	(1) 建立合理的休息、休假、加班及女职工特殊保护等管理制度。 (2) 减少夜间、雨天、严寒和高温天作业时间。 (3) 施工现场危险地段、设备、有毒有害物品存放处等设置醒目的安全标志，并配备相应的应急设施。 (4) 在有毒、有害、有刺激性气味、强光和强噪声环境施工的人员，佩戴相应的防护器具和劳动保护用品。 (5) 在深井、密闭环境、防水和室内装修施工时，设置通风设施。 (6) 在水上作业时穿救生衣。 (7) 施工现场人车分流，并有隔离措施。 (8) 模板脱模剂、涂料等采用水性材料

续表

评 价 指 标		具 体 内 容
一般项	劳务节约	(1) 优化绿色施工组织设计和绿色施工方案,合理安排工序。 (2) 因地制宜制订各施工阶段劳务使用计划,合理投入施工作业人员。 (3) 建立施工人员培训计划和培训实施台账。 (4) 建立劳务使用台账,统计分析施工现场劳务使用情况。 (5) 使用高效施工机具和设备
优选项		(1) 钢结构宜采用现场免焊接技术。 (2) 宜采用机械喷涂、抹灰等自动化施工设备。 (3) 结构构件宜采用装配化安装。 (4) 管道设备宜采用模块化安装。 (5) 建筑部件宜采用整体化安装。 (6) 宜设置心理疏导室、活动室、阅览室等。 (7) 宜配备文体、娱乐设施

4. 技术创新评价指标

技术创新评价指标应包括下列内容。

(1) 装配式施工技术。

(2) 信息化施工技术。

(3) 基坑与地下工程施工的资源保护和创新技术。

(4) 建材与施工机具和设备绿色性能评价及选用技术。

(5) 钢结构、预应力结构和新型结构施工技术。

(6) 高性能混凝土应用技术。

(7) 高强度、耐候钢材应用技术。

(8) 新型模架开发与应用技术。

(9) 建筑垃圾减排及回收再利用技术。

(10) 其他先进施工技术。

技术创新应有专业技术先进性和综合价值的评审资料。专业技术认同的资料包括但不限于专家评审会记录、技术标准导则、图集图纸、技术实施效果证明等文件。创新应在创效的基础上,提供有综合效益的认同资料。

绿色施工应开展技术创新活动,为了鼓励施工企业进行技术创新,技术创新加分单独计分。

2.4.3 绿色施工评价方法

1. 绿色施工评价框架体系

如图 2-57 所示,绿色施工评价框架体系应由基本规定评价、指标评价、要素评价、批次评价、阶段评价、单位工程评价及评价等级划分等构成,绿色施工评价依此顺序进行。

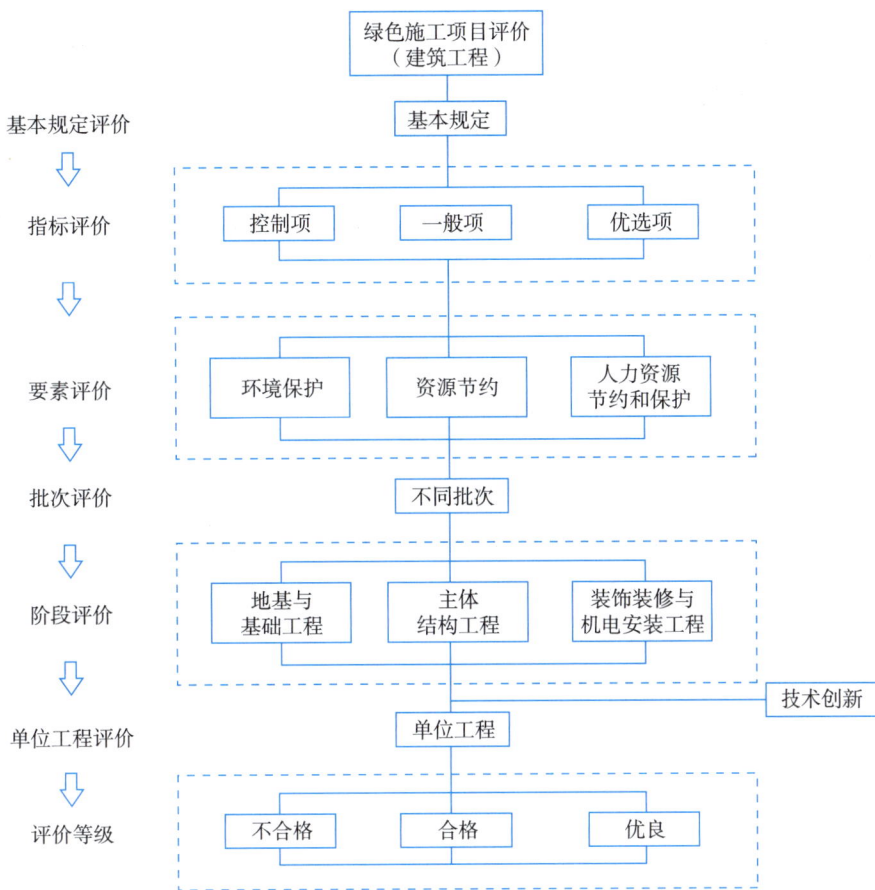

图 2-57　建筑工程绿色施工评价框架

（1）基本规定评价应对绿色施工策划、管理要求的条款进行评价。

（2）指标评价应对控制项、一般项和优选项的条款进行评价。

（3）要素评价应在指标评价的基础上，对环境保护、资源节约、人力资源节约和保护 3 个要素分别进行评价。

（4）批次评价应在要素评价的基础上随工程进度分批进行评价。

（5）阶段评价应在批次评价的基础上进行，建筑工程可划分为地基与基础工程、主体结构工程、装饰装修与机电安装工程 3 个阶段分别进行评价。

（6）单位工程评价应在阶段评价的基础上进行。

（7）评价等级划分应分为不合格、合格和优良 3 个等级。

2. 指标评价

工程项目绿色施工评价应先对照《建筑与市政工程绿色施工评价标准》（GB/T 50640—2023）的基本规定进行逐条、逐项核定，符合要求时，启动指标评价；不符合要求时，判定为绿色施工不合格。指标评价方法应符合下列规定。

（1）控制项指标应全部满足，评价方法应符合表 2-5 的规定。

表 2-5　控制项评价方法

评分要求	结论	说明
措施到位,全部满足考评指标要求	符合要求	进入评分流程
措施不到位,不满足考评指标要求	不符合要求	一票否决,为绿色施工不合格

（2）一般项指标应根据实际发生项执行的情况计分,评价方法应符合表 2-6 的规定。

表 2-6　一般项评价方法

评分要求	子项评分
措施到位,满足考评指标要求	2
措施到位,基本满足考评指标要求	1
措施不到位,不满足考评指标要求	0

（3）优选项指标应根据实际发生项执行情况加分,评价方法应符合表 2-7 的规定。

表 2-7　优选项加分标准

评分要求	子项评分
措施到位,满足考评指标要求	2
措施到位,基本满足考评指标要求	1
措施不到位,不满足考评指标要求	0

3. 要素评价

要素评价得分应符合下列规定。

（1）要素评价应在指标评价的基础上进行。

（2）一般项得分应按百分制折算,并应按下式进行计算:

$$A = \frac{B}{C} \times 100$$

式中:A——一般项折算分;

B——实际发生项目实际得分之和;

C——实际发生项目应得分之和。

（3）要素评价得分应按下式计算:

$$F = A + D$$

式中:F——要素评价得分;

D——优选项加分,按优选项实际发生项目加分求和。

4. 批次评价

工程项目绿色施工批次评价次数每季度不应少于 1 次,且每阶段不应少于 1 次。批次评价得分应符合下列规定。

（1）批次评价得分应按下式计算:

$$E = \sum (F \times \omega_1)$$

式中:E——批次评价得分;

　　ω_1——批次评价要素权重系数,按表 2-8 的规定取值。

表 2-8　批次评价要素权重系数表

评 价 要 素	各阶段权重系数(ω_1)
环境保护	0.45
资源节约	0.35
人力资源节约和保护	0.20

（2）批次评价要素权重系数应按照表 2-8 规定的分阶段进行确定。

5. 阶段评价

阶段评价得分应按下式计算:

$$G = G_1 + G_2$$

$$G_1 = \frac{\sum E}{N}$$

式中:G——阶段评价得分;

　　N——批次评价次数;

　　G_1——阶段评价基本得分;

　　G_2——阶段创新得分。

6. 单位工程绿色评价

单位工程绿色施工评价时,应对施工策划、施工过程和评价等资料进行核定。单位工程绿色评价基本得分应符合下列规定。

（1）单位工程绿色评价基本得分应按下式计算:

$$W_1 = \sum (G_1 \times \omega_2)$$

式中:W_1——单位工程绿色评价基本得分;

　　ω_2——单位工程阶段权重系数,按表 2-9 取值。

表 2-9　单位工程阶段权重系数表

评 价 阶 段	单位工程阶段权重系数(ω_2)
地基与基础工程	0.30
主体结构工程	0.40
装饰装修与机电安装工程	0.30

（2）单位工程评价总分应按下式计算:

$$W = W_1 + W_2$$

式中:W——单位工程评价得分;

　　W_2——技术创新加分;单项加 0.5~1 分,总分最高加 5 分。

（3）单位工程绿色施工等级应按表 2-10 的规定进行判定。

表 2-10 单位工程绿色施工等级

评价等级	评 价 标 准
优良	全部符合下列情况时,应判定为优良: (1) 控制项全部满足要求; (2) 单位工程总得分(W)不少于 90 分; (3) 每个评价要素中至少有两项优选项得分,且优选项总分不少于 25 分; (4) 技术创新加分(W_2)不少于 3 分
合格	全部符合下列情况时,应判定为合格: (1) 控制项全部满足要求; (2) 单位工程总得分(W)不少于 65 分; (3) 每个评价要素至少各有一项优选项得分,且优选项总分不少于 12 分; (4) 技术创新加分(W_2)不少于 1.5 分
不合格	不符合下列任何一种情况时,应判定为不合格: (1) 控制项全部满足要求; (2) 单位工程总得分(W)不少于 65 分; (3) 每个评价要素至少各有一项优选项得分,且优选项总分不少于 12 分; (4) 技术创新加分(W_2)不少于 1.5 分

【查一查】不得评为绿色施工合格项目的情况包括哪几种?

2.4.4 绿色施工评价程序

1. 评价组织

(1) 单位工程绿色施工评价应由建设单位组织,施工单位和监理单位参加,评价结果应由建设、监理和施工单位三方签认。

(2) 单位工程绿色施工阶段评价应由建设单位或监理单位组织,建设单位、监理单位和施工单位参加,评价结果应由建设、监理和施工单位三方签认。

(3) 单位工程绿色施工批次评价应由施工单位组织,建设单位和监理单位参加,评价结果应由建设、监理和施工单位三方签认。

(4) 企业应对本企业范围内绿色施工的项目进行随机检查,并对工程项目绿色施工完成情况进行评估。

(5) 项目部会同建设单位和监理单位应根据绿色施工情况,制订改进措施,由项目部实施改进。

(6) 项目部应接受建设单位、政府主管部门及其委托单位的绿色施工检查。

2. 评价程序

(1) 单位工程绿色施工评价应在批次评价和阶段评价的基础上进行。

(2) 单位工程绿色施工评价应由施工单位书面申请,在工程竣工前进行评价。

(3) 单位工程绿色施工评价应检查相关技术和管理资料,并听取施工单位绿色施工总体情况报告,综合确定绿色施工评价等级。

(4) 单位工程绿色施工评价结果应在有关部门备案。

3. 评价资料

（1）绿色施工评价资料应按规定记录、收集、整理、分析、总结、存档、备案。存档备案年限应为竣工交付后12个月或遵照当地行政主管部门规定。

（2）单位工程绿色施工评价应填写基本规定评价表、要素与批次评价表、技术创新与阶段评价表、单位工程评价表等各类表格，具体填写内容见表2-11～表2-18。

表 2-11　基本规定评价表

工程名称		工程所在地	
施工单位名称		评价编号 （批次/阶段）	
施工阶段	□建筑工程□市政工程	填表日期	
标 准 条 款	基 本 内 容	评 价 标 准	结论
3.1	实施组织		
3.1.1	总承包单位应对工程项目的绿色施工负总责		
3.1.2	分包单位应对承包范围内的工程项目绿色施工负责		
3.1.3	项目部应建立以项目经理为第一责任人的绿色施工管理体系		
3.2	绿色施工策划		
3.2.1	工程项目开工前，项目部应进行绿色施工影响因素分析，明确绿色施工目标	措施到位，全部满足要求，进入环保、节约、人力资源节约和保护要素评分流程；否则，一票否决，为绿色施工不合格	
3.2.2	项目部应依据绿色施工影响因素的分析结果进行绿色施工策划，并应对绿色施工评价要素中的评价条款进行取舍		
3.2.3	绿色施工策划应通过绿色施工组织设计、绿色施工方案和绿色施工技术交底等文件的编制实现		
3.2.4	绿色施工组织设计及其方案应包括技术和管理创新的内容及相应措施		
3.3	管理要求		
3.3.1	施工单位应对工程项目绿色施工进行检查		
3.3.2	工程项目绿色施工应符合下列规定		
1	建立健全的绿色施工管理体系和制度		
2	具有齐全的绿色施工策划文件		
3	设立清晰醒目的绿色施工宣传标识		
4	建立专业培训和岗位培训相结合的绿色施工培训制度，并有实施记录		

续表

标 准 条 款	基 本 内 容	评 价 标 准	结论
5	绿色施工批次和评价阶段评价记录完整,持续改进的资料保存齐全	措施到位,全部满足要求,进入环保、节约、人力资源节约和保护要素评分流程;否则,一票否决,为绿色施工不合格	
6	采集和保存实施过程中的绿色施工典型图片或影像资料		
7	推广应用"四新"技术		
8	分包合同或劳务合同包含绿色施工要求		
3.3.3	当发生下列情况之一时,不得评为绿色施工合格项目	全部未发生,进入环保、节约、人力资源节约和保护要素评分流程;否则,一票否决,为绿色施工不合格	
1	发生安全生产死亡责任事故		
2	发生工程质量事故或由质量问题造成不良社会影响		
3	发生群体传染病、食物中毒等责任事故		
4	施工中因"环境保护与资源节约"问题被政府管理部门处罚		
5	违反国家有关"环境保护与资源节约"的法律法规,造成社会影响		
6	施工扰民造成社会影响		
7	施工现场焚烧废弃物		
3.3.4	图纸会审应包括绿色施工内容	措施到位,全部满足要求,进入环保、节约、人力资源节约和保护要素评分流程;否则,一票否决,为绿色施工不合格	
3.3.5	施工单位应进行施工图、绿色施工组织设计和绿色施工方案的优化		

签字栏	施工单位(组织)		监理单位(参与)		建设单位(参与)	
	签字人:	职务:	签字人:	职务:	签字人:	职务:

注:符合填"√",不符合填"×",没有发生填"未发生"。

表 2-12 批次评价表

工程名称			工程所在地	
施工单位名称			评价编号(批次/阶段)	
施工阶段		□建筑工程 □市政工程	填表日期	
评 价 要 素	要素评价得分 F		权重系数 ω_1	批次评价得分 E
环境保护			0.45	

续表

评 价 要 素	要素评价得分 F	权重系数 ω_1	批次评价得分 E
资源节约		0.35	
人力资源节约和保护		0.20	
评价结论		合计	

签字栏	施工单位(组织)		监理单位(参与)		建设单位(参与)	
	签字人:	职务:	签字人:	职务:	签字人:	职务:

表 2-13　环境保护要素评价表

工程名称		工程所在地		
施工单位名称		评价编号 (批次/阶段)		
施工阶段		□建筑工程□市政工程　填表日期		

	标准条款及要求	评价标准	结	论
控制项	4.1.1　绿色施工策划文件中应包含环境保护内容,并建立环境保护管理制度	措施到位,全部满足要求,进入"一般项"和"优选项"评分流程;否则,一票否决,为绿色施工不合格		
	4.1.2　施工现场应在醒目位置设置环境保护标识			
	4.1.3　施工现场的古迹、文物、树木及生态环境等应采取有效保护措施,制订地下文物保护应急预案			

	标准条款及要求	计 分 标 准	应得分	实得分
一般项	4.2.1　扬尘控制应包括下列内容	每一子目应得分为2分,实得分则根据现场实际情况按0～2分评价:①措施到位,满足考评指标要求,得分:2;②措施到位,基本满足考评指标要求,得分:1;③措施不到位,不满足考评指标要求,得分:0		
	(1) 现场建立洒水清扫制度,配备洒水设备,并有专人负责			
	(2) 对裸露地面、集中堆放的土方采取抑尘措施			
	(3) 现场进出口设车胎冲洗设施和吸湿垫,保持进出现场车辆清洁			
	(4) 易飞扬和细颗粒建筑材料封闭存放,余料回收			
	(5) 拆除、爆破、开挖、回填及易产生扬尘的施工作业有抑尘措施			
	(6) 高空垃圾清运采用封闭式管道或垂直运输机械			
	(7) 遇有六级及以上大风天气时,停止土方开挖、回填、转运及其他可能产生扬尘污染的施工活动			
	(8) 现场运送土石方、弃渣及易引起扬尘的材料时,车辆采取封闭或遮盖措施			
	(9) 弃土场封闭,并进行临时性绿化			

续表

	标准条款及要求	计 分 标 准	应得分	实得分
一 般 项	（10）现场搅拌设有密闭和防尘措施			
	（11）现场采用清洁燃料			
	4.2.2 废气排放控制应包括下列内容			
	（1）施工车辆及机械设备废气排放符合国家年检要求			
	（2）现场厨房烟气净化后排放			
	（3）在环境敏感区域内的施工现场进行喷漆作业时，设有防挥发物扩散措施			
	4.2.3 建筑垃圾处置应包括下列内容			
	（1）制订建筑垃圾减量化专项方案，明确减量化、资源化具体指标及各项措施			
	（2）装配式建筑施工的垃圾排放量不大于 200t/万 m²，非装配式建筑施工的垃圾排放量不大于 300t/万 m²	每一子目应得分为 2 分，实得分则根据现场实际情况按 0～2 分评价：①措施到位，满足考评指标要求，得分：2；②措施到位，基本满足考评指标要求，得分：1；③措施不到位，不满足考评指标要求，得分：0		
	（3）建筑垃圾回收利用率达到 30％，建筑材料包装物回收利用率达到 100％			
	（4）现场垃圾分类、封闭、集中堆放			
	（5）办理施工渣土建筑废弃物等排放手续，按指定地点排放			
	（6）碎石和土石方类等建筑垃圾用作地基和路基回填材料			
	（7）土方回填不采用有毒有害的废弃物			
	（8）施工现场办公用纸两面使用，废纸回收，废电池、废硒鼓、废墨盒、剩油漆、剩涂料等有毒有害的废弃物封闭分类存放，设置醒目标志，并由符合要求的专业机构消纳处置			
	（9）施工选用绿色、环保材料			
	4.2.4 污水排放控制应包括下列内容			
	（1）现场道路和材料堆放场地周边设置排水沟			
	（2）工程污水和试验室养护用水处理合格后，排入市政污水管道，检测频率不少于 1 次/月			
	（3）现场厕所设置化粪池，化粪池定期清理			
	（4）工地厨房设置隔油池，定期清理			
	（5）工地生活污水、预制场和搅拌站等施工污水达标排放和利用			
	（6）钻孔桩、顶管或盾构法作业采用泥浆循环利用系统，不得外溢漫流			

续表

	标准条款及要求	计 分 标 准	应得分	实得分
一般项	4.2.5　光污染控制应包括下列内容			
	(1) 施工现场采取限时施工、遮光或封闭等防治光污染措施			
	(2) 焊接作业时,采取挡光措施			
	(3) 施工场区照明采取防止光线外泄措施			
	4.2.6　噪声控制应包括下列内容			
	(1) 针对现场噪声源,采取隔声、吸声、消音等降噪措施			
	(2) 采用低噪声施工设备			
	(3) 噪声较大的机械设备远离现场办公区、生活区和周边敏感区			
	(4) 混凝土输送泵、电锯等机械设备设置吸声降噪屏或其他降噪措施			
	(5) 施工作业面设置降噪设施	每一子目应得分为2分,实得分则根据现场实际情况按0～2分评价:		
	(6) 材料装卸设置降噪垫层,轻拿轻放、控制材料撞击噪声	①措施到位,满足考评指标要求,得分:2;②措施到位,基本满足考评指标要求,得分:1;③措施不到位,不满足考评指标要求,得分:0		
	(7) 施工场界声强限值昼间不大于70dB(A),夜间不大于55dB(A)			
优选项	4.3.1　施工现场宜设置可移动厕所,并定期清运、消毒			
	4.3.2　施工现场宜采用自动喷雾(淋)降尘系统			
	4.3.3　施工场界宜设置扬尘自动监测仪,动态连续定量监测扬尘[总悬浮颗粒物(TSP)颗粒物(粒径小于或等于$10\mu m$,PM10)]			
	4.3.4　施工场界宜设置动态连续噪声监测设施,保存昼夜噪声曲线			
	4.3.5　装配式建筑施工的垃圾排放量不宜大于140t/万m^2,非装配式建筑施工的垃圾排放量不宜大于210t/万m^2			
	4.3.6　建筑垃圾回收利用率宜达到50%			
	4.3.7　施工现场宜采用地磅或自动监测平台,动态计量建筑废弃物重量			
	4.3.8　施工现场宜采用雨水就地渗透措施			
	4.3.9　施工现场宜采用生态环保泥浆、泥浆净化器反循环快速清孔等环境保护技术			
	4.3.10　施工现场宜采用水封爆破、静态爆破等高效降尘的先进工艺			
	4.3.11　土方施工宜采用水浸法湿润土壤等降尘方法			
	4.3.12　施工现场淤泥质渣土宜经脱水后外运			

续表

评价结果					
签字栏	施工单位(组织)		监理单位(参与)		建设单位(参与)
	签字人:	职务:	签字人:	职务:	签字人: 职务:

表 2-14 资源节约要素评价表

工程名称			工程所在地	
施工单位名称			评价编号 (批次/阶段)	
施工阶段		□建筑工程□市政工程	填表日期	

	标准条款及要求	评价标准	结　论	
控制项	5.1.1　绿色施工策划文件中应涵盖资源节约与利用的内容	措施到位,全部满足要求,进入"一般项"和"优选项"评分流程;否则,一票否决,为绿色施工不合格		
	5.1.2　项目部应建立具体材料进场计划,以及材料采购、限额领料等管理制度			
	5.1.3　项目部应制订用水、用能消耗指标,办公区、生活区、生产区用水、用能单独计量,并建立台账			
	5.1.4　项目部应了解施工场地及毗邻区域内人文景观、特殊地质及基础设施管线分布情况,制订相应的用地计划和保护措施			

	标准条款及要求	计分标准	应得分	实得分
一般项	5.2.1　临时设施应包括下列内容	每一子目应得分为2分,实得分则根据现场实际情况按0~2分评价:①措施到位,满足考评指标要求,得分:2;②措施到位,基本满足考评指标要求,得分:1;③措施不到位,不满足考评指标要求,得分:0		
	(1) 合理规划设计临时用电线路铺设、配电箱配置和照明布局			
	(2) 办公区和生活区节能照明灯具配置率达到100%			
	(3) 合理设计临时用水系统,供水管线及末端无渗漏			
	(4) 临时用水系统节水器具配置率达到100%			
	(5) 采用多层、可周转装配式临时办公及生活用房			
	(6) 临时用房围护结构满足节能指标,外窗有遮阳设施			
	(7) 采用可周转装配式场界围挡和临时路面			

续表

	标准条款及要求	计 分 标 准	应得分	实得分
一般项	(8) 采用标准化、可周转装配式作业工棚、试验用房及安全防护设施	每一子目应得分为2分，实得分则根据现场实际情况按0～2分评价：①措施到位，满足考评指标要求，得分：2；②措施到位，基本满足考评指标要求，得分：1；③措施不到位，不满足考评指标要求，得分：0		
	(9) 利用既有建筑物、市政设施和周边道路			
	(10) 采用永临结合技术			
	(11) 使用再生建筑材料建设临时设施			
	5.2.2 材料节约应包括下列内容			
	(1) 利用建筑信息模型(BIM)等信息技术，深化设计、优化方案、减少用材、降低损耗			
	(2) 采用管件合一的脚手架和支撑体系			
	(3) 采用高周转率的新型模架体系			
	(4) 采用钢或钢木组合龙骨			
	(5) 利用粉煤灰、矿渣、外加剂及新材料，减少水泥用量			
	(6) 现场使用预拌混凝土、预拌砂浆			
	(7) 钢筋连接采用对接、机械等低损耗连接方式			
	(8) 墙、地块材饰面预先总体排版，合理选材			
	(9) 对工程成品采取保护措施			
	5.2.3 用水节约应包括下列内容			
	(1) 混凝土养护采用覆膜、喷淋设备、养护液等节水工艺			
	(2) 管道打压免用循环水			
	(3) 施工废水与生活废水有收集管网、处理设施和利用措施			
	(4) 雨水和基坑降水产生的地下水有收集管网、处理设施和利用措施			
	(5) 喷洒路面、绿化浇灌采用非传统水源			
	(6) 现场冲洗机具、设备和车辆采用非传统水源			
	(7) 非传统水源经过处理和检验合格后作为施工、生活非饮用水			
	(8) 采用非传统水源，并建立使用台账			
	5.2.4 水资源保护应包括下列内容			
	(1) 采用基坑封闭降水施工技术			
	(2) 基坑抽水采用动态管理技术，减少地下水开采量			
	(3) 不得向水体倾倒有毒有害物品及垃圾			
	(4) 制订水上和水下机械作业方案，并采取安全和防污染措施			

	标准条款及要求	计分标准	应得分	实得分
一般项	5.2.5 能源节约应包括下列内容	每一子目应得分为2分,实得分则根据现场实际情况按0~2分评价:①措施到位,满足考评指标要求,得分:2;②措施到位,基本满足考评指标要求,得分:1;③措施不到位,不满足考评指标要求,得分:0		
	(1) 合理安排施工工序和施工进度,共享施工机具资源,减少垂直运输设备能耗,避免集中使用大功率设备			
	(2) 建立机械设备管理档案,定期检查保养			
	(3) 高能耗设备单独配置计量仪器,定期监控能源利用情况,并有记录			
	(4) 建筑材料及设备的选用应根据就近原则,500km以内生产的建筑材料及设备重量占比大于70%			
	(5) 合理布置施工总平面图,避免现场二次搬运			
	(6) 减少夜间作业、冬期施工和雨天施工时间			
	(7) 地下工程混凝土施工采用溜槽或串筒浇筑			
	5.2.6 土地保护应包括下列内容			
	(1) 施工总平面根据功能分区集中布置			
	(2) 采取措施,防止施工现场土壤侵蚀、水土流失			
	(3) 优化土石方工程施工方案,减少土方开挖和回填量			
	(4) 危险品、化学品存放处采取隔离措施			
	(5) 污水排放管道不得渗漏			
	(6) 对机用废油、涂料等有害液体进行回收,不得随意排放			
	(7) 工程施工完成后,进行地貌和植被复原			
优选项	5.3.1 主要建筑材料损耗率宜比定额损耗率低50%以上			
	5.3.2 宜采用钢筋工厂化加工和集中配送			
	5.3.3 大宗板材、线材宜定尺采购,集中配送			
	5.3.4 宜采用清水混凝土技术、免抹灰技术			
	5.3.5 宜充分利用物联网技术管控物资、设备			
	5.3.6 宜采用无污染地下水回灌			
	5.3.7 施工现场宜采用可周转的恒温恒湿蒸汽养护设施与自动控制系统			
	5.3.8 设置在海岛海岸的无市政管网接入条件的工程项目,宜采用海水淡化系统			
	5.3.9 单位工程单位建筑面积的用电量宜比定额节约10%以上			

续表

标准条款及要求		计 分 标 准	应得分	实得分
优选项	5.3.10 单位工程单位建筑面积的用水量宜比定额节约10%以上	每一子目应得分为2分,实得分则根据现场实际情况按0~2分评价:①措施到位,满足考评指标要求,得分:2;②措施到位,基本满足考评指标要求,得分:1;③措施不到位,不满足考评指标要求,得分:0		
	5.3.11 施工现场宜利用太阳能或其他可再生能源			
	5.3.12 建筑垃圾垂直运输时,宜采用重力势能装置			
	5.3.13 无直接采光的施工通道和施工区域照明宜采用声控、光控、延时等控制方式			
评价结果				

签字栏	施工单位(组织)		监理单位(参与)		建设单位(参与)	
	签字人:	职务:	签字人:	职务:	签字人:	职务:

表 2-15 人力资源节约和保护要素评价汇总表

工程名称			工程所在地	
施工单位名称			评价编号(批次/阶段)	
施工阶段		□建筑工程□市政工程	填表日期	
标准条款及要求			评 价 标 准	结　　论
控制项	6.1.1 绿色施工策划文件中应包含人力资源节约和保护内容,并建立相关制度		措施到位,全部满足要求,进入"一般项"和"优选项"评分流程;否则,一票否决,为绿色施工不合格	
	6.1.2 施工现场人员应实行实名制管理			
	6.1.3 炊事员应持有有效健康证明			
	6.1.4 施工现场人员应按规定要求持证上岗			
	6.1.5 施工现场应按规定配备消防、防疫、医务、健康等设施和用品			

标准条款及要求		计 分 标 准	应得分	实得分
一般项	6.2.1　人员健康保障应包括下列内容	每一子目应得分为2分,实得分则根据现场实际情况按0～2分评价:①措施到位,满足考评指标要求,得分:2;②措施到位,基本满足考评指标要求,得分:1;③措施不到位,不满足考评指标要求,得分:0		
	(1) 制定职业病预防措施,定期对高原地区施工人员、从事有职业病危害作业的人员进行体检			
	(2) 生活区、办公区、生产区有专人负责环境卫生			
	(3) 生活区、办公区设置可回收与不可回收垃圾桶,餐厨垃圾单独回收处理,并定期清运			
	(4) 生活区中的垃圾堆放区域定期消毒			
	(5) 施工作业区、生活区和办公区分开布置,生活设施远离有毒有害物质			
	(6) 现场有应急疏散、逃生标志、应急照明			
	(7) 现场有防暑防寒设施,并设专人负责			
	(8) 现场设置医务室,有人员健康应急预案			
	(9) 生活区设置满足施工人员使用的盥洗设施			
	(10) 现场宿舍人均使用面积不得小于 $2.5m^2$,并设置可开启式外窗			
	(11) 制订食堂管理制度,建立熟食留样台账			
	(12) 特殊环境条件下施工,有防止高温、高湿、高盐、沙尘暴等恶劣气候条件及野生动植物伤害的措施和应急预案			
	(13) 工人宿舍设置消防报警、防火等安全装置			
	6.2.2　劳动力保护应包括下列内容			
	(1) 建立合理的休息、休假、加班及女职工特殊保护等管理制度			
	(2) 减少夜间、雨天、严寒和高温天作业时间			
	(3) 施工现场危险地段、设备、有毒有害物品存放处等设置醒目的安全标志,并配备相应的应急设施			
	(4) 在有毒、有害、有刺激性气味、强光和强噪声环境施工的人员,佩戴相应的防护器具和劳动保护用品			
	(5) 在深井、密闭环境、防水和室内装修施工时,设置通风设施			
	(6) 在水上作业时穿救生衣			
	(7) 施工现场人车分流,并有隔离措施			
	(8) 模板脱模剂、涂料等采用水性材料			
	6.2.3　劳务节约应包括下列内容			
	(1) 优化绿色施工组织设计和绿色施工方案,合理安排工序			

续表

	标准条款及要求	计分标准	应得分	实得分
一般项	(2) 因地制宜制订各施工阶段劳动力劳务使用计划,合理投入施工作业人员	每一子目应得分为2分,实得分则根据现场实际情况按0~2分评价:①措施到位,满足考评指标要求,得分:2;②措施到位,基本满足考评指标要求,得分:1;③措施不到位,不满足考评指标要求,得分:0		
	(3) 建立施工人员培训计划和培训实施台账			
	(4) 建立劳务使用台账,统计分析施工现场劳务使用情况			
	(5) 使用高效施工机具和设备			
优选项	6.3.1 钢结构采用现场免焊接技术			
	6.3.2 采用机械喷涂、抹灰等自动化施工设备			
	6.3.3 结构构件采用装配化安装			
	6.3.4 管道设备采用模块化安装			
	6.3.5 建筑部件采用整体化安装			
	6.3.6 设置心理疏导室、活动室、阅览室等			
	6.3.7 配备文体、娱乐设施			
评价结果				
签字栏	施工单位(组织)		监理单位(参与)		建设单位(参与)	
	签字人:	职务:	签字人:	职务:	签字人:	职务:

表 2-16 阶段评价汇总表

工程名称			工程所在地	
施工单位名称			评价编号(阶段)	
施工阶段		□建筑工程□市政工程	填表日期	
评价批次	批次得分	评价批次	批次得分
1		6	
2		7	
3		8	
4		9	
5		⋮	

评价结论						
签字栏	施工单位（组织）		监理单位（参与）		建设单位（参与）	
	签字人：	职务：	签字人：	职务：	签字人：	职务：

表 2-17 技术创新评价表

工程名称				工程所在地	
施工单位名称				评价编号（阶段）	
施工阶段		□建筑工程□市政工程		填表日期	

	标准条款及要求	加分标准	实得分
加分项	7.0.2 技术创新评价指标应包括下列内容	阶段创新得分 G_2 可根据阶段实施结果单项加 0.5～1 分，总分最高加 5 分	
	（1）装配式施工技术		
	（2）信息化施工技术		
	（3）基坑与地下工程施工的资源保护和创新技术		
	（4）建材与施工机具和设备绿色性能评价及选用技术		
	（5）钢结构、预应力结构和新型结构施工技术		
	（6）高性能混凝土应用技术		
	（7）高强度、耐候钢材应用技术		
	（8）新型模架开发与应用技术		
	（9）建筑垃圾减排及回收再利用技术		
	（10）其他先进施工技术		
加分依据	7.0.1绿色施工开展技术创新活动	阶段创新得分 G_2	
	7.0.3技术创新有专业技术先进性和综合价值的评审资料		
签字栏	施工单位（组织）		监理单位（参与）		建设单位（参与）	
	签字人：	职务：	签字人：	职务：	签字人：	职务：

表 2-18 单位工程评价汇总表

工程名称		工程所在地	
施工单位名称		填表日期	
施工阶段	单位工程竣工或申请五方验收	工程类别	建筑工程
评价阶段	阶段得分	权重系数	权重后得分
地基与基础工程		0.30	
主体结构工程		0.40	
装饰装修与机电安装工程		0.30	
单位工程绿色评价基本得分 W_1	—	ω_1	
技术创新加分 W_2	—	ω_2	
评价结论			

签字栏	施工单位(组织)		监理单位(参与)		建设单位(参与)	
	签字人:	职务:	签字人:	职务:	签字人:	职务:

职业能力训练

一、基本技能练习

1. 单项选择题

(1)施工单位应建立以(　　)为第一责任人的绿色施工管理体系,制订绿色施工管理制度,负责绿色施工的组织实施。

　　A. 企业负责人　　　　　　　　B. 项目经理

　　C. 项目总工　　　　　　　　　D. 项目技术负责人

(2)根据《建筑工程绿色施工规范》的规定,土石方作业区内扬尘目测高度应小于(　　)m,结构施工、安装、装饰装修阶段目测扬尘高度应小于(　　)m,不得扩散到工作区域外。

　　A. 0.5;1.5　　　　　　　　　　B. 1.5;0.5

C. 1. 0;2. 0   D. 1. 5;2. 0

（3）绿色施工过程中必须达到的基本要求条款为绿色施工评价指标中的（   ）。

A. 一般项   B. 控制项

C. 优选项   D. 加分项

（4）下列选项中属于施工单位绿色施工组织与管理职责的是（   ）。

A. 编制绿色施工方案、制订绿色施工管理制度、组织实施绿色施工

B. 审查绿色施工组织设计、绿色施工方案或绿色施工专项方案

C. 建立工程项目绿色施工协调机制

D. 编制工程概算和招标文件时明确绿色施工的要求

（5）施工单位必须加强建筑垃圾的回收再利用，建筑垃圾回收利用率应达到（   ），建筑材料包装物回收利用率应达到（   ）。

A. 30%;60%   B. 30%;100%

C. 50%;80%   D. 100%;100%

（6）施工现场产生的工程污水和试验室养护用水处理合格后，排入市政污水管道，检测频率不少于（   ）。

A. 1 次/周   B. 1 次/月

C. 1 次/季度   D. 1 次/年

（7）根据《建筑施工场界环境噪声排放标准》(GB 12523—2011)的规定，施工现场夜间的噪声不应超过（   ）dB(A)。

A. 50   B. 55

C. 70   D. 90

（8）根据绿色施工的资源节约评价指标要求，施工现场办公区和生活区节能照明灯具的配置率应达到（   ）。

A. 60%   B. 80%

C. 90%   D. 100%

（9）根据《建筑工程绿色施工规范》中有关资源节约的规定，施工现场应根据施工进度、材料使用时点、库存情况等制订材料的采购和使用计划，工程施工使用的材料宜选用距施工现场（   ）以内生产的建筑材料。

A. 1000m   B. 100km

C. 500km   D. 1000km

（10）根据《建筑工程绿色施工规范》(GB/T 50905—2014)的相关规定，下列选项中关于保温工程施工的说法错误的是（   ）。

A. 保温砂浆材料宜采用预拌砂浆，现场拌和应随用随拌

B. 玻璃棉、岩棉类保温材料，应封闭存放

C. 现场喷涂硬泡聚氨酯时，应对作业面采取遮挡、防风和防护措施

D. 大风天气不影响玻璃棉、岩棉类保温材料的室外作业

（11）建筑材料及设备的选用应根据就近原则，500km 以内生产的建筑材料及设备质量占比应（   ）。

A. >60%　　　　　　　　　　B. >70%

C. >80%　　　　　　　　　　D. ≤60%

(12) 根据绿色施工的要求,施工现场宿舍人均使用面积不得小于(　　)m²,并设置可开启式外窗。

A. 1.5　　　　　　　　　　B. 2.5

C. 3.5　　　　　　　　　　D. 5.0

(13) 单位工程绿色施工评价应在(　　)的基础上进行。

A. 批次评价　　　　　　　　B. 指标评价

C. 要素评价　　　　　　　　D. 阶段评价

(14) 绿色施工过程中实施难度较大、要求较高的条款为绿色施工评价指标中的(　　)。

A. 控制项　　　　　　　　　B. 一般项

C. 加分项　　　　　　　　　D. 优选项

(15) 下列选项中属于绿色施工资源节约评价指标控制项的是(　　)。

A. 利用建筑信息模型(BIM)等信息技术,深化设计、优化方案,减少用材、降低损耗

B. 施工现场主要建筑材料损耗率宜比定额损耗率低50%以上

C. 项目部应建立具体材料进场计划,以及材料采购、限额领料等管理制度

D. 合理安排施工工序和施工进度,共享施工机具资源,减少垂直运输设备能耗,避免集中使用大功率设备

2. 多项选择题

(1) 绿色施工的基本原则包括(　　)。

A. 安全第一　　　　　　　　B. 以人为本

C. 因地制宜　　　　　　　　D. 环保优先

E. 资源高效利用

(2) 不得评为绿色施工合格项目的情况包括(　　)。

A. 发生安全生产死亡责任事故

B. 施工现场焚烧废弃物

C. 施工中因"环境保护与资源节约"问题被政府管理部门处罚

D. 施工扰民造成社会影响

E. 违反国家有关"环境保护与资源节约"的法律法规

(3) 当符合下列(　　)条件时,绿色施工等级应判定为优良。

A. 控制项全部满足要求

B. 单位工程总得分不少于90分

C. 技术创新加分不少于3分

D. 每个评价要素至少各有一项优选项得分,且优选项总分不少于12分

E. 每个评价要素中至少有两项优选项得分,且优选项总分不少于25分

(4) 绿色施工评价指标包括(　　)和技术创新等4个方面的评价指标。

A. 环境保护　　　　　　　　B. 资源节约

C. 人力资源节约和保护　　　D. 节材与材料利用

E. 节能与能源利用

（5）绿色施工是在保证质量、安全等基本要求的前提下，通过科学管理和技术进步，最大限度地节约资源，减少对环境的负面影响，实现环境保护、（　　）、节约人力资源的施工活动。

A. 节水
B. 节电
C. 节材
D. 节地
E. 节能

（6）下列关于绿色施工评价的组织与评价的说法中，不正确的是（　　）。

A. 施工项目部应接受建设单位、政府主管部门及其委托单位的绿色施工检查

B. 批次评价和阶段评价应由施工单位组织

C. 单位工程绿色施工评价结果应由建设单位和政府主管部门共同签认

D. 要素评价应在批次评价和阶段评价的基础上进行

E. 单位工程绿色施工评价应由建设单位书面申请，在工程竣工前进行评价

（7）绿色施工指标评价的基本要求包括（　　）。

A. 绿色施工指标评价的评价指标包括控制项、一般项和优选项三大类

B. 指标评价中的所有指标应根据实际发生项执行的情况计算分值

C. 控制项措施到位、全部满足考评指标要求，可以判定绿色施工合格

D. 一般项措施到位、基本满足考评指标要求，可以计 2 分

E. 优选项措施不到位、不满足考评指标要求，不得加分

（8）绿色施工的评价阶段包括（　　）。

A. 地基与基础工程
B. 主体结构工程
C. 屋面防水工程
D. 建筑节能工程
E. 装饰装修与机电安装工程

（9）下列绿色施工的环境保护评价指标中不属于控制项的是（　　）。

A. 施工现场应在醒目位置设置环境保护标识

B. 施工现场采用清洁燃料

C. 施工现场的古迹、文物、树木及生态环境等应采取有效保护措施

D. 制订建筑垃圾减量化专项方案，明确减量化、资源化具体指标及各项措施

E. 绿色施工策划文件中应包含环境保护内容，并建立环境保护管理制度

（10）绿色施工人力资源节约和保护评价指标中关于劳动保护的具体评价指标包括（　　）。

A. 施工现场实行人车分流措施

B. 减少夜间、雨天、严寒和高温天作业时间

C. 健全职业病预防管理制度，定期对从事有职业病危害作业的人员进行体检

D. 因地制宜制订各施工阶段劳务使用计划，合理投入施工作业人员

E. 施工现场危险地段、设备、有毒有害物品存放处等设置醒目的安全标志，并配备相应的应急设施

3. 判断改错题

（1）建设单位是建设工程项目绿色施工的实施主体，应全面组织绿色施工的策划与

实施。 （　）

（2）施工现场临时设施建设不宜使用一次性墙体材料,宜采用标准化设计,可重复使用。

（　）

（3）在城区或人口密集地区施工混凝土预制桩和钢桩时,宜采用锤击沉桩工艺。

（　）

（4）绿色施工评价要求施工现场临时用水系统节水器具的配置率达到100%。（　）

（5）施工现场垃圾应分类存放、按时处理,有毒有害废弃物的分类率应达到80%。

（　）

（6）要素评价应在阶段评价的基础上,对环境保护、资源节约、人力资源节约和保护3个要素分别进行评价。 （　）

（7）绿色施工批次评价时,资源节约要素的权重系数为0.45,环境保护评价要素的权重系数为0.35。 （　）

（8）施工现场宜采用预拌混凝土和预拌砂浆,现场搅拌砂浆时,应使用袋装水泥。

（　）

（9）工程项目绿色施工批次评价次数每月不应少于1次,且每阶段不应少于1次。

（　）

（10）随着绿色施工管理要求的提高和绿色施工技术的发展,绿色施工评价指标中的控制项、一般项、优选项会不断地更新和调整。 （　）

二、能力训练项目

1. 绿色施工管理体系的建立健全

收集查阅资料或利用职场体验、课程实训、岗位实习等实践锻炼机会,调查施工企业绿色施工管理体系、企业绿色施工管理组织机构以及项目绿色施工领导小组等的设置与运行状况。根据调查结果,结合具体工程项目特点,绘制绿色施工管理组织机构图,并明确说明各相关岗位的职责。

2. 绿色施工策划与实施

根据工程项目背景资料,模拟组建绿色施工领导小组,进行绿色施工策划,分组选择完成下列任务之一。

（1）编制一份绿色施工专项方案。

（2）制作一份绿色施工管理制度汇编文件。

（3）模拟组织一次绿色施工技术交底。

（4）编制一份绿色施工培训计划。

（5）制作一张绿色施工宣传展板用海报。

3. 绿色施工检查与评价

根据实际工程项目背景资料,模拟组织绿色施工的检查,对各项指标的完成情况进行对比分析,评价绿色施工的实施效果,判断绿色施工水平,提出改进措施。

单元 2 学习效果评价

评价项目		评价标准	标准分值	自我评分 30%	团队评分 30%	教师评分 40%	加权平均	总评分
思想素质		学习态度端正；有节能减排意识，有规范意识，标准意识，创优意识；有团队协作精神；有计划、组织和协调能力；弘扬劳动精神、劳模精神、工匠精神	10					
课堂表现		按时出勤；认真听讲，主动思考；精神饱满，积极参与课堂互动；回答问题言之有物，有辩证思维	20					
职业能力训练	基本技能练习	知识点掌握牢固，基本功扎实；诚实诚信，独立完成基本技能练习任务	20					
	能力训练项目	学以致用，知识点运用灵活熟练；团结协作，按时完成任务；提交成果质量较高	30					
拓展学习		充分利用在线课程平台和网络资源，拓宽知识广度与深度；课前自主预习，课后巩固复习，认真完成在线测试与互动话题讨论	20					
团队成员评价								
任课教师评价								
自我评价反思								

单元 3 绿色施工技术措施

学习目标

1. 知识目标

（1）掌握节材与材料资源利用、节水与水资源利用、节能与能源利用、节地与土地资源保护以及人力资源节约与保护的基本措施。

（2）掌握施工现场环境保护的基本措施。

2. 能力目标

（1）能合理确定项目节能减排管理目标、"五节一环保"具体控制指标。

（2）能贯彻落实绿色施工的各类节能降耗措施。

（3）能准确识别并有效控制施工现场各类污染源。

3. 素养目标

（1）增强节能减排意识。

（2）培养系统思维、辩证思维。

（3）树立并践行"绿水青山就是金山银山"的生态文明理念。

（4）增强责任意识，勇于担当时代使命。

绿色施工技术措施
学习内容
思维导图

引言

节能减排·践行"双碳"战略

碳达峰、碳中和是我国基于推动构建人类命运共同体的责任担当和实现可持续发展的内在要求而做出的重大战略决策。建筑领域节能减排是实现碳达峰、碳中和战略目标的重要途径之一。在建筑全生命周期中，施工阶段的能耗与碳排放相对集中，施工过程中严格执行节材与材料资源利用措施、节水与水资源利用措施、节能与能源利用措施、节地与土地资源保护措施、人力资源节约与保护措施以及环境保护措施，创新管理和技术手段，可以显著降低施工阶段的能耗和碳排放。

"风物长宜放眼量"节能减排是功在当代、利在千秋的事业。建设工程项目施工管理及作业人员应增强节能减排意识，贯彻绿色施工理念，落实资源节约与环境保护措施，积极稳妥推进建筑领域碳达峰、碳中和，加快建设资源节约型、环境友好型社会，给子孙后代留下天蓝、地绿、水清的美好家园，为中华民族赢得永续发展的光明未来。

3.1 节材与材料资源利用

建筑材料是构成建筑实体的物质基础,建筑施工过程往往需要消耗大量的钢材、木材、水泥等建筑材料。为了减轻施工过程中材料消耗对自然资源和生态环境的负面影响,建设工程项目应遵循因地制宜、就地取材原则,优选绿色建材;利用 BIM 技术、物联网技术等现代信息技术加强材料智能管控与调配;通过精细施工、创新工艺与技术,减少材料消耗量和损耗量,提高材料利用率。

【思考】什么是绿色建材? 如何进行绿色建材评价标识?

3.1.1 节材措施

六零绿色
建材日

1. 材料选用

1)材料选用的基本原则

建筑材料的选用一般应遵循以下几项基本原则。

(1)应符合国家、行业以及地方相关标准规范的规定。

(2)宜选用国家鼓励推广类的材料。

(3)宜选用地方性建筑材料和当地推广使用的材料。

(4)宜选用获得绿色建材评价认证标识的材料。

(5)宜选用高强、高性能材料。

(6)宜选用可再循环材料、可再利用材料以及利废建材。

(7)宜建立材料合格供应方档案。

【思考】举例说明施工现场常用的可再循环材料、可再利用材料、利废建材有哪些。

2)结构材料的选用

(1)现场使用预拌混凝土和预拌砂浆。准确计算采购数量、供应频率、施工速度等,并在施工过程中进行动态控制。

(2)利用粉煤灰、矿渣、外加剂及新材料,减少水泥用量;结构工程使用散装水泥(图 3-1)。

图 3-1 施工现场散装水泥储罐

（3）宜使用高强钢筋和高性能混凝土，减少资源消耗。

（4）宜采用钢筋工厂化加工（图 3-2）和集中配送；大宗板材、线材宜定尺采购，集中配送。

图 3-2　钢筋工厂化加工

（5）优化钢筋配料和钢构件下料方案。钢筋及钢结构制作前应对下料单及样品进行复核，无误后方可批量下料。

（6）优化钢结构制作和安装方法。大型钢结构宜采用工厂制作，现场拼装；宜采用分段吊装、整体提升、滑移、顶升等安装方法，减少方案的措施用材量。

高强钢筋应用技术

（7）采取数字化技术，对大体积混凝土、大跨度结构等专项施工方案进行优化。

3）围护材料的选用

（1）门窗、屋面、外墙等围护结构选用耐候性及耐久性良好的材料，施工确保密封性、防水性和保温隔热性。

（2）门窗采用密封性、保温隔热性能、隔音性能良好的型材和玻璃等材料。

钢结构滑移、顶（提）升施工技术

（3）屋面材料、外墙材料具有良好的防水性能和保温隔热性能。

（4）当屋面或墙体等部位采用基层加设保温隔热系统的方式施工时，应选择高效节能、耐久性好的保温隔热材料，以减小保温隔热层的厚度及材料用量。

（5）屋面或墙体等部位的保温隔热系统采用专用的配套材料，以加强各层次之间的黏结或连接强度，确保系统的安全性和耐久性。

（6）根据建筑物的实际特点，优选屋面或外墙的保温隔热材料系统和施工方式，如保温板粘贴、保温板干挂、聚氨酯硬泡喷涂、保温浆料涂抹等，以保证保温隔热效果，并减少材料浪费。

（7）加强保温隔热系统与围护结构的节点处理，尽量降低热桥效应。针对建筑物的不同部位保温隔热的特点，选用不同的保温隔热材料及系统，以做到经济实用。

4）装饰装修与机电安装材料的选用

（1）贴面类材料在施工前，应进行总体排版策划，减少非整体块材的数量。

（2）采用非木质的新材料或人造板材代替木质板材。

（3）防水卷材、壁纸、油漆及各类涂料基层必须符合要求，避免起皮、脱落；各类油漆及

黏结剂应随用随开启,不用时及时封闭。

(4)幕墙及各类预留预埋施工应与结构施工同步。

(5)木制品及木装饰用料、玻璃等各类板材等宜在工厂采购或定制。

(6)采用自粘类片材,减少现场液态黏结剂的使用量。

(7)外饰面材料、室内装饰装修材料、防水和密封材料等应选用耐久性好、易维护的材料。

(8)建筑装修宜优先采用装配式装修,选用集成厨卫等工业化内装部品。

(9)机电安装材料,如管材、管线、管件应选用耐腐蚀、抗老化、耐久性能好的材料,活动配件应选用长寿命产品,并应考虑部品之间合理的寿命匹配性;不同使用寿命的部品组合时,构造宜便于分别拆换、更新和升级。

5)周转材料的选用

(1)选用坚固耐用、维护与拆卸方便的周转材料和机具。

(2)采用管件合一的脚手架和支撑体系;采用高周转率的新型模架体系,采用钢或钢木组合龙骨。

【思考】什么是管件合一的脚手架?举例说明目前施工现场推广使用的脚手架类型以及禁限使用的脚手架类型。

(3)推广采用外墙保温板替代混凝土施工模板的技术。

(4)临时设施尽量利用既有建筑物、市政设施和周边道路;如图 3-3 所示,采用多层、可周转装配式临时办公及生活用房;如图 3-4 所示,采用可周转装配式场界围挡和临时路面;如图 3-5 所示,采用标准化、可周转装配式作业工棚、试验用房及安全防护设施等。

图 3-3 多层、可周转装配式临时办公及生活用房

图 3-4 可周转装配式场界围挡和临时路面

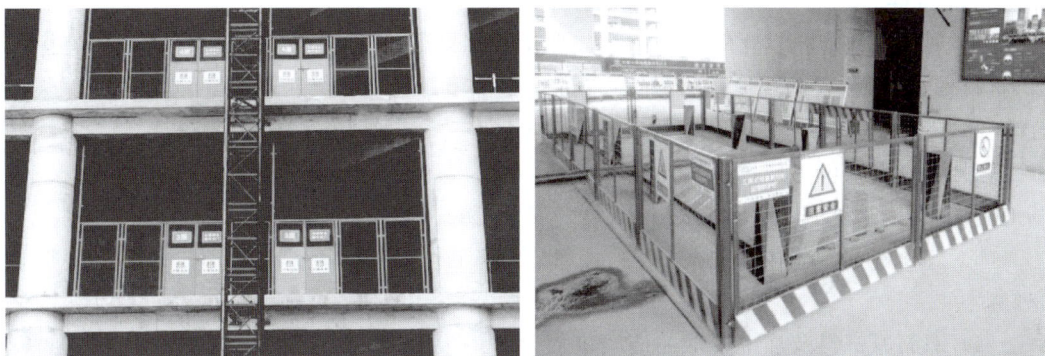

图 3-5 标准化、可周转装配式作业工棚、试验用房及安全防护设施

2. 材料采购与使用计划

（1）施工单位应根据施工进度、材料使用时点、库存情况等制订材料的采购和使用计划，合理安排材料的进场时间和批次，减少库存。

（2）在保证工程安全与质量的前提下，制订详细可行的节材与材料资源利用措施。

（3）安排专人管理材料并建立材料管理台账，加强材料收、发、储、运等各个环节的管理，避免非预期使用。

（4）施工单位应制订材料运输与装卸方案，采用防止损坏和遗撒的工具及方法；根据现场平面布置情况，就近卸载，避免和减少二次搬运。

3. 材料进场验收

（1）严格控制进入施工现场的材料质量，进场材料必须具有产品合格证和出厂检验报告，并根据供料计划和相关标准进行现场质量检查和验收。如图 3-6 所示，检查和验收内容包括材料品种、型号、规格、数量和外观质量检查以及见证取样送检等。

图 3-6 钢筋原材料进场验收

（2）所有进场材料都应有明确的标识，已检验与未检验的材料应明确标识，分开堆放，防止非预期使用。

（3）进场验收合格的材料做好标识、入库，妥善保管；进场验收不合格的材料应及时清退，严禁质量不合格的材料用于工程。

4. 材料存储

（1）现场材料应根据材料特性和存放要求采用露天堆场、半封闭或封闭式库棚有序堆放；材料标识清晰，存储环境适宜，质量保证措施得当，保管制度健全；避免因存放或保管不合理导致的浪费。

（2）材料堆场位置应选择适当，便于材料运输、装卸、加工和使用，尽量减少二次搬运；场地坚实平整、地势较高，有排水措施，符合安全、防火要求。

（3）施工单位应做好各类材料的保管、保养工作，定期检查，做好记录，确保其质量完好。

（4）钢筋原材料及加工半成品应当堆放整齐，底部用木方或地垄墙垫起，并采取防潮、防水、防污染等措施（图 3-7）；宜采用工具式钢筋堆放架（图 3-8）。

图 3-7　钢筋原材料及加工半成品堆放

图 3-8　工具式钢筋堆放架

（5）砖、砌块等块状材料应码成方垛，如图 3-9 所示，堆放不得超高，且应与沟、坑、槽边保持足够的安全距离。

（6）砂应堆成方，石子应当按不同粒径规格分别堆放成方，如图 3-10 所示。

（7）如图 3-11 所示，各类模板应当按规格分类堆放整齐，大模板应存放在经专门设计的存放架上，宜采用两块大模板面对面存放，当存放在施工楼层上时，应当满足自稳角度并有可靠的防倾倒措施。

图 3-9 砖、砌块堆放

图 3-10 砂石堆放

图 3-11 各类模板存放

（8）混凝土预制构件应设置专用堆场，堆场选址应便于运输和吊装，避免交叉作业；如图 3-12 所示，构件堆放区应设置隔离围栏，预制构件应按品种、规格型号、吊装顺序分类分区堆放，相邻堆垛之间应有足够的作业空间和安全操作距离，通道宽度符合要求，有明显的安全通道线或围栏，通道两边不应有突出或锐边物品；预制构件多层叠放时，每层构件间的垫块应上下对齐；预制楼板、叠合板、阳台板和空调板等构件宜平放，叠放层数不宜超过 6 层；长期存放时，应采取措施控制预应力构件起拱值和叠合板翘曲变形；预制柱、梁等细长构件宜平放且用两条垫木支撑；预制内外墙板、挂板宜采用专用支架直立存放，支架应有足够的强度和刚度，薄弱构件、构件薄弱部门和门窗洞口应采取防止变形开裂的临时加固措施。

图 3-12 预制构件堆放

【思考】施工现场零星建筑材料、水电安装材料如何存储？

5. 材料使用

（1）利用建筑信息模型（BIM）等信息技术，深化设计、优化方案，减少用材、降低损耗。

（2）通过工艺和施工技术创新，优化使用方案，减少材料损耗，提倡废旧材料的再生利用。

（3）采用精益化施工组织方式，统筹管理施工相关要素和环节，提升施工现场精细化管理水平，减少材料资源消耗与浪费。

（4）合理确定节材指标，主要建筑材料损耗率宜比定额损耗率低50％以上。

（5）依据工程预算制订健全的限额领料制度，控制材料的消耗；统计分析实际施工材料消耗量与预算材料消耗量，有针对性地制订并实施关键点控制措施，提高节材率；建立材料使用台账，对节材效果分阶段定期进行统计、对比分析，优化节材措施。

（6）对周转材料进行保养维护，维持其质量状态，延长其使用寿命或提高其周转频次。

（7）钢筋连接采用对接、机械连接等低损耗的连接方式。

（8）墙面及地面的块材饰面预先总体排版（图 3-13），合理选材。

（9）对工程成品采取保护措施如图 3-14 所示。

图 3-13　砌块排版图

图 3-14　成品保护

（10）部品部件安装应采用与其相匹配的工具化、标准化工装系统，采用适用的安装工法，制订合理的安装工序，减少现场支模和脚手架搭建。

（11）宜充分利用物联网技术管控物资、设备。

3.1.2　材料回收利用

1. 材料回收利用的基本要求

（1）对于施工现场产生的余料和废料，应进行分类收集、存放，以便后续有针对性地进行处理和再利用，提高材料回收利用效率和效果。

（2）优先对建筑余料进行直接再利用或经简单处理后再利用，如混凝土余料可以用于修补破损路面，制作小型预制构件；对于无法直接再利用的废料，通过特定的处理工艺转化为可以再利用的资源，如将废弃混凝土碎块经破碎、筛分等工艺制成再生骨料。

（3）材料回收利用全过程应符合环境保护的相关要求，避免对环境造成二次污染。

（4）资源化利用的建材产品应满足相关质量标准，才能应用于相应的建筑部位。

（5）材料的资源化利用应综合考虑收集、运输、处理和再加工等各个环节，选择经济合理、技术可行的方案。例如，某些新型建筑材料再生技术如果还处于试验阶段，未经过充分验证和实践，不宜盲目大规模应用。

2.材料回收利用的具体措施

（1）对钢筋采用优化下料技术，提高钢筋利用率。如图 3-15 所示，施工现场应设置钢筋废料池回收钢筋余料和废料；回收的钢筋余料可用于制作钢筋拉钩、剪力墙梯子筋、柱筋定位框、马镫钢筋、试块笼、预埋件、雨水箅子以及安全围栏等，如图 3-16～图 3-19 所示。

图 3-15　钢筋废料、余料回收

图 3-16　剪力墙梯子筋

图 3-17　柱筋定位框

图 3-18　马镫钢筋

图 3-19　雨水箅子

（2）对模板的使用应进行优化拼接，减少裁剪量。废旧模板回收后可用于制作临时楼梯踏板、灭烟台、后浇带盖板、洞口盖板、绿化小栅栏、移动花篮等，如图 3-20～图 3-25 所示。

图 3-20　临时楼梯踏板

图 3-21　灭烟台

图 3-22　后浇带盖板

图 3-23　洞口盖板

图 3-24　绿化小栅栏

图 3-25　移动花篮

（3）短木方可采用对接工艺，接长后再利用，提高木方利用率，如图 3-26 所示。

（4）混凝土余料、落地灰及时收集回收再利用；混凝土余料可用于浇筑临时道路、修补破损路面,制作盖沟板、小过梁、混凝土砖等小型预制构件,如图 3-27 所示。

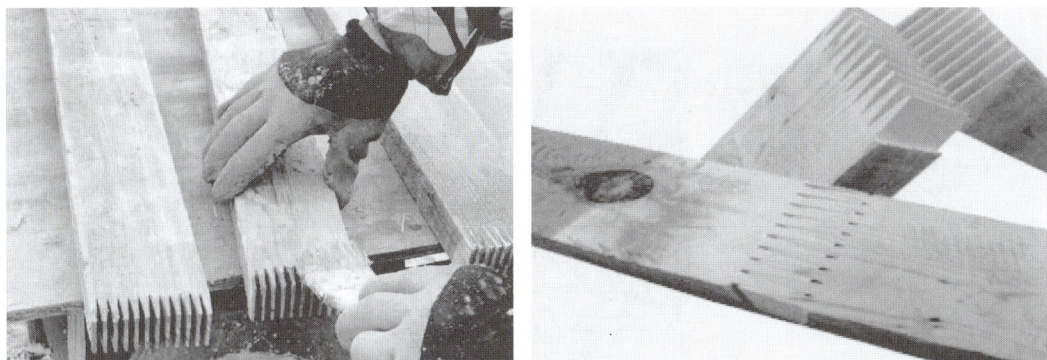

图 3-26　短木方接长使用

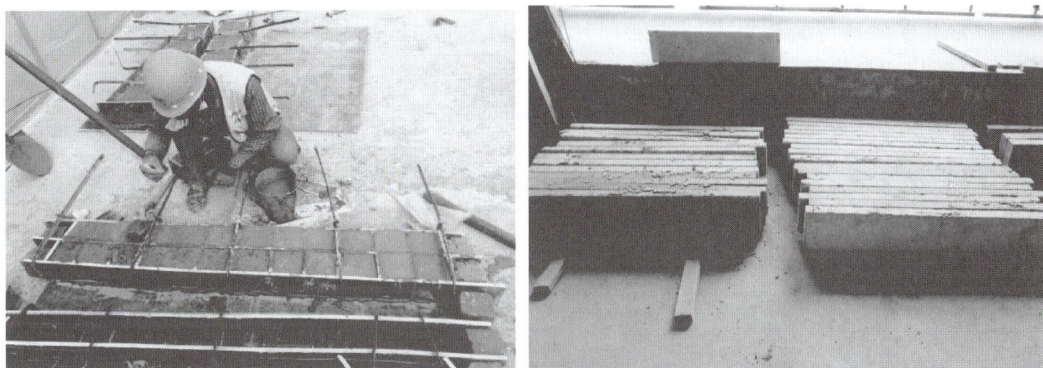

图 3-27　混凝土余料再利用

(5) 剔凿产生的砖石和混凝土碎块、打桩截下的钢筋混凝土桩头、砌块碎块、散落的砂石、砂浆和混凝土等建筑垃圾经破碎、筛分(图 3-28)等处理工艺,制成不同粒径和级配的再生粗、细骨料,达到设计要求可用于地面垫层回填材料,或采用制砖机制作再生砖(图 3-29),多用于办公区、生活区地面和路面铺装等。

图 3-28　移动式破碎机

图 3-29　制砖机制作再生砖

（6）机电安装工程余料应回收利用，图 3-30 所示的给排水管道余料、废旧管件可用于制作花架等绿化小设施，电气穿线导管余料可用于混凝土结构拉结筋保护等。

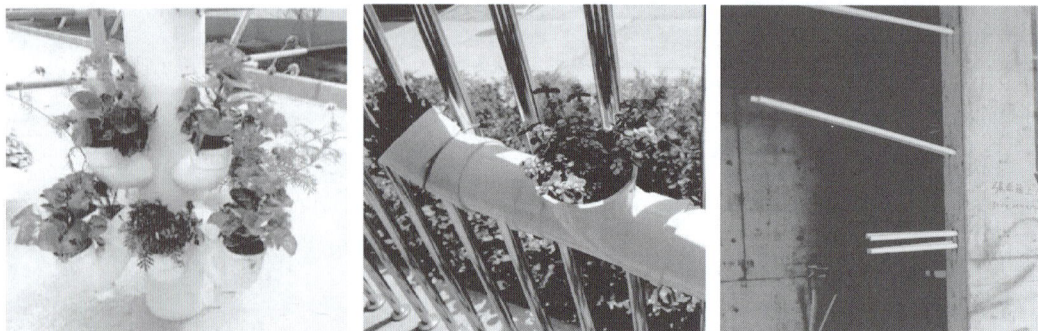

图 3-30　水电管道余料再利用

（7）工程材料包装物集中回收处理（图 3-31），回收率应达到 100％；可重复利用的包装物，集中到指定位置，方便下次使用。

（8）现场办公用纸应分类摆放，纸张应两面使用，废纸应回收（图 3-32）。

图 3-31　工程材料包装物回收利用　　　　图 3-32　办公用纸回收利用

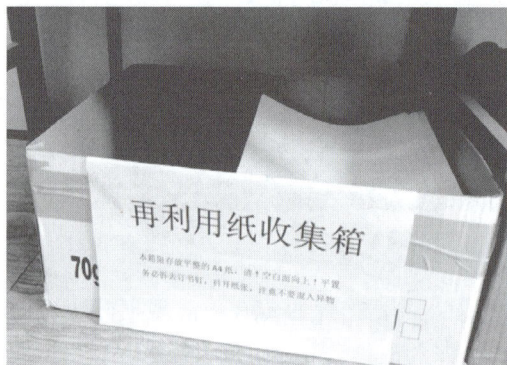

【思考】除上述措施外，你还知道哪些节材和材料资源利用措施？

3.2　节水与水资源利用

我国水资源总量居世界前列，但人均占有量偏低，且水资源空间分布不均匀。建设工程项目施工过程需要消耗大量的水，为节约用水和保护水资源，施工现场临时用水系统应提前规划、合理布置。根据当地气候特征和自然资源条件，结合现场实际情况，优先选用非传统水源作为施工、生活非饮用水和消防水源。根据各个施工阶段的用水需求，明确用水指标，针对生产用水、生活用水和消防用水分别采取不同的节水策略，做好用水监测与计量，加强管网巡查与维护，提高用水效率，减少用水损耗，节约水资源。

【思考】什么是非传统水源？施工现场有哪些可以利用的非传统水源？

3.2.1 节水措施

1.施工现场临时用水管理

（1）依据相关部门提供的市政给排水条件及本地气候条件、地形地貌等统筹考虑各种水资源状况，结合现场用水需求设计临时用水系统，选择合理的管网形式和敷设方式，绘制施工现场用水布置图。

（2）施工单位应通过设计深化、施工方案优化等手段进行节水策划，鼓励技术创新与应用。采用先进的节水施工工艺，保护场地内及周围的地下水与自然水体，减少施工活动对其水质、水量的负面影响。

（3）针对工程特点，制订科学合理的节水控制目标，并应按阶段和区域进行目标分解。

（4）单位工程单位建筑面积的用水量宜比定额节约10％以上。

（5）在签订不同标段分包或劳务合同时，应将节水定额指标纳入合同条款，对分包单位进行计量考核。

（6）施工现场用水应分区计量，建立台账，数据要求真实完整、便于查找，数据链符合逻辑、具有可追溯性。如图3-33所示，施工现场应派专人负责定期抄表记录各分区用水量，宜采用图3-34所示的智能远传水表，通过电子模块完成信号采集、数据处理和存储，并将数据通过通信线路实时上传管理系统。

图3-33 人工抄表记录用水量

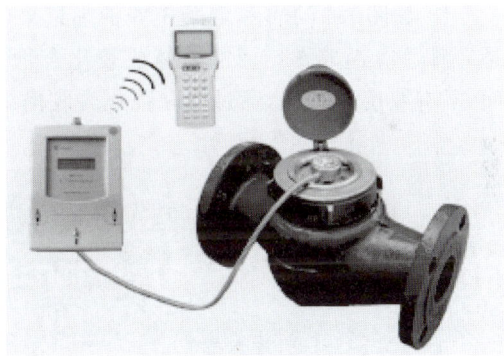

图3-34 智能远传水表

（7）应分阶段、分区域对用水消耗量的目标值及实际值定期进行对比分析，形成报告，并据此优化节水措施，持续改进。

（8）选用绿色环保管材、节能型供水设备和节水型卫生器具。

（9）加强对临时用水管网及用水器具的日常巡查、维护保养，避免"跑、冒、滴、漏"和长流水现象。

（10）加强节约用水和水资源保护宣传，增强现场各类人员的节水意识，避免不必要的水资源浪费。

2.施工用水的节约

（1）自动加压供水系统应用。如图3-35所示，自动加压供水系统供水时自动加压，关水时自动关机与缺相保护，可以抑制频繁启动电路、防空抽。水箱满水时自动关闭进水阀门,水箱缺水时自动开启进水阀门,保证水箱水位处于正常状态,可实现全天供水,使用方便、成本较低,用水节约。

图 3-35　临时供水自动加压供水设备

（2）混凝土养护节水技术应用。混凝土成形后,宜采用覆盖包裹、专用节水保湿养护膜、养护液、自动喷淋养护等节水工艺。

① 如图 3-36 所示,覆盖包裹养护是指使用塑料薄膜、薄膜加麻袋、薄膜加草帘等材料紧贴成型混凝土裸露表面,搭接覆盖包裹完好,保持塑料薄膜内凝结水,达到养护节水的目的。

② 如图 3-37 所示,混凝土养护剂是采用现代高科技技术制造的一种新型高分子制剂,是一种适应性非常广泛的液体成膜化合物;养护剂无毒不燃,短时间内可附着在混凝土表面,具有双层膜特性,通过交联强化凝胶网络空间结构、提升保水保湿功能。

图 3-36　覆盖包裹养护　　　　　　　图 3-37　混凝土养护剂养护

③ 如图 3-38 所示,专用节水保湿养护膜是以新型可控高分子材料为核心、塑料薄膜为载体、黏附复合而成;高分子材料可吸收自身质量 200 倍的水分,吸水膨胀后变成透明的晶状体,把液体水变为固态水,然后通过毛细管作用,源源不断地向养护面渗透,同时又不断吸收养护体在混凝土水化热过程中的蒸发水;养护薄膜能保证养护体相对湿度满足要求,有效抑制微裂缝,提高混凝土的早期强度,缩短养护周期,保证工程质量,有效降低用水量。

④ 如图 3-39 所示,自动喷淋养护是根据混凝土表面实时温度和相对湿度控制喷雾装置对混凝土墙面进行喷雾养护,自动化程度较高、安装简便、节水效果显著。

图 3-38　专用节水保湿养护膜养护

图 3-39　自动喷淋养护

（3）砌体喷淋湿润技术应用。如图 3-40 所示,在砌体加工区及砌体堆放场地设置自动喷淋系统对砌体进行自动喷水湿润,适用于施工现场大面积使用砌体材料且施工周期短的工程部位,比传统的人工浇水喷洒覆盖面更大,质量更容易保证,能有效节约施工用水。在喷淋场地坡度较低处设置沉淀池,喷淋后的水收集后可再利用。

图 3-40　砌体自动喷淋系统

（4）现场保洁、冲洗车辆、绿化浇灌节水工艺。优先选用非传统水源进行冲洗和浇灌作业。冲洗作业宜采用高压冲洗设备,并设立循环用水装置,图 3-41 所示为某施工现场使用的一种电动三轮高压水扫车,可进行扫地、洗地、高压冲洗等作业,使用方便灵活。

图 3-41　施工现场电动三轮高压水扫车

（5）喷雾降尘节水工艺。施工现场设置的自动喷雾降尘系统宜采用电磁阀和时间控制器进行自动控制、远程遥控，根据现场施工产生的粉尘浓度、天气状况自动启闭，节约用水。

3. 生活及消防用水的节约

（1）生活用水节约。施工现场办公区、生活区的生活用水应采用节水系统和节水器具，节水器具配置率应达到100％。例如，饮水间设置节能型直饮水设备，洗手池、洗涤池等卫生器具采用节水型感应水龙头，卫生间大便器采用节水型冲洗水箱，淋浴间采用踏板式开关淋浴器，洗衣机可采用投币或扫码支付自助共享模式，如图3-42～图3-45所示。

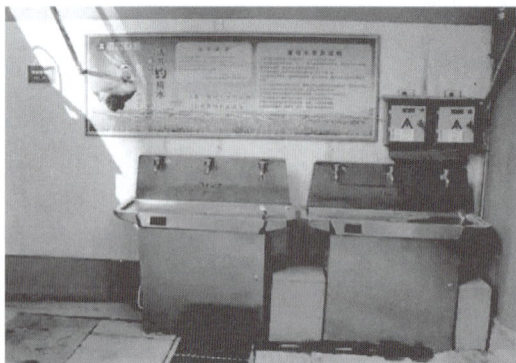

图 3-42　节能型直饮水设备

图 3-43　节水型冲洗水箱

图 3-44　踏板式开关淋浴器

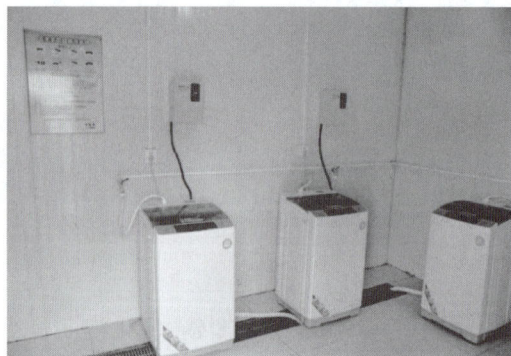

图 3-45　自助共享式洗衣机

（2）消防用水节约。施工现场消防用水和消防设施的设置应满足《建设工程施工现场消防安全技术规范》（GB 50720—2011）的规定。在办公区、生活区和施工区按区域大小及消防用水量需求合理设置消防设施，且有充足的水源保证消防用水。定期检查消防管路和设施，确保其应急功能。

3.2.2　水资源保护利用

1. 水资源保护

施工现场水资源保护应包括下列内容。

（1）宜采用基坑封闭降水施工技术。

（2）应采取地下水资源保护措施，控制降水范围与深度。

（3）宜采用无污染地下水回灌。

（4）基坑抽水采用动态管理技术，减少地下水开采量。

（5）不得向水体倾倒有毒有害物品及垃圾。

（6）制订水上和水下机械作业方案，并采取安全和防污染措施。

（7）在非传统水源和现场循环再利用水的使用过程中，应制订有效的水质检测与卫生保障措施，避免对人体健康、工程质量以及周围环境产生不良影响。

2. 水资源利用

（1）施工现场应根据当地气候特征和自然资源条件，结合工程项目实际情况，优先选用非传统水源作为施工、生活非饮用水水源。非传统水源管道与市政供水管道严格区分并明确标识，防止误接、误用。

（2）施工现场应建立水资源收集与综合利用系统，对现场生产和生活污废水、雨水、基坑降水以及其他可再利用水资源进行回收利用。

（3）非传统水源经过收集、处理并经检验检测合格后，可用于场地或道路喷淋降尘、绿化浇灌、冲洗厕所、混凝土养护以及现场机具、设备、车辆冲洗等。

（4）应建立非传统水资源利用台账，对非传统水资源利用情况进行全面、真实地统计，标明用途；对利用效果应加以对比分析，形成报告，并据此优化非传统水资源利用措施，持续改进。

（5）优先选用节水新技术、新工艺和新设备，提高非传统水资源利用率。

（6）雨量充沛地区的施工现场应建立雨水回收利用系统，图 3-46 所示为某施工现场雨水回收利用池。

（7）有条件的项目应使用中水，图 3-47 所示为某项目中水回用设备。

图 3-46　雨水回收利用池

图 3-47　中水回用设备

【思考】你听说过"海绵城市"吗？如何将海绵城市技术应用于施工现场，打造"海绵工地"？

3.3　节能与能源利用

施工现场照明以及施工机械设备正常作业需要消耗大量的电力、燃油等能源资源，为节约能源并提高能源利用效率，施工现场应建立节能与能源利用管理制度，对施工区、办公区和生活区用能进行分区计量和管理。根据节能控制目标,明确各分区能耗指标,合理布置临时用电线路,优先选用节能、高效、环保的施工设备、机具及照明器具,建立主要耗能设备管理台账,实时监测统计现场能耗。通过能耗数据的对比分析,找出目标偏差原因,优化调整节能措施,持续改进。除此之外,施工现场还应充分利用当地气候和自然资源条件,合理设置太阳能、地热能、风能等可再生能源利用系统,减少对传统能源的依赖,降低能源成本,缓解对环境的负面影响。

【思考】施工现场主要耗能设备有哪些?消耗的能源类型是什么?

3.3.1 节能措施

1. 节能管理一般规定

(1)施工单位应合理制订施工能耗指标,明确节能措施。签订分包或劳务合同时,应将能耗指标纳入合同管理。

(2)生产、生活、办公区域及主要机械设备用能宜分别进行计量,建立台账,定期抄表计量(图 3-48)、对比分析,并据此优化节能措施,持续改进。

(3)合理布置施工总平面图,避免现场二次搬运;合理安排施工工序和施工进度,共享施工机具资源,减少垂直运输设备能耗,避免集中使用大功率设备;减少夜间作业、冬期施工和雨期施工时间。

(4)临时设施应充分利用场地自然条件,合理采用自然采光和通风,生活和办公场所宜采用可周转的集成式箱式房。

(5)建筑材料及设备的选用应根据就近原则,500km 以内生产的建筑材料及设备质量占比大于 70%。

(6)加强施工现场节能与能源利用宣传(图 3-49)与培训,增强现场人员节能意识。

图 3-48 定期抄表计量

图 3-49 节能宣传标牌

2. 施工机械设备与机具的节能

(1)优先选用国家、行业推广使用的节能、高效、环保的施工机械设备与机具,禁止使用国家明令淘汰的施工机械设备与机具。

(2)选择功率与负荷相匹配的施工机械设备,施工机械设备不宜低负荷运行,不宜采用自备电源。

（3）合理安排工序，提高施工机械设备的使用率和满载率，降低单位能耗。

（4）建立施工机械设备技术档案和管理制度，定期进行用电、用油计量，及时做好施工机械设备的维护、保养，使其保持低耗、高效的良好工作状态。

（5）加强施工设备的进场、安装、使用、维护保养、拆除及退场管理，减少过程中的设备损耗。

（6）监控重点能耗设备的耗能，对多台同类设备实施群控管理。塔式起重机、施工升降机等重点能耗设备采用变频控制（图3-50、图3-51），并单独进行用电计量考核。

| 图 3-50 塔式起重机变频控制柜 | 图 3-51 施工升降机变频控制一体机 |

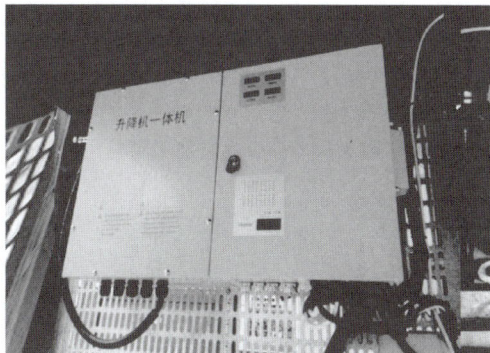

3. 施工用电及照明的节能

（1）施工现场应根据临时用电施工组织设计合理布置临时用电线路和用电设备，宜选用节能型线缆和设备。工作面照度宜按最低照度设计。

（2）单位工程单位建筑面积的用电量宜比定额节约10%以上。

（3）施工现场宜错峰用电，避开用电高峰，平衡用电。

（4）无直接采光的施工通道和施工区域照明宜采用声控、光控、延时或红外感应等控制方式，如图3-52、图3-53所示。

| 图 3-52 声光控开关 | 图 3-53 红外感应开关 |

（5）施工现场照明应选用节能灯具，如高效泛光灯照明、LED灯带照明、节能灯管与限流装置等。施工现场不同区域节能灯具设置如图3-54～图3-59所示。

（6）作业过程中加强对临时用电线路及电气设备的检查、维护，及时消除系统存在的各种隐患,防止超负荷运行,避免线路和设备故障。

图 3-54　办公室节能吸顶灯

图 3-55　塔吊投光灯

图 3-56　地下室节能灯

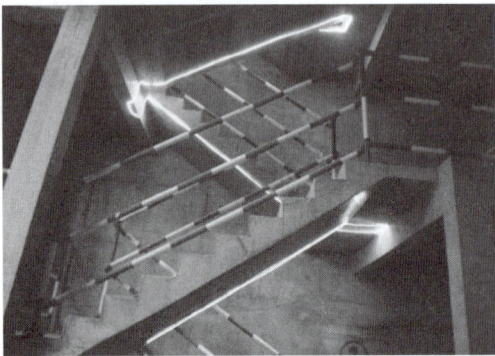

图 3-57　楼梯 LED 灯带

图 3-58　脚手架施工 LED 灯带

图 3-59　塔吊 LED 警示灯带

3.3.2　可再生能源利用

施工现场应因地制宜,根据当地气候和自然资源条件,积极推广利用太阳能、空气能、地热能等可再生能源。

1. 太阳能利用

太阳能是指太阳以电磁波的形式向宇宙空间发射的能量,太阳能是地球上最主要的能量来源。太阳能的主要利用方式有光-热转换利用、光-电转换利用、光-化学转换利用和光-生物质转换利用,太阳能在建筑领域中的利用,主要为前两种。

1)太阳能光-热转换利用

太阳能光-热转换技术是将太阳辐射能直接或间接转化为热能加以利用的技术。光-热转换是太阳能利用的基本方式,可广泛应用于建筑采暖、热水供应和温室等。

(1)太阳能热水系统。如图3-60所示,太阳能热水系统主要由集热器、储热水箱、冷热水循环管道、自动控制系统及相关附件等组成,必要时需要增加辅助热源。

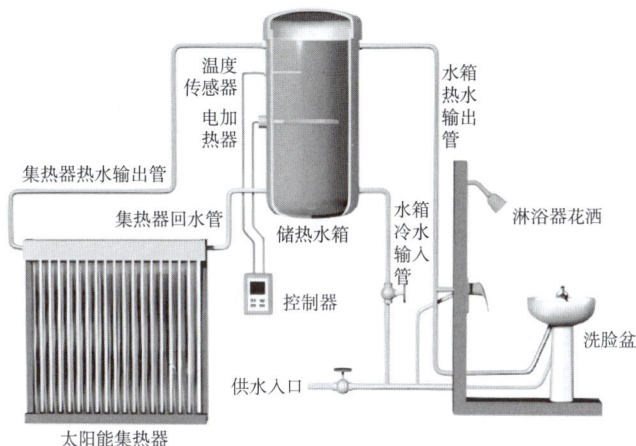

图3-60 太阳能热水系统

太阳能集热器的常见形式有真空管式和平板式,如图3-61、图3-62所示。

图3-61 真空管式太阳能集热器

图3-62 平板式太阳能集热器

① 真空管式太阳能集热器主要由真空管、联箱和支架等部分组成。全玻璃真空管由外玻璃管、内玻璃管、选择性吸收涂层、弹簧支架、消气剂等组成,形状如一只细长的暖水瓶

《建筑节能与可再生能源利用通用规范》(GB 55015—2021)

胆,其一端开口,将内玻璃管和外玻璃管的管口进行环状熔封,另一端分别封闭成半球形圆头,内玻璃管用弹簧支架支撑于外玻璃管上,内玻璃管的外表面涂有选择性吸收涂层,内外玻璃管之间的夹层抽成高真空。内玻璃管中的水吸收太阳辐射热后温度升高,进入联箱后通过循环管路送至储热水箱待用。

② 平板式太阳能集热器为金属管板式结构,主要由保温外壳、透明盖板和吸热体组成。太阳辐射穿过透明盖板照射到表面涂有吸收层的吸热体上,被吸热体吸收并转化成热能,并传递给内部流体通道中的水,水被加热后温度升高,从集热器的上端出口流出,进入储热水箱中待用。

施工现场可以根据实际需求选择不同类型的太阳能热水系统。图 3-63 所示为某项目真空管式太阳能热水系统。需要注意的是,置于室外的太阳能集热器及其管路系统在寒冷季节需要采取有效的防冻措施。

图 3-63   某项目真空管式太阳能热水系统

(2)太阳能光热发电系统。太阳能光热发电也称聚焦型太阳能光热发电,是通过聚集太阳辐射的方式来获得热能,并将热能转化成高温蒸汽驱动蒸汽轮机来发电的一种太阳能利用形式。目前的太阳能光热发电系统按照太阳能采集方式可划分为槽式太阳能光热发电系统、碟式太阳能光热发电系统、塔式太阳能光热发电系统等几种类型。

① 如图 3-64 所示,槽式太阳能光热发电系统全称为槽式抛物面反射镜太阳能光热发电系统,它将多个槽形抛物面聚光集热器进行串并联排列,聚焦太阳直射光,加热载热工质,再通过换热设备加热水来产生高温高压的蒸汽,然后利用蒸汽驱动蒸汽轮机发电。该类系统采用线聚焦方式,利用抛物面形反射镜将光线汇聚到管状集热器上,加热集热管内循环流动的导热工质(通常为水、油或熔盐)。系统内集成的光线追踪器可以探测太阳的方向,从而使反射镜和集热管在光线追踪系统的控制下,实时转动跟踪太阳东升西落,以实现最大的太阳光接收率。

② 如图 3-65 所示,碟式太阳能光热发电系统主要由碟式聚光镜、接收器、斯特林发电机组等部分组成。碟式太阳能光热发电系统可以独立运行,也可由多台系统并联组成碟式太阳能光热发电场。每台碟式太阳能光热发电系统都有一个旋转抛物面反射镜用来汇聚太阳光,该反射镜外形为圆形,像碟子一样,故称为碟式反射镜。由于反射镜面积较大,一般由多块镜片拼接而成。

图 3-64　槽式太阳能光热发电系统

图 3-65　碟式太阳能光热发电系统

③ 如图 3-66、图 3-67 所示,塔式太阳能光热发电系统主要由定日镜、高塔、接收器、储热装置、蒸汽发生器以及汽轮发电机组等部分组成。定日镜分布在高塔的周围,一般由多块平面反射镜和跟踪机构组成。通过高精度智能定日镜阵列,实时跟踪太阳的运动,将太阳光反射聚集到塔顶的接收器上,加热塔内的工质(如熔盐),高温工质与水进行热交换,可以产生高温高压的蒸汽,驱动汽轮发电机组发电。

图 3-66　定日镜

图 3-67　塔式太阳能光热发电系统

【思考】你听说过太阳能空调吗?试阐述太阳能空调的运行原理。

2) 太阳能光-电转换利用

太阳辐射的光子带有能量,当光子照射半导体材料时,光能便转换为电能,这种现象称为光生伏特效应,简称光伏效应。太阳能光伏发电是利用光伏效应的原理将照射到太阳能电池上的太阳光转换为电能,发出的直流电采用蓄电池组储存,使用时经逆变器转化为交流电送至用户或电网。

如图 3-68 所示,太阳能光伏发电系统一般由太阳能电池板、充放电控制器、蓄电池、逆变器等部分组成。太阳能电池是光伏发电的核心部件,目前应用较广的太阳能电池有单晶硅、多晶硅、非晶硅电池等类型。将太阳能电池单体进行串联、并联,并进行封装保护,可以形成太阳能电池组件。太阳能电池组件再经过串联、并联,并装在支架上,就构成了太阳能电池方阵。

太阳能光伏发电没有中间转换过程,发电形式极为简洁,发电过程不消耗资源,不排放温室气体、废气和废水,对环境友好;没有机械旋转部件,不存在机械磨损,无噪声;发电装置既能在干旱的荒漠地带安装,也可安装在城市建(构)筑物的屋顶和墙面,不单独占用土地资源;发电装置采用模块化结构,规模可大可小,运行维护和管理简单,可实现无人值守,维护运营成本低。特别是太阳能资源取之不尽、用之不竭,太阳能电池制造所需的硅资源丰富,因此太阳能光伏发电前景广阔。

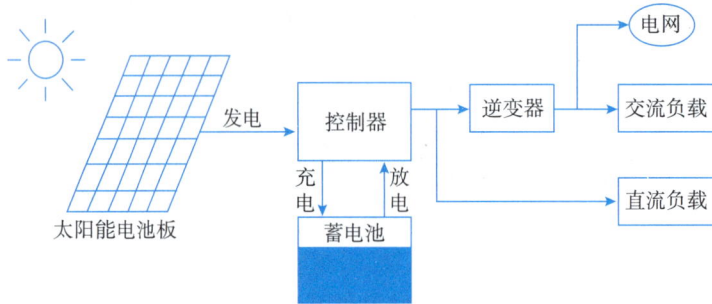

图 3-68　太阳能光伏发电系统

【思考】你知道建筑光伏应用中的"BAPV""BIPV"分别指的是什么吗?请举例说明。

建筑施工现场应因地制宜,结合项目实际情况,充分利用太阳能。现场道路照明一般采用图 3-69 所示的太阳能路灯,现场生活、办公以及施工区域的工作照明和装饰照明都可以利用太阳能,图 3-70 所示为某施工现场设置的太阳能草坪灯。施工现场还可以集中安装图 3-71 所示的太阳能光伏发电系统,为现场小型施工机械设备、电动工具、照明灯具等提供电力,减少对传统电网的依赖。

图 3-69　太阳能路灯

图 3-70　太阳能草坪灯

图 3-71　某施工现场太阳能光伏发电系统

【思考】你听说过太阳能光导照明技术吗？

2. 空气能利用

1）热泵技术

在自然界中，水总是由高处流向低处，热量也总是从高温物体传向低温物体。但随着水泵和热泵技术的出现，在一定程度上打破了自然界中物质和能量自发流动的规律，可以将低处的水抽到高处、把低温物体的热量传递给高温物体，从而实现更高效、更合理的资源利用，为人类的生产和生活带来极大的便利。

热泵实质上是一种热量提升装置，它本身消耗少量电能，却能从环境介质（如空气、水、土层等）中提取 4 倍以上的热能，节能效果非常显著。常见的热泵有空气源热泵和地源热泵。空气源热泵在寒冷季节可以从室外低温空气中吸收热量，向室内供热；地源热泵则利用地下相对稳定的温度，在炎热季节把室内的热量传递到地下，在寒冷季节把地下的热量提取到室内。

2）空气源热泵

空气源热泵的基本工作原理如图 3-72 所示，通过消耗少量电能驱动压缩机和风机，以制冷工质为载体，吸收空气中无法被利用的低品位热能，再将热能输送至用户末端。

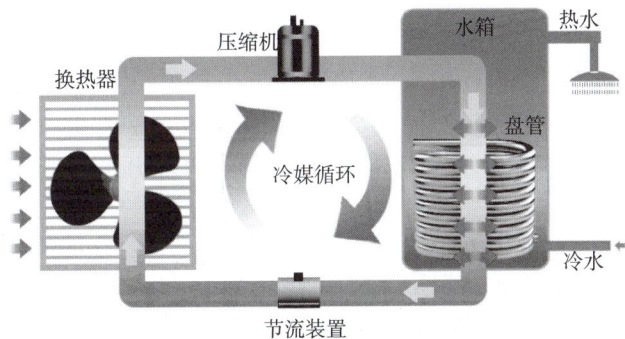

图 3-72　空气源热泵的基本工作原理

施工现场可以在办公区和生活区安装空气源热泵系统，提供生活热水，也可用于冬季供暖、夏季制冷，改善现场人员的办公和生活环境。图 3-73 所示为某施工现场安装的空气源热泵热水机。

图 3-73　空气源热泵热水机

3. 地热能利用

地热能是地球内部蕴藏的热能,包括地球内部的熔岩、地热流体和地热岩石等所蕴含的热能。地热能开发利用过程中不产生温室气体和其他污染物,是清洁低碳的可再生能源,可应用于发电、供暖、制冷、烘干等多个领域。地热资源分布广泛、储量丰富、发展潜力大,在能源结构调整中发挥着重要作用。

1) 地热能类型

根据地热能赋存埋深和温度,地热能可分为浅层地热能、水热型地热能和干热岩3种类型。浅层地热能是从恒温带至地下200m深度范围内,储存于水体、土体、岩石中可采用热泵技术提取利用的地热能,浅层地热资源具有分布广泛、温度稳定、开发利用相对简单和成本较低;水热型地热能是指蕴藏在地下水中,可通过天然通道或人工钻井进行开采利用的地热能;干热岩是指埋藏深度大于3000m,温度大于200℃,内部不存在流体或存在少量流体的有较大经济开发价值的热储岩体。

2) 地热能发电

地热能的主要利用方式有地热发电和直接利用两大类。浅层地热能和中低温水热型地热资源以直接利用为主,高温水热型地热资源和干热岩主要用于发电。

地热发电是高温地热能利用的重要方式,地热发电原理类似于火力发电,都是利用蒸汽的热能在汽轮机中转变为机械能,然后带动发电机发电。不同的是,地热发电不需要锅炉,也不需要消耗化石燃料,对环境友好。与风力发电和光伏发电相比,地热能发电不仅零排放、无污染,而且稳定性好,能够提供不间断的电力供应,年运行时长和年利用率高。

我国地热资源比较丰富,但目前地热发电装机容量规模相对较小,"十四五"可再生能源发展规划中明确指出要积极推进地热能规模化开发,有序推动地热能发电发展。在西藏、青海、四川等地区推动高温地热能发电发展,支持干热岩与增强型地热能发电等先进技术示范。在东中部等中低温地热资源富集地区,因地制宜推进中低温地热能发电。支持地热能发电与其他可再生能源一体化发展。

3) 地热能直接利用

地热能的直接利用方式简单、经济性好,可用于供暖供冷和直接提供热水等。浅层地热能的开发利用可以采用热泵技术,在满足土壤热平衡情况下,应积极采用地埋管地源热泵供暖供冷;在确保100%回灌的前提下,应积极稳妥推广地下水源热泵供暖供冷;对地表水资源丰富的区域,应积极发展地表水源热泵供暖供冷。

施工现场可采用地源热泵系统为生活区、办公区和施工作业区供热供冷、提供热水。如图3-74所示,地源热泵系统主要由能量提升系统、能量采集系统和能量释放系统三大部分组成。能量提升系统即热泵机组,是地源热泵系统的核心设备,一般采用压缩式热泵;能量采集系统是室外地热能换热系统,如地埋管系统,主要由水平或垂直地埋管换热器、循环水泵、定压补水装置和循环管路等组成;能量释放系统即室内末端循环系统。

【思考】施工现场可以利用的可再生能源还有哪些?请举例说明。

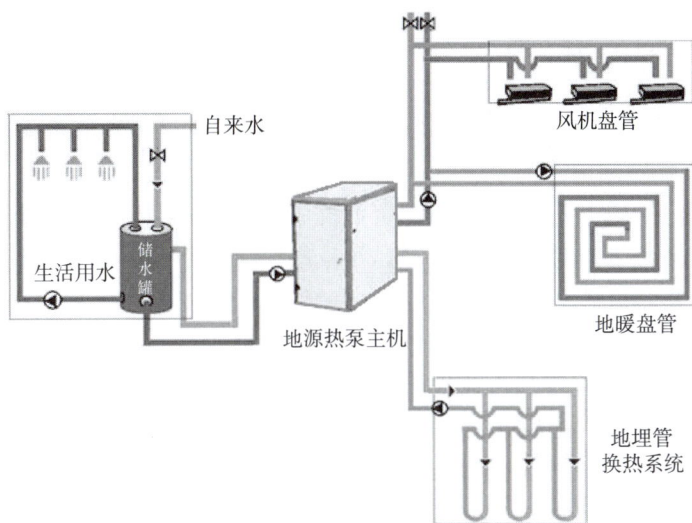

图 3-74　地源热泵系统

3.4　节地与土地资源保护

　　土地是人类生存的基本空间,是工业和城市发展的基础资源。随着人口增长和经济发展,土地资源的供需矛盾日益凸显。为节约用地和保护土地资源,建设工程项目应根据地域特征,结合工程实际情况,合理规划施工现场平面布局,运用 BIM 技术对地基与基础工程施工、主体结构工程施工、装饰装修工程施工 3 个阶段进行场地规划和动态优化。在既定的施工区域内,提高临时设施占地面积有效利用率,充分利用场地内原有建(构)筑物、道路及管线等为施工服务,采取永临结合,材料与构件工厂预制、集中配送,施工现场多绿化、少硬化等节地与土地资源保护措施。施工完成后及时进行地貌复原和植被恢复,减少或避免施工活动对生态环境的影响,维持生态系统稳定。

　　【思考】节地与土地资源保护的管控要点是什么?

3.4.1　节地措施

1.科学规划施工场地

　　(1)施工用地应有审批手续,红线外临时用地需办理相关手续。

　　(2)利用 BIM 技术等进行施工场地的三维规划,精确布局各个功能区域,最大程度提高土地利用率。

　　(3)施工现场平面布置紧凑、合理,在满足职业健康安全、环境保护及文明施工等要求的前提下尽可能减少废弃地和死角,避免重复占地,充分利用原有建筑物、构筑物、道路及管线等为施工服务。

　　(4)结合施工进度计划,合理安排各阶段的场地使用,避免场地闲置浪费,如在基础施工阶段,提前规划好主体施工阶段的材料堆放和加工区域等。

(5) 施工现场人、车、料分离,办公区、生活区与生产区分开布置,并设置标准的分隔设施。

(6) 优化施工道路布置,尽量减少道路占地面积。可采用环形道路或共用道路,提高道路的使用效率。

(7) 受设计变更、施工方法调整、施工资源配置变化、施工环境改变、施工进度调整等因素的影响,施工现场布置应实施动态管理,尽量减少和避免临时设施拆迁和场地搬迁。

2. 合理布置临时设施

(1) 根据施工规模及现场条件等因素合理确定临时设施,如临时加工厂、现场作业棚及材料堆场、办公生活设施等的占地指标;临时设施的占地面积应按用地指标所需的最低面积设计,且占地面积有效利用率大于90%。

(2) 材料堆场、加工区、半成品堆放区靠近作业区布置,减少二次搬运;现场材料分区分类有序堆放,既能保证文明施工,又可减少场地占用,节约用地。

(3) 临时办公和生活用房应采用经济、美观、占地面积小、对周边地貌环境影响较小,且适合于施工平面布置动态调整的多层装配式活动板房或集装箱式活动房(图 3-75),便于拆装、移动和重复使用,提高土地的垂直利用效率,减少土地占用。

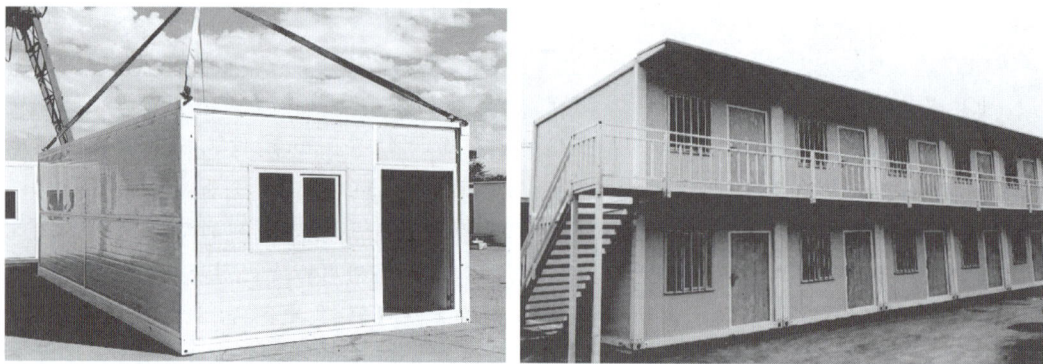

图 3-75　集装箱式活动房

(4) 施工现场搅拌站、仓库、加工厂、作业棚、材料堆场等宜靠近已有交通线路或即将修建的正式或临时交通线路,缩短运输距离,便于装卸作业。

(5) 施工现场临时设施采取可移动化节地措施。如质量展示样板、钢筋地笼、材料堆放架、废料池、门卫室、茶水间、集水箱、箱式板房等设施都具有可吊装性,可在短时间内组装和拆卸,可整体移动或拆卸再组装,减少长期占地时间,场内可周转移动。如图 3-76 所示,移动式非实体样板一般由方钢、钢板、滑轮等构件组成,能够起到灵活移动的作用,可以随着工程施工进展及现场平面部署灵活安放,从而减少资源浪费,节省占地面积。

3. 充分利用既有空间和设施

(1) 对于施工场地狭小、材料堆场和材料加工制作场地布置困难的项目,可以考虑采用以下措施。

① 采用工厂化预制加工和集中配送方式,既能保证材料质量、提高材料利用率、加快

图 3-76 移动式非实体样板

施工进度,又可以减少施工现场各类加工制作场地面积,节约施工用地。

② 将地下室底板或进行加固后的顶板作为周转材料的临时堆放场地;对于项目单层面积较大的,实行分段流水作业,其中一部分结构可作为另一部分结构施工时的周转材料堆放场地。

③ 将材料加工车间或材料堆场设置在主体结构已完工的楼层内或地下室内,减少施工用地占用。如图 3-77 所示,某项目使用了已完成某楼层内部空间作为钢材加工堆放场地和小型构件加工车间。

图 3-77 某项目楼层内材料加工车间及堆场

(2) 根据项目实际情况,采用永临结合技术。例如,临时施工道路可与原有道路及永久性道路兼顾考虑,充分利用拟建道路为施工服务,施工道路宜形成环路,减少道路占用土地,满足各种车辆、施工机械进出场和消防安全要求,方便场内运输。图 3-78、图 3-79 所示为某施工现场利用原拆迁村庄的道路与拟建项目的永久性道路路基作为临时施工道路。

4. 减少土方和施工废弃物占地

(1) 精确计算土方挖填量,做到挖填平衡,减少土方外运和外购,降低土地占用。合理规划土方堆放场地,避免随意占地。

(2) 加强施工现场管理,及时清理和分类处理施工废弃物,减少废弃物堆积的占地面积。推广废弃物的回收利用,减少需要堆放的废弃物总量。

图 3-78 某施工现场利用原拆迁村庄的道路

图 3-79 拟建项目的永久性道路路基

3.4.2 土地资源保护

1.控制施工活动范围

（1）施工用地应履行审批手续,明确土地的使用权限和范围,保障土地资源的合法使用和合理利用,红线外临时用地也需办理相关手续。

（2）施工临时设施不宜占用绿地、耕地以及规划红线以外场地。红线外临时占地应尽量使用荒地、废地,少占用农田和耕地;工程完工后,及时对红线外占地恢复原地形、地貌,使施工活动对周边环境的影响降至最低。

（3）通过设置明确的边界和标识,控制施工活动范围,确保现场作业人员和施工机械设备在规定的范围内作业,防止施工活动对周边土地资源的破坏。

2.采取水土保持措施

（1）优化土石方工程施工方案,减少土方开挖和回填量,最大限度地减少对土地的扰动,保护周边自然生态环境。

（2）采取各种措施防止施工现场土层侵蚀和水土流失,如修建排水沟、挡土墙、护坡,防止边坡滑坡、减少雨水对土地的冲刷等。

（3）加强表土的保护和利用,如施工前将场地内部分表层肥沃的土层进行剥离和储存,待施工结束后用于土地的复垦和绿化,有利于植被和土地生态功能的恢复。

3.污染物排放控制

（1）施工现场危险品、化学品存放处采取隔离措施,如图 3-80 所示;污水排放管道不得渗漏;对机用废油、涂料等有害液体进行回收,不得随意排放。

（2）施工产生的固体废物,分类妥善处理,避免随意倾倒垃圾和废料,以免污染土地。对建筑垃圾采用减量化、资源化处理,减少土地填埋压力。

4.场地绿化和植被恢复

（1）施工现场应避让、保护场区及周边的古树名木,充分利用和保护施工用地范围内原有绿色植被。

（2）有条件的施工现场均应进行绿化,对于施工周期较长的现场,可按建筑永久绿化的要求,安排场地新建绿化。某施工现场的场地绿化如图 3-81 所示。

图 3-80 施工现场危险品、化学品存放处

图 3-81 某施工现场的场地绿化

（3）施工结束后要及时进行土地复垦和生态恢复。种植适合当地环境的植物,恢复土地的生态功能。

3.5 人力资源节约与保护

　　人力资源管理是企业和项目管理的重要内容。一方面,合理安排进场人员,避免现场人员冗余,优化人员结构和协作方式,有助于节约人力资源、控制人力成本、提高劳动生产率、推进项目建设进度。另一方面,随着科学发展观的深入贯彻,"以人为本"的发展理念已成为工程建设行业的共识,注重人力资源保护,保障施工人员的职业健康与安全,减少安全事故和劳动纠纷,有助于项目的顺利完成和企业的长期稳定发展,有助于促进建筑行业健康可持续发展。

　　【思考】人力资源节约与保护的管控要点是什么?

3.5.1 人力资源节约

1. 合理规划与调配

（1）建立高效协作的项目管理团队,对现场用工进行合理规划与调配,提高人力资源使用效率,节约人力资源。

(2)根据工程特点制订人力资源节约措施与控制目标,明确各工种作业人员用工量节约率。

(3)工程开工前,根据工程进度计划编制人员进场计划,合理投入施工作业人员。

(4)建立灵活的人力资源调配机制,根据实际施工情况及时调整人员安排,避免人员闲置或过度劳累。

(5)对于一些非关键或临时性工作,可采用劳务外包的方式,降低人力资源成本和管理难度。

2. 优化工作流程

(1)优化绿色施工组织设计、绿色施工方案,合理安排工序;对工作流程进行分析和改进,消除不必要的环节和重复劳动。

(2)加强各部门和工种之间的协调与沟通,避免交叉作业引起工作冲突和延误。

3. 加强监督管理

(1)建立人力资源使用台账,分阶段、分工种对人力资源实际使用情况进行统计,定期与节约控制目标进行对比、分析,根据分析结果进行持续改进,优化人力资源节约措施。

(2)劳务用工采用实名制,严格控制定员、劳动定额、出勤率、加班加点等问题,及时发现和解决实际施工过程中人员安排不合理、派工不恰当、时松时紧、窝工停工等问题。

(3)制订施工人员培训计划,开展技能培训和经验分享活动,提升工人施工技能,提高施工效率。

(4)采用先进的施工技术、引入高效施工机械设备和机具,减轻工人劳动强度,提高施工效率;提高机械化作业水平,减少人力资源投入。

(5)采用数字化管理和人工智能技术节约人力资源、提高人员管理效率。

3.5.2　人力资源保护

1. 职业健康安全管理

(1)项目部建立以项目经理为第一责任人的职业健康安全管理制度,编制并实施职业健康安全管理方案。

(2)建立合理的休息、休假、加班及女职工特殊保护等管理制度;合理安排工作时间和休息时间,减少夜间、雨天、严寒和高温天作业时间。

(3)定期开展职业健康安全教育培训活动,增强作业人员的安全意识和操作技能,增强自我防护意识。

(4)建立卫生急救、保健防疫制度;编制突发事件及多发事故的应急预案,设置应急救援小组,定期组织演练,确保事故发生时能迅速进行应急响应。

(5)利用现代信息技术对施工现场人员进行实名制管理,通过智慧化管理系统实时掌握现场人员的工作状态、位置信息,方便人员动态监督管理。

(6)特种作业人员经培训考试合格,取得特种作业操作资格证方可上岗作业。

(7)对施工机械设备和施工机具进行定期检查和维护,确保其安全性和可靠性;作业前对安全防护设施进行逐项检查和验收,确保其安全防护效果。

（8）建立职业健康档案，定期组织体检，保障施工人员的长期职业健康和安全。

2. 改善作业及生活环境

（1）合理布置施工场地，保护生活区和办公区不受施工活动的有害影响；生活设施远离有毒有害物质。

（2）施工现场设专人负责环境卫生，卫生设施、排水沟及阴暗潮湿地带等应定期进行消毒（图 3-82）。

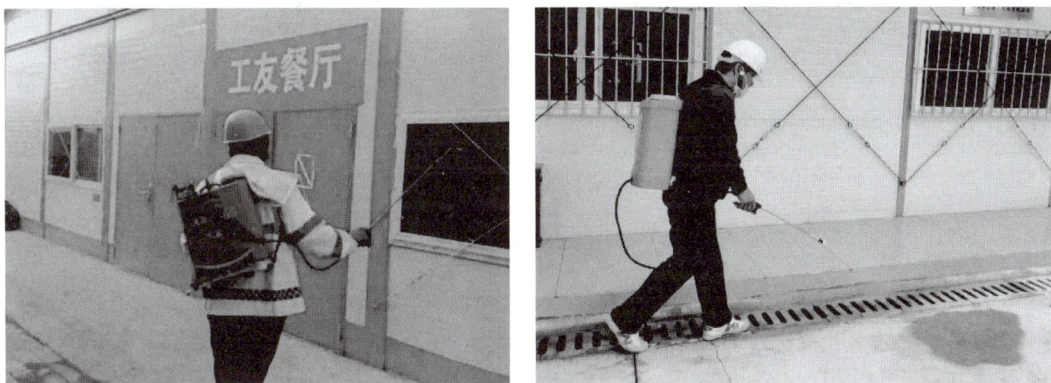

图 3-82　定期消毒

（3）办公区和生活区应设置封闭的生活垃圾箱，生活垃圾应分类投放，收集的垃圾应及时清运。

（4）生活区设置满足施工人员使用的盥洗设施；根据工人数量合理设置临时饮水点（图 3-83），生活饮用水应符合卫生标准，饮用水系统与非饮用水系统之间不得存在直接或间接连接。

（5）食堂应有餐饮服务许可证和卫生许可证，炊事员应持有效健康证明；食堂操作间（图 3-84）应干净整洁，设置独立的制作间、储藏间，配备必要的排风和冷藏设施；应建立食品留样制度并严格执行。

《建筑与市政施工现场安全卫生与职业健康通用规范》（GB 55034—2022）

图 3-83　临时饮水点

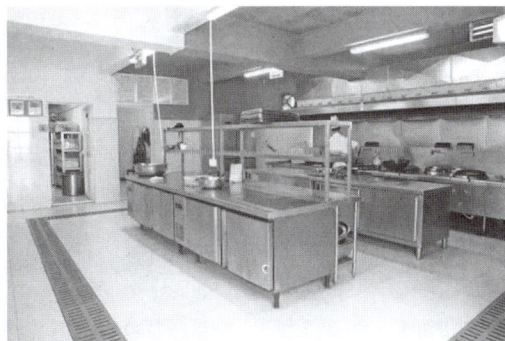

图 3-84　食堂操作间

（6）生活区宿舍（图 3-85）和休息室应根据人数合理确定使用面积，人均使用面积不得小于 2.5m²；室内空间布局合理，设置可开启式外窗，满足通风、采光和安全要求；有采暖和制冷设施、照明设施,还应根据现场情况设置消防逃生疏散辅助设施。

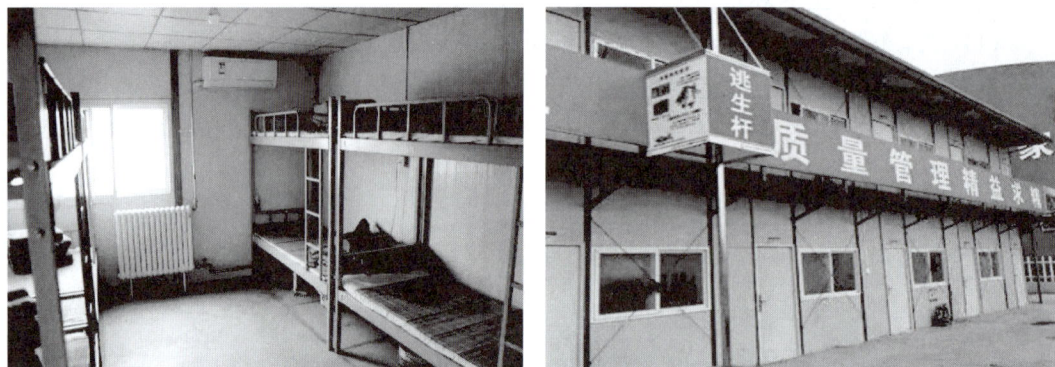

图 3-85　生活区宿舍

（7）施工现场宜设立医务室,配备必需的药品及急救器材。

（8）施工现场应配有防暑防寒设施,并设专人负责。

（9）施工现场应配有应急疏散、逃生标志、应急照明;危险地段、设备、有毒有害物品存放处等设置醒目的安全标志(图 3-86),并配备相应的应急设施。

（a）禁止标志

（b）警告标志

（c）指令标志

（d）提示标志

图 3-86　安全标志

（10）在深井、密闭环境、防水和室内装修施工时，应设置通风设施；临边及洞口作业应设置防护栏杆、安全网等安全防护设施。

3. 配备劳动防护用品

进入施工现场的施工人员和其他人员，必须按照安全生产规章制度和劳动防护用品使用规则，正确佩戴和使用劳动防护用品，以确保施工过程中的安全和健康。部分常见的劳动防护用品如图 3-87 所示。

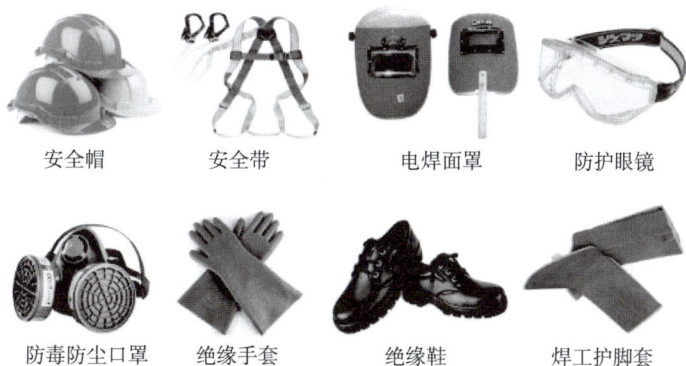

| 安全帽 | 安全带 | 电焊面罩 | 防护眼镜 |

| 防毒防尘口罩 | 绝缘手套 | 绝缘鞋 | 焊工护脚套 |

图 3-87　部分常见的劳动防护用品

不同类型的劳动防护用品有其特定的佩戴和使用规则，只有正确佩戴和使用，才能真正起到防护作用。比如安全帽应根据岗位、专业不同选配，帽壳保持清洁，帽衬、帽箍、系带等配件齐全完好；进入临边、洞口及高处区域，应将安全带挂靠在牢靠的部位，并遵从"高挂低用"的原则等。

【思考】施工现场不同工种应分别配备哪些劳动防护用品？

4. 丰富业余活动

（1）施工现场宜配备文体、娱乐设施，丰富员工的业余生活；设置心理疏导室，关注员工的心理健康，提供心理咨询和支持服务。图 3-88、图 3-89 所示为某项目设置的心理关爱室和室外健身运动设施。

图 3-88　某项目设置的心理关爱室

图 3-89　室外健身运动设施

（2）按照工程项目实际情况，可以在施工现场开设农民工夜校，利用晚上下班后的时间,安排企业管理人员、技术人员为农民工培训工程技术、质量与安全等专业知识以及法律、计算机等相关知识,提升农民工的技能水平,增强其安全意识和法律意识,促进工地用工的规范化,构建和谐的劳动关系,加强人力资源管理。

3.6 环 境 保 护

环境保护是我国的一项基本国策,一切单位和个人都有保护环境的义务。施工现场应遵守环境保护的相关法律法规,健全环境管理体系,建立环境保护制度,践行"绿水青山就是金山银山"的生态文明理念,有效控制施工现场的各类污染源,改善施工现场的作业条件,保障施工现场人员和周边居民的健康与安全,减少对环境的负面影响。

【思考】施工现场的主要污染源有哪些?如何有效控制这些污染源?

3.6.1 扬尘控制

1. 施工扬尘危害

施工扬尘是指房屋建筑施工和建筑物拆除过程中在自然力或人力作用下进入环境空气中形成的粉尘颗粒物。

施工扬尘是城市大气污染的重要来源之一,特别是在一些建筑工地集中、施工活动频繁的区域,大量的扬尘颗粒悬浮在空气中,可能导致局部地区出现雾霾天气,影响城市的能见度和城市居民的生活质量。施工扬尘中的细颗粒物还能够通过人体的呼吸道,深入肺部,引起咳嗽、气喘、呼吸困难等症状,长期暴露在高浓度的施工扬尘环境下,可能会导致慢性支气管炎、肺气肿等呼吸系统疾病。

2. 施工现场扬尘监测

施工现场应按照相关主管部门规定安装如图 3-90 所示的扬尘在线监测系统,并与主管部门监管平台联网。施工现场宜采用智能监测管理模式,实施扬尘监测设备与喷雾系统联动,实现超标预警、自动开启喷雾,达标自动停止等智慧管理措施。扬尘在线监测系统宜支持手机等移动终端实时监控和远程管理,施工现场应根据实时监测监控情况,采取相应的施工扬尘治理措施。

图 3-90　施工现场扬尘在线监测系统

扬尘在线监测系统一般由在线监测单元(可选配视频监控单元、气象传感器等)、数据处理单元和数据应用单元等组成,如图3-91所示。

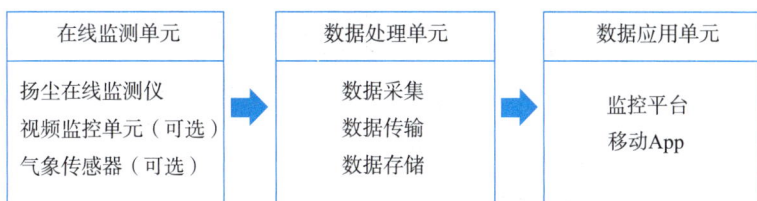

图 3-91 扬尘在线监测系统组成

视频监控单元主要用于对现场环境定时抓拍或监测浓度超限报警抓拍;气象传感器主要用于记录监测点位的风向、风速等气象环境,可用于分析该污染源对周边环境的影响;数据处理单元由数据采集、数据传输和数据存储等组成,采集、存储各种监测数据,并按后台服务器指令定时向后台服务器传输在线监测数据和设备的工作状态;数据应用单元由监控平台和移动 App 等组成,主要用于扬尘等各类监测数据的信息存储,并对监测结果进行判别、检查、存储、统计分析与处理的信息化系统。

扬尘在线监测系统应在开工前完成安装及调试工作,明确专人负责,定期维护保养,确保施工期间系统的各项功能正常。在线监测点设置数量应按照施工场地占地面积确定;监测点位应设置于施工区域围栏安全范围内,可直接监控施工场地主要施工活动;监测点位不宜轻易变动,以保证监测的连续性和数据的可比性。

施工单位扬尘防治管理人员应每天检查工地扬尘措施落实情况,填写检查表。检查中发现的扬尘污染问题应下达整改通知单,项目部应定人、定时间、定措施进行整改。整改后,经扬尘防治管理人员复查合格方可继续施工。

项目部应定期组织扬尘防治管理人员、分包单位负责人等有关人员进行扬尘防治专项检查。施工总承包单位应定期检查分包单位扬尘防治措施落实情况,督促指导分包单位严格落实扬尘防治要求。监理单位应加强对施工现场扬尘防治情况的日常检查巡查,督促施工单位落实扬尘防治方案各项防治措施。监理单位发现施工单位有违反扬尘防治要求或者未按专项方案落实扬尘防治措施的行为,应当要求施工单位予以整改。拒不改正的,要求停止施工,并及时报告建设单位和工程所在地住房建设主管部门。

3. 扬尘控制措施

(1)施工现场周围应设置连续封闭式硬质围挡,围挡应坚固、稳定、整洁、美观、环保。如图 3-92 所示,围挡底部应与基础或路面贴合严密,防止垃圾、渣土、泥浆外漏;围挡顶端应设置喷雾降尘系统。

(2)如图 3-93 所示,施工场地宜采取硬化措施,主要道路、料场、生活办公区域必须进行硬化处理,保持坚实、平整、畅通、清洁、无明显积土浮尘;施工现场应建立洒水清扫制度,根据施工需要配备洒水车、清扫车、高压水枪等设备设施,并有专人负责。

(3)如图 3-94 所示,对集中堆放的土方和裸露的场地应采取覆盖、固化或绿化等抑尘措施。防尘网宜优先选用可降解的材质,使用绑丝、线箍、棕绳或尼龙绳连接,确保严密、牢靠、平整和美观;使用后的防尘网宜回收利用,严禁现场填埋或随意丢弃;具备绿化条件的裸露土体、工程渣土等宜优先采用绿化措施;裸露地面或土方临时堆放超过 3 个月的,应优先采取绿化措施。

图 3-92　封闭围挡设置

图 3-93　施工现场硬化及洒水处理

图 3-94　裸土覆盖、场地固化和绿化

(4)楼层内产尘物料应覆盖严密,产尘作业应采取防尘降尘措施;施工过程中应使用密目式安全网对在建建(构)筑物进行封闭,悬挑脚手架底部应水平封堵密实,如图 3-95 所示。

(5)对于易飞扬和细颗粒建筑材料,应封闭存放,余料及时回收。现场储存水泥、袋装预拌砂浆等产尘物料,应放置于密闭仓库内,使用储罐式散装水泥或干混砂浆,储罐下部应采取封闭措施,如图 3-96 所示。

图 3-95　密目式安全网

（6）施工现场应使用预拌混凝土和预拌砂浆，以减少扬尘污染。因场地、条件限制等特殊情形确需现场搅拌的，应搭建如图 3-97 所示的封闭式搅拌防护棚。

图 3-96　施工现场干混砂浆储罐

图 3-97　封闭式搅拌防护棚

（7）现场运送土石方、弃渣及易引起扬尘的材料时，运输车辆应采取封闭或遮盖措施；装车高度不得高出车厢挡板，不得沿途飞扬、撒漏；施工现场车辆主要出入口处应设置如图 3-98 所示的车辆冲洗设施，对车辆进行冲洗，保证车辆清洁，严禁带泥上路。

图 3-98　施工现场洗车台（棚）

（8）如图 3-99 所示，建筑垃圾应分类收集、集中堆放，施工现场宜采用分类封闭式建筑垃圾池或垃圾站；垃圾及时清运出场，清运时应做好洒水降尘等措施，不能及时清运的，应集中堆放,采取覆盖防尘网等措施;高层建筑施工时宜采用如图 3-100 所示的封闭式建筑垃圾垂直运输通道输送建筑垃圾,严禁高空随意抛洒。

图 3-99　建筑垃圾分类封闭处理

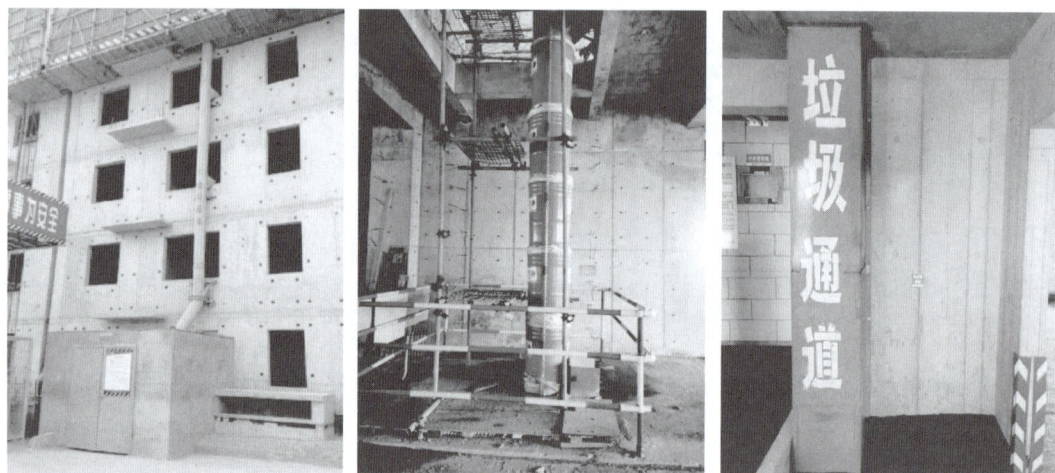

图 3-100　封闭式楼层垃圾运输通道

（9）施工现场应配备如图 3-101、图 3-102 所示的除尘雾炮、自动喷淋等降尘设施,在各个施工阶段有效控制扬尘。

图 3-101　除尘雾炮系统

（a）塔吊喷淋

（b）楼层外架喷淋

（c）场内道路喷淋

（d）场内围挡喷淋

（e）负离子喷雾盘

（f）消防炮塔

图 3-102　自动喷淋降尘系统

（10）拆除旧建筑物时，应采取如图 3-103 所示的隔离、洒水等措施防止扬尘，并应在规定期限内将废弃物清理完毕。

（11）施工现场各作业面应做到，每日施工结束将工作面建筑垃圾及时清运或严密覆盖，剩余产尘物料全部覆盖。

（12）遇大风天气及重污染天气预警响应时，应采取增加洒水降尘频次、停止施工等预警响应措施。

【思考】你听说过防尘天幕和防尘水幕吗？

图 3-103　拆除作业洒水降尘

3.6.2　噪声控制

1. 噪声危害

根据噪声的来源,噪声可分为交通噪声、工业噪声、建筑施工噪声、社会生活噪声等。噪声污染是指所产生的环境噪声超过国家规定的环境噪声排放标准,并干扰他人正常工作、学习、生活的现象。噪声环境能干扰人的睡眠与工作、影响人的心理状态与情绪、造成人的听力损失,甚至引起相关疾病,因此应加强噪声污染的防治。

2. 施工现场噪声监测

施工单位应对施工现场噪声进行实时动态监测。施工现场宜设置如图 3-104 所示的噪声实时监测系统,配备可移动噪声测量仪,每天由专人负责采集数据,形成数据台账,根据数据情况,采取相应的降噪与减振措施。

图 3-104　噪声实时监测系统

噪声监测区域应根据施工阶段布置,监测点应设在对噪声敏感建筑物影响较大、距离较近的位置;当场界距噪声敏感建筑物较近,其室外不满足测量条件时,可在噪声敏感建筑物室内测量。

【查一查】根据《建筑施工场界环境噪声排放标准》(GB 12523—2011),施工场界环境噪声排放限值在昼间、夜间分别为多少分贝?

3. 噪声控制措施

（1）合理安排施工时间，减少夜间施工。中考和高考期间，离考场直线距离500m范围内，应禁止产生噪声的施工作业，停止夜间施工。

（2）在人口稠密区进行强噪声作业时，要严格控制作业时间，一般22时到次日6时之间停止强噪声作业；对因生产工艺要求必须连续作业或其他特殊需要，确需在22时至次日6时期间进行强噪声施工的，施工前应向相关部门提出申请，经批准后方可进行，并需与当地居委会、村委会或当地居民协调，出安民告示，求得群众谅解。

（3）施工作业应选用低噪声、低振动的机械设备，并对机械设备采取必要的消声、隔振和减振措施，同时应加强机械设备的日常保养和维护，从源头上降低噪声。比如用旋挖钻机（图3-105）代替冲孔桩机，用静力压桩机（图3-106）代替柴油锤桩机，混凝土浇筑振捣采用无声振捣棒等。

图3-105　旋挖钻机

图3-106　静力压桩机

（4）噪声较大的机械设备尽量设置在远离居民区的一侧，且不要集中布置，以减少噪声相互影响。

（5）针对施工噪声较大的混凝土输送泵、电锯、现场砂浆搅拌机等机械设备以及钢筋加工棚、木工加工棚等材料加工场地设置降噪棚、降噪屏等隔音降噪措施，如图3-107、图3-108所示。

（6）施工车辆进出现场应减速慢行，不宜鸣笛。夜间运输车辆进入施工现场，严禁鸣笛；材料装卸可设置降噪垫层，轻拿轻放，控制材料撞击噪声；自动洗车台宜设置隔音降噪棚，如图3-109所示。

图 3-107　混凝土输送泵降噪棚

图 3-108　材料加工场地降噪屏

图 3-109　自动洗车台隔音降噪棚

（7）对施工现场采取遮挡、封闭、绿化等吸声、隔音措施。现场裸露的土层尽量进行绿化，有助于吸声降噪；场地周边可采用密目网外加隔声布围挡减弱噪声传播，或者采用临时的隔音围护结构或吸声的隔声屏障、隔声罩等措施。

3.6.3　光污染控制

1. 光污染产生的原因及危害
建筑施工现场光污染产生的主要原因包括以下几方面。

（1）建筑材料现场焊接作业、切割作业等容易产生强烈的电弧光和火花飞溅。

（2）夜间施工时，大型照明设备如果角度调整不当或亮度过高、没有遮挡设施，向周围散射强光。

（3）为保障夜间施工安全设置的警示灯，亮度过大，频闪次数过多。

（4）施工现场的部分建筑材料，如铝板、不锈钢板等具有较强的反光特性，当阳光或灯光照射到这些材料上时，产生反射光污染。

长时间暴露在光污染环境中，会影响人的睡眠质量、导致视力下降、引发职业性眼病等相关疾病，危害人的身心健康，因此施工现场应加强光污染的控制，保障作业人员职业健康安全，防止干扰周边居民日常生活和工作。

2. 光污染控制措施

施工单位应根据工程现场和周边环境条件，采取限时、遮光及全封闭等光污染综合控制技术。

（1）合理安排施工进度，尽量减少夜间施工。当现场施工作业面较大时，在夜间非施工区域应关闭照明灯具，只开启值班用照明灯具。

（2）根据施工现场照明要求合理选用照明器具的种类，尽量采用高品质、遮光性能好的灯具，严格控制照明亮度；大型照明灯具（图 3-110）应采用俯视角，不应将直射光线射入空中；利用挡光、遮光板，或利用减光方法将投光灯产生的溢散光和干扰降到最低限度。

图 3-110　施工现场大型照明灯具

（3）施工现场采取遮蔽措施（图 3-111），限制电焊眩光、夜间施工照明光、具有强反光性建筑材料的反射光等污染源外泄；调整夜间施工光照方向集中在施工范围内，避免影响周围住宅居民正常生活。

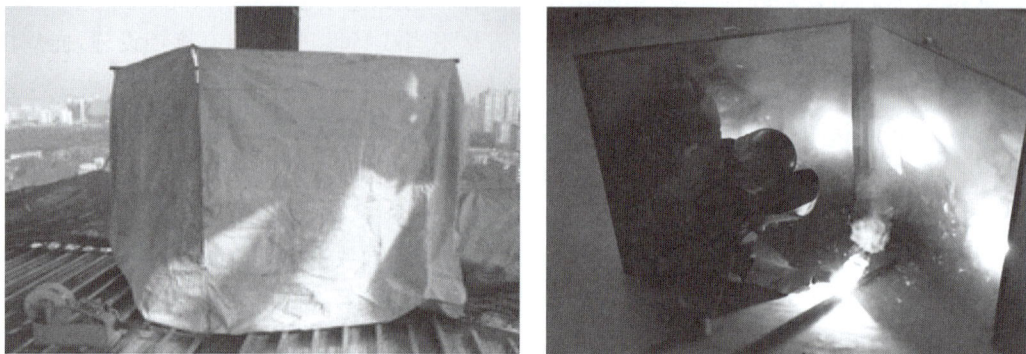

图 3-111　焊接作业遮光棚、遮光板

（4）对紫外线和红外线等看不见的辐射源，应采取必要的个人防护措施，如电焊工应佩戴防护眼镜、防护面罩、防护手套等劳动防护用品（图 3-112）；对红外线和紫外线及应用激光的场所制订相应的卫生标准并采取必要的安全防护措施，张贴警告标志，禁止无关人员进入禁区内。

图 3-112　焊工作业劳动防护

（5）施工单位还应当与周边居民保持良好的沟通，及时了解他们的诉求，并根据居民反馈信息及时调整光污染控制措施，保障施工顺利进行的同时，最大限度地减少对周边居民的不良影响，维护和谐的社会环境。

3.6.4　污废水排放控制

施工现场污废水主要包括施工过程中产生的污废水以及施工作业人员在日常生活中产生的污废水等。

1. 污废水控制措施

（1）现场道路和材料堆放场地周边等应设置排水沟（图 3-113）及沉淀池（图 3-114），并定期清理，保持排水通畅；雨水、搅拌站废水、混凝土养护废水、现制水磨石污水等通过排水沟流入沉淀池，经过沉淀后达到相应水质要求时回收利用，或达到排放标准后排入市政污水管网。

图 3-113　施工现场排水沟

图 3-114　三级沉淀池

（2）建筑物上部施工用水包括浇筑用水、养护用水等宜设置临时排水管路（图 3-115），进入地表排水沟后再排入沉淀池中。

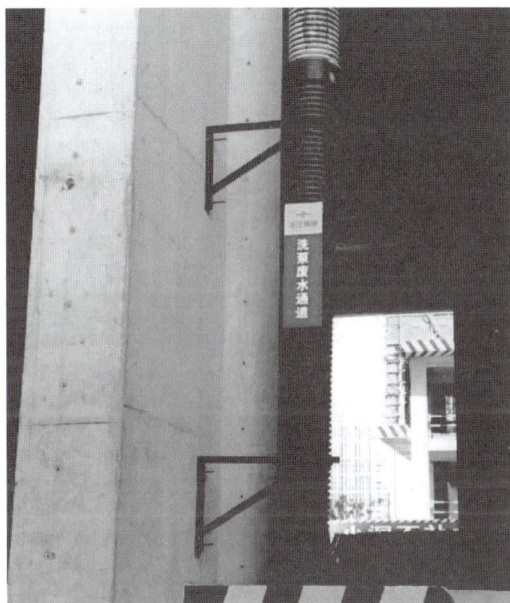

图 3-115　建筑物上部施工用水临时排水管路

（3）施工现场宜采用生态环保泥浆、泥浆净化器反循环快速清孔等环保技术；钻孔桩、顶管或盾构法作业采用泥浆循环利用系统，不得外溢漫流。

（4）施工机械设备使用和检修保养时，应控制油料污染，清洗机具的废水和废油不得直接排放。

（5）燃油、油漆、涂料等油料和化学溶剂应设专门库房进行保管，地面应做防渗漏处理，防止渗漏侵入地表；废弃的油料和化学溶剂应集中处理，不得随意倾倒，防止污染土壤和地下水。

（6）施工现场临时厕所应采用密闭水冲式，玻璃钢环保化粪池（图 3-116）应做防渗漏处理，定期委托清运单位及时清理；可采用环保移动式厕所（图 3-117）、微生物处理机和可进行酸碱综合处理污水的先进设备进行污水处理。

图 3-116 玻璃钢环保化粪池

图 3-117 环保移动式厕所

（7）施工现场食堂、盥洗室、淋浴间的下水管线应设置隔离网，并应保证排水通畅；食堂还应设置简易有效的隔油池（图 3-118），并定期清理。

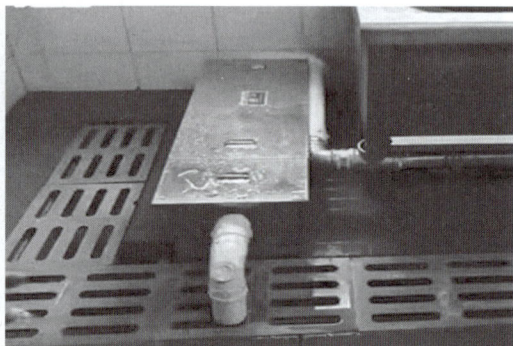

图 3-118 隔油池

2. 污废水排放监测

（1）施工现场的污废水排放应达到《污水综合排放标准》（GB 8978—1996）、《污水排入城镇下水道水质标准》（GB/T 31962—2015）等国家标准以及项目所在地相关部门关于污废水排放的规定。

（2）对施工现场的污废水排放量及回用量进行统计监测。污废水排放应委托有资质的检测单位进行水质检测，并提供相应的检测报告。如发现排放水质超标，应及时排查原因，采取相应的整改处理措施。

3.6.5 固体废物处置

1. 固体废物的危害

施工现场产生的固体废物主要是指建筑垃圾和施工现场生活、办公垃圾两大类。固体废物会对周边环境产生巨大的危害，具体表现如下。

（1）侵占土地。固体废物的堆放可直接破坏土地和植被。

（2）污染土层。固体废物的堆放过程中，有害成分易污染土层并发生积累，给作物生长带来危害，部分有害物质还能杀死土层中的微生物，使土层丧失腐解能力。

（3）污染水体。固体废物遇水浸泡、溶解后，有害成分随地表径流或土层渗流污染地下水和地表水。

（4）污染大气。细颗粒状存在的废渣垃圾会随风扩散，使大气中悬浮物浓度提高；固体废物在焚烧处理过程中可能产生有害气体，造成大气污染。

（5）影响环境卫生。固体废物的大量堆放，会招致蚊蝇滋生、臭味四溢，严重影响工地以及周围环境卫生，对施工人员和工地附近居民的健康造成危害。

2. 固体废物处置的基本要求

（1）施工现场产生的各类固体废物处理应遵循"源头减量、分类管理、就地处置、排放控制"的基本原则；施工单位应制订建筑垃圾减量化计划，加强建筑垃圾的回收再利用；建筑垃圾排放量、回收利用率应符合相关规定要求。

（2）固体废物的回收利用应符合现行国家标准《工程施工废弃物再生利用技术规范》（GB/T 50743—2012）的规定。

（3）施工现场设置明显的固体废物分类存放标志。有毒有害废弃物的分类率应达到100％，对有可能造成二次污染的废弃物应单独储存，并设置醒目标识。

3. 固体废物的处置方法

施工现场固体废物的处理方法主要包括以下几种。

（1）回收利用。回收利用是对施工现场固体废物进行资源化、减量化的重要手段之一。施工现场宜设置废料回收设施（图 3-119），分类收集可以回收利用的固体废物。如碎石类、土石方类垃圾等宜作为地基和路基回填材料；废旧混凝土、碎砖瓦等宜作为再生建材用原料；废沥青宜作为再生沥青原料；废金属、木材、塑料、纸张、玻璃、橡胶等，宜由相关企业作为原料直接利用或再生。

图 3-119　废料回收池

（2）减量化处理。减量化是对已经产生的固体废物进行分选、破碎、压实浓缩、脱水等减少其最终处置量，降低处理成本，减少对环境的污染。在减量化处理的过程中，也包括和其他处理技术相关的工艺方法，如焚烧、热解、堆肥等。

（3）焚烧。焚烧用于不适合再利用且不宜直接予以填埋处置的废弃物，除有符合规定的装置外，不得在施工现场熔化沥青和焚烧油毡、油漆，亦不得焚烧其他可产生有毒有害和恶臭气体的废弃物。垃圾焚烧处理应使用符合环境要求的处理装置，避免对大气的二次污染。

（4）稳定和固化。利用水泥、沥青等胶结材料，将松散的废弃物胶结包裹起来，减少有害物质从废弃物中向外迁移、扩散,使得废弃物对环境的污染减少。

(5)填埋。填埋是固体废物经过无害化、减量化处理的废弃物残渣集中到填埋场进行处置。禁止将有毒有害废弃物现场填埋,填埋场应利用天然或人工屏障。尽量使需处置的废弃物与环境隔离,并注意废弃物的稳定性和长期安全性。

施工现场建筑
垃圾减量化指导手册

施工现场建筑
垃圾减量化指导图册

3.6.6 临近设施和文物保护

1. 临近设施的保护

(1)施工前应调查并掌握工程施工影响范围内的各类建(构)筑物、市政管线等公用设施的具体情况,制订并实施保护计划,避免施工过程中对各类地上、地下临近设施造成破坏,保障其正常使用与安全。

(2)施工现场附近有外电架空线路时,不得在外电架空线路正下方施工、搭设作业棚、建造生活设施或堆放构件、架具、材料及其他杂物等;起重机严禁越过无防护设施的外电架空线路作业;在外电架空线路附近进行吊装作业时,起重机的任何部位或被吊物边缘在最大偏斜时与架空线路边线必须保持一定的安全距离;如果受现场作业条件限制,达不到安全距离时,必须采取屏护措施(图3-120)。

(3)打桩施工期间,应对邻近的建(构)筑物进行监测,并采取减振措施降低对周围建(构)筑物的影响。

(4)土方开挖前,应熟悉地下构筑物、基础平面与地下管线的相对位置;在电力管线、通信管线、燃气管线2m范围内及上下水管线1m范围内挖土时,应采取安全防护措施(图3-121),并应设专人监护,防止盲目开挖破坏地下管线;开挖过程中,应对地下管线的沉降和位移进行监测;如遇异常情况,应立即停止开挖,排除险情并采取防范措施后方可继续开挖。

图 3-120　外电防护架

图 3-121　地下电缆防护

2.文物和资源的保护

（1）施工前应制订地下文物和资源保护应急预案,对施工现场的古迹、文物（图3-122）、墓穴、树木、森林及生态环境等采取有效保护措施。

（2）宣传文物和资源保护知识,提高文物和资源保护的法律意识。

（3）避让、保护施工场区及周边的古树名木（图3-123）。对施工过程中影响到的古树名木采取保护措施,对于要迁移的树木在园林单位确认后由业主委托园林部门负责迁移。

图 3-122　施工现场文物保护

图 3-123　施工现场对古树木的保护

（4）对施工过程中影响到的文物采取保护措施,在文物单位的指导下提出监测保护方案,通报文物保护单位,并进行监测保护。

（5）施工过程中一旦发现文物或有考古、历史文物、古墓葬、古生物化石及矿藏、地质研究价值的物品时,应立即停止施工并保护现场,及时报告甲方和当地文物行政部门,并采取严密的专人看守与保护措施,严禁损坏、藏匿、私自占有或非法倒卖。

职业能力训练

一、基本技能练习

1.单项选择题

（1）施工现场用绿化代替场地硬化,减少场地硬化面积,属于绿色施工的（　　　）措施。

    A.节材与材料资源利用　　　　　　B.节水与水资源利用

    C.节能与能源利用　　　　　　　　D.节地与土地资源保护

（2）施工现场设置的安全标志"禁止抛物""当心扎脚""必须戴防尘口罩"分别属于（　　　）。

    A.警告标志、禁止标志、指令标志

    B.禁止标志、指令标志、警告标志

    C.禁止标志、警告标志、提示标志

    D.禁止标志、警告标志、指令标志

（3）在电力管线、通信管线、燃气管线（　　　）m范围内及上下水管线（　　　）m范围内挖土时,应采取安全防护措施。

    A. 2;1   B. 1;2

    C. 2;2   D. 2;1.5

(4) 遇有( )及以上大风天气时,应停止土方开挖、回填、转运及其他可能产生扬尘污染的施工活动。

    A. 五级   B. 六级

    C. 七级   D. 八级

(5) 太阳能空调的最显著优点在于( )。

    A. 制冷量大   B. 节能

    C. 系统简单施工方便   D. 季节适应性好

(6) 根据节材与材料资源利用控制项的基本要求,应根据( )的原则进行材料选择并有实施记录。

    A. 优先库存调拨   B. 建筑垃圾再生利用

    C. 就地取材   D. 限额领料

(7) ( )是一种将太阳能光伏组件集成到建筑结构或表皮中的技术。

    A. BIPV   B. BAPV

    C. 太阳能光电转换   D. 太阳能光热转换

(8) 下列类型的脚手架中不属于管件合一的是( )。

    A. 盘扣式脚手架   B. 轮扣式脚手架

    C. 插销式脚手架   D. 扣件式脚手架

(9) 基坑降水宜采用( )施工技术。

    A. 封闭式降水   B. 开放式降水

    C. 集水明排   D. 井点降水

(10) 以下选项中不符合绿色施工中对施工机械要求的是( )。

    A. 定期维护保养施工机械,确保其高效运行

    B. 及时淘汰高能耗、低效率的施工机械

    C. 优先选用能耗低、排放少、噪声小的施工机械

    D. 施工机械运行要消耗能源、产生碳排放,从节能角度考虑,应尽量少用施工机械

(11) ( )是一种将低位热源的热能转移到高位热源的装置。

    A. 水泵   B. 热泵

    C. 太阳能电池组件   D. 太阳能集热器

(12) 对钢筋采用优化下料技术,提高钢筋利用率,对钢筋余料采用再利用技术,如将钢筋余料用于加工马镫、预埋件、防护围栏等,属于绿色施工的( )措施。

    A. 节水与水资源利用   B. 节地与施工用地保护

    C. 节能与能源利用   D. 节材与材料资源利用

(13) 以下措施不属于绿色施工中的环境保护范畴的是( )。

    A. 控制施工扬尘   B. 减少施工噪声

C. 选用能耗高但效率高的设备　　D. 处理施工污水

（14）在绿色施工中，以（　　）种材料的使用符合节材的基本要求。

A. 大量使用一次性木模板

B. 推广以钢代木，大量使用钢材

C. 优先选用可循环利用的建筑材料

D. 选用价格昂贵且不可回收的新型材料

（15）绿色施工环境保护评价指标的一般项要求，装配式建筑施工的垃圾排放量不应大于（　　）t/万 m²，非装配式建筑施工的垃圾排放量不应大于（　　）t/万 m²。

A. 200；300　　　　　　　　　　B. 300；200

C. 140；210　　　　　　　　　　D. 210；140

2. 多项选择题

（1）建筑材料的选用一般应遵循以下原则（　　）。

A. 应符合国家、行业以及地方相关标准规范的规定

B. 应选用获得绿色建材评价认证标识的材料

C. 宜选用地方性建筑材料和当地推广使用的材料

D. 宜选用高强、高性能材料

E. 宜选用可再循环材料、可再利用材料以及利废建材

（2）废气排放控制措施包括的内容是（　　）。

A. 施工车辆及机械设备废气排放符合国家年检要求

B. 现场厨房烟气净化后排放

C. 在环境敏感区域内的施工现场进行喷漆作业时，设有防挥发物扩散措施

D. 经当地生态环境部门批准，施工现场可以就地焚烧建筑垃圾

E. 现场采用清洁燃料

（3）施工现场建筑垃圾减量化原则是指（　　）。

A. 分类管理　　　　　　B. 就地处置　　　　　　C. 回收利用

D. 排放控制　　　　　　E. 源头减量

（4）施工现场节水措施主要包括（　　）。

A. 混凝土养护采用覆盖包裹、保湿养护膜、养护液、自动喷淋养护等节水工艺

B. 将节水定额指标纳入分包或劳务合同中进行计量考核

C. 对现场各个分包生活区合计统一计量用水量

D. 临时用水采用节水型产品并安装计量装置

E. 现场车辆冲洗设立循环用水装置

（5）下列绿色施工管理制度中属于节材与材料资源利用要素的是（　　）。

A. 限额领料制度　　　　　　B. 临时用电管理制度

C. 噪声监测制度　　　　　　D. 能耗计量制度

E. 建筑垃圾再生利用制度

（6）下列选项中属于施工现场节能及能源利用措施的是（　　）。

A. 合理安排施工顺序及施工区域，减少作业区机械设备数量

B. 根据工程规模及施工要求布置施工临时设施

C. 施工现场采用太阳能热水器和太阳能路灯

D. 施工现场办公区、生活区的生活用水采用节水器具

E. 根据施工进度、材料使用时点和库存情况等制订材料的采购和使用计划

（7）绿色施工要求在施工现场减少水资源的浪费,以下不符合要求的做法是(   )。

A. 安装节水器具

B. 对基坑降水和雨水进行收集再利用

C. 地下水资源丰富的地区可大量使用无污染的地下水

D. 采用先进的节水施工工艺

E. 现场用水优先考虑满足施工用水要求

（8）下列选项中属于绿色施工中节地与土地资源保护的有效措施的是(   )。

A. 合理规划施工现场,减少临时用地

B. 临时使用场地周边未开发的荒地,以满足施工场地要求

C. 对裸露的场地进行硬化或绿化,尽量多硬化少绿化

D. 充分利用场地内原有建筑物和道路

E. 在场地周边填埋部分没有再利用价值的建筑垃圾

（9）下列关于预制构件运输与储存的要求说法正确的是(   )。

A. 混凝土预制构件应设置专用堆场,堆场选址应便于运输和吊装

B. 预制梁板、楼梯、墙体、阳台等构件宜采用水平运输和堆放

C. 为节省场地,不同类型的预制构件可以混合堆放

D. 采用靠放架立式运输时,预制构件与地面倾斜角度不宜大于80°

E. 预制构件多层叠放时,每层构件间的垫块应交错布置

（10）下列选项中属于绿色施工措施的是(   )。

A. 充分利用自然光,减少人工照明

B. 移栽施工区域内的珍贵树木

C. 对易产生扬尘的物料进行覆盖

D. 机械设备长时间处于闲置状态或待机状态

E. 施工现场临时办公和生活设施宜采用装配式混凝土结构

3. 判断改错题

（1）主体结构施工阶段,施工现场的目测扬尘高度应小于1.5m。   (   )

（2）施工现场非传统水源经过处理和检验合格后可以作为施工用水和生活用水。

(   )

（3）钢筋连接应采用搭接、机械连接等低损耗连接方式。   (   )

（4）对于施工现场的一些非关键或临时性工作,可采用劳务外包的方式,降低人力资源成本和管理难度。   (   )

（5）绿色施工适用于大中型建设项目,小型项目一般没有必要考虑。   (   )

（6）建筑施工活动可以临时占用红线以外场地,待完工后,及时对红线外占地进行地貌和植被恢复。   (   )

（7）太阳能集热器相对储水箱的位置应使循环管路尽可能长，集热器应避免遮光物或前排集热器的遮挡，尽量避免反射光对附近建筑物引起光污染。　　　　（　　）

（8）根据绿色施工的要求，施工现场必须进行绿化。　　　　（　　）

（9）施工场地应保持坚实平整、畅通无阻、清洁干燥、无明显积土浮尘。　　（　　）

（10）从节约用地的角度考虑，施工现场可以利用主体结构已经完成的建筑楼层内部空间作为建筑材料临时堆放场地、小型构件加工场所以及工人临时宿舍等。　（　　）

（11）绿色施工会增加施工成本，降低施工效率。　　　　（　　）

（12）为了实现绿色施工，施工现场应尽量减少使用一次性建筑材料。　　（　　）

（13）只要在施工现场容易产生扬尘的区域安装了数量足够多的高效洒水降尘设施，就能达到绿色施工对扬尘的控制要求。　　　　（　　）

（14）绿色施工关注的是施工阶段的节能，不需要考虑建筑使用阶段的能耗。　（　　）

（15）施工过程中使用可再生能源一定比使用传统能源更节能。　　　（　　）

（16）架子工应配备的劳动防护用品通常包括安全帽、安全带、工作服、绝缘鞋、绝缘手套以及护目镜等。　　　　（　　）

（17）在深井、密闭环境、防水和室内装修施工时，应设置通风设施。　　（　　）

（18）建筑结构构件宜采用装配化安装、管道设备宜采用模块化安装、建筑部件宜采用整体化安装。　　　　（　　）

（19）施工现场宜采用地磅或自动检测平台，动态计量建筑废弃物的重量。　（　　）

（20）绿色施工要求减少噪声污染，因此应禁止在夜间进行任何施工活动。　（　　）

二、能力训练项目

1. 绿色施工目标体系构建

根据工程项目背景资料，构建项目绿色施工目标体系。

（1）明确节能降耗管理目标，制订节材与材料资源利用控制指标、节水与水资源利用控制指标、节能与能源利用控制指标、节地与土地资源保护控制指标、人力资源节约与保护控制指标。

（2）明确环境保护管理目标，制订扬尘控制、废气排放控制、建筑垃圾处置、污水排放控制、光污染控制、噪声污染控制的具体指标。

2. 绿色施工示范工程分析

搜集近年来全国各地区典型的绿色施工示范工程，分析该示范工程在绿色施工过程中采用的节材与材料资源利用措施、节水与水资源利用措施、节能与能源利用措施、节地与土地资源保护措施、人力资源节约与保护措施、环境保护措施。

单元 3 学习效果评价

评 价 项 目		评 价 标 准	标准分值	自我评分 30%	团队评分 30%	教师评分 40%	加权平均	总评分
思想素质		学习态度端正；有节能减排意识；有系统思维、辩证思维；有责任意识和使命担当；树立并践行生态文明理念	10					
课堂表现		按时出勤；认真听讲，主动思考；精神饱满，积极参与课堂互动；回答问题言之有物，有辩证思维	20					
职业能力训练	基本技能练习	知识点掌握牢固，基本功扎实；诚实诚信、独立完成基本技能练习任务	20					
	能力训练项目	学以致用，知识点运用灵活熟练；团结协作，按时完成任务；提交成果质量较高	30					
拓展学习		充分利用在线课程平台和网络资源，拓宽知识广度与深度；课前自主预习、课后巩固复习，认真完成在线测试与互动话题讨论	20					
团队成员评价								
任课教师评价								
自我评价反思								

单元 4 绿色施工技术创新与应用

1. 知识目标

（1）了解建筑业10项新技术。

（2）掌握绿色施工新技术。

（3）熟悉现代信息技术在绿色施工领域的应用。

2. 能力目标

（1）能编制绿色施工技术应用方案,明确项目各阶段拟采用的绿色施工新技术。

（2）能综合运用现代信息技术组织绿色施工,实现绿色施工全过程信息化管理。

（3）能获取、分析、处理施工过程多源数据,利用数字化管理手段提升绿色施工水平。

3. 素养目标

（1）树立创新意识,坚持守正创新。

（2）培养数字素养,提升数字技能。

（3）树立民族自豪感,坚定文化自信。

（4）弘扬科学精神,立志科技报国。

绿色施工技术
创新与应用
学习内容
思维导图

引言

科技创新·引领绿色发展

　　"创新是一个民族进步的灵魂,是一个国家兴旺发达的不竭源泉,也是中华民族最深沉的民族禀赋。"近年来,我国工程技术领域发展日新月异、成果丰硕,科技创新对产业转型升级、产品供给优化、新动能培育等方面的支撑引领作用显著增强,成为引领高质量发展、提升国家核心竞争力的重要源泉。

　　建筑行业目前处于转型升级的关键时期。物联网、云计算、大数据、5G、人工智能等现代信息技术与施工技术深度融合,绿色施工新技术不断涌现,为建筑行业的创新发展注入了强大的动力,推动建筑行业向工业化、数字化、绿色化方向加速迈进。

　　征途在前,亟待勇敢探索;使命在肩,理应担当作为。作为未来建筑行业的中坚力量,我们应该增强创新意识、提高科技创新能力、将创新思维转化为创新实践,以民族复兴为己任,立志走技能成才、科技报国之路,传承工匠精神,坚持守正创新,用技能成就梦想,以创新引领未来。

4.1 绿色施工新技术

绿色施工技术并不是完全独立于传统施工技术的一种全新技术,而是从生态文明建设的全局出发,对传统施工技术的优化升级和创新。随着绿色发展理念的贯彻实施和现代科学技术的飞速发展,绿色施工新技术不断涌现,大批具有推广价值的共性技术和关键技术得到普及应用,建筑施工水平明显提高,经济效益、社会效益和环境效益显著。

【思考】你了解建筑业的 10 项新技术吗?

4.1.1 封闭降水及水收集综合利用技术

1.基坑施工封闭降水技术

1) 技术内容

基坑封闭降水(图 4-1)是指在基坑底面和基坑侧壁采取截水措施,在基坑周边形成止水帷幕,阻截基坑底面和基坑侧壁的地下水流入基坑,在基坑降水过程中对基坑以外地下水位不产生影响的降水方法。基坑施工时应按需降水或隔离水源。

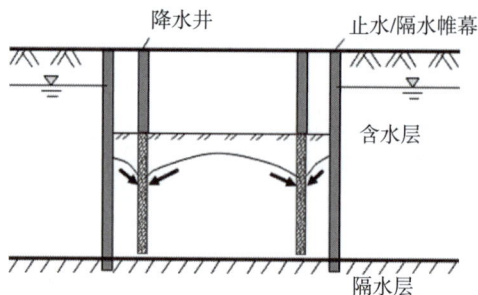

图 4-1 基坑封闭降水

在我国沿海地区宜采用地下连续墙或护坡桩＋搅拌桩止水帷幕的地下水封闭措施;内陆地区宜采用护坡桩＋旋喷桩止水帷幕的地下水封闭措施;河流阶地地区宜采用双排或三排搅拌桩对基坑进行封闭,同时兼做支护的地下水封闭措施。

2) 技术指标

(1) 封闭深度:基坑封闭降水宜采用悬挂式竖向截水和水平封底相结合,在没有水平封底措施的情况下要求侧壁帷幕(连续墙、搅拌桩、旋喷桩等)插入基坑下卧不透水土层一定深度。深度情况应根据下式计算:

$$L = 0.2h_w - 0.5b$$

式中:L——帷幕插入不透水层的深度;

h_w——作用水头;

b——帷幕厚度。

(2) 截水帷幕厚度:截水帷幕厚度应满足抗渗要求,渗透系数宜小于 1.0×10^{-6} cm/s。

（3）基坑内井深度：基坑封闭降水可采用疏干井和降水井。若采用降水井，井深度不宜超过截水帷幕深度；若采用疏干井，井深应插入下层强透水层。

（4）结构安全性：截水帷幕必须在有安全的基坑支护措施下配合使用（如注浆法），或者帷幕本身经计算能同时满足基坑支护的要求（如地下连续墙）。

3）适用范围

基坑封闭降水适用于有地下水存在的所有非岩石地层的基坑工程。

2. 施工现场水收集综合利用技术

1）技术内容

施工过程中应高度重视施工现场非传统水源的水收集与综合利用。施工现场水收集综合利用技术主要包括基坑施工降水回收利用技术、雨水回收利用技术、现场生产和生活废水回收利用技术等。经过处理或水质达到要求的水体可用于绿化、结构养护用水以及混凝土试块养护用水等。

（1）基坑施工降水回收利用技术：基坑施工降水回收利用技术具体又包含两种技术，第一种是利用自渗效果将上层滞水引渗至下层潜水层中，可使部分水资源重新回灌至地下的回收利用技术；第二种是将基坑降水时所抽取的水先收集起来（图4-2），经过集中处理后再加以利用。

图 4-2　施工现场基坑降水收集

（2）雨水回收利用技术：雨水回收利用技术是指在施工现场中将雨水收集后，经过雨水渗蓄、沉淀等处理，集中存放再利用。回收水可直接用于冲刷厕所、施工现场洗车及现场洒水控制扬尘。某施工现场雨水回收系统如图4-3所示。

图 4-3　某施工现场雨水回收系统

施工现场的雨水收集池可采用如图 4-4 所示的 PP 模块现场进行拼装,PP 模块雨水收集池可以根据施工现场的实际空间和需求,灵活组合成不同形状和大小的水池,储水能力强、承载力高、环保耐用,可重复拆装使用。

图 4-4 PP 模块雨水收集池

（3）现场生产和生活废水利用技术：现场生产和生活废水利用技术是指将施工生产和生活废水经过过滤、沉淀或净化等处理达标后再利用。

2）技术指标

（1）利用自渗效果将上层滞水引渗至下层潜水层中,有回灌量、集中存放量和使用量记录。

（2）施工现场用水至少应有 20% 源于雨水和生产废水回收利用等。

（3）污水排放应符合《污水综合排放标准》(GB 8978—1996)的相关规定。

（4）基坑降水回收利用率为

$$R = K_6 \times \frac{Q_1 + q_1 + q_2 + q_3}{Q_0} \times 100\%$$

式中：Q_0——基坑涌水量,按照最不利条件下的计算最大流量,m³/d;

Q_1——回灌至地下的水量（根据地质情况及试验确定）;

q_1——现场生活用水量,m³/d;

q_2——现场控制扬尘用水量,m³/d;

q_3——施工砌筑抹灰等用水量,m³/d;

K_6——损失系数,取 0.85~0.95。

3）适用范围

施工现场水收集综合利用技术适用于各类施工项目,尤其是水资源短缺地区的工期较长的大型施工项目。

4.1.2 建筑垃圾减量化与资源化利用技术

1. 技术内容

1）建筑垃圾分类

建筑垃圾指在新建、扩建、改建和拆除加固各类建筑物、构筑物、管网以及装饰装修等过程中产生的施工废弃物。施工现场建筑垃圾按《建筑垃圾处理技术标准》(CJJ/T 134—2019)分为工程渣土、工程泥浆、工程垃圾、拆除垃圾。

如图 4-5 所示,工程垃圾和拆除垃圾按材料的化学成分可分为金属类、无机非金属类和其他类。金属类包括黑色金属和有色金属废弃物质,如废弃钢筋、钢管、铁丝等;无机非金属类包括天然石材、烧土制品、砂石及硅酸盐制品的固体废弃物质,如混凝土、砂石、水泥等;其他类指除金属类、无机非金属类以外的固体废物,如防水卷材、安全网、石膏板等。

金属类垃圾

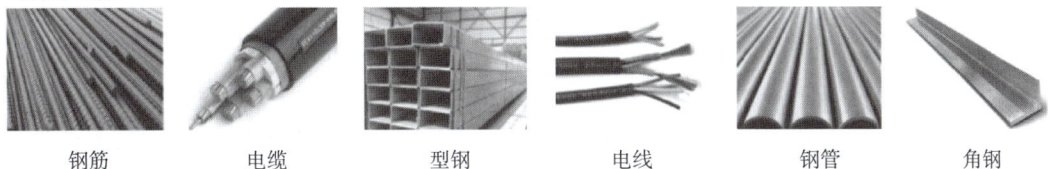

| 钢筋 | 电缆 | 型钢 | 电线 | 钢管 | 角钢 |

无机非金属类垃圾

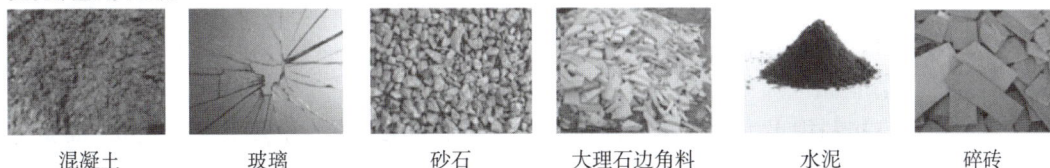

| 混凝土 | 玻璃 | 砂石 | 大理石边角料 | 水泥 | 碎砖 |

其他类垃圾

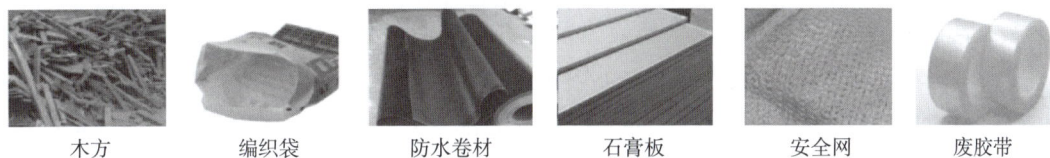

| 木方 | 编织袋 | 防水卷材 | 石膏板 | 安全网 | 废胶带 |

图 4-5 常见的工程垃圾和拆除垃圾

2)建筑垃圾减量化与资源化利用

建筑垃圾减量化是指在施工过程中采用绿色施工新技术、精细化施工和标准化施工等措施,减少建筑垃圾排放。建筑垃圾减量化应遵循"源头减量、分类管理、就地处置、排放控制"的原则。如图 4-6 所示,源头减量应通过施工图纸深化、施工方案优化、永临结合、临时设施和周转材料重复利用、施工过程管控等措施,减少建筑垃圾的产生。

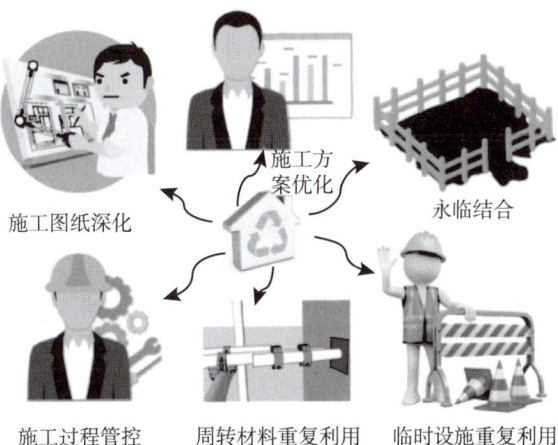

图 4-6 建筑垃圾源头减量措施

建筑垃圾资源化利用是指建筑垃圾就近处置、回收直接利用或加工处理后再利用。可回收的建筑垃圾主要有散落的砂浆和混凝土、剔凿产生的砖石和混凝土碎块、打桩截下的钢筋混凝土桩头、砌块碎块、废旧木材、钢筋余料、塑料等。

现场垃圾减量化与资源化的主要技术如下。

（1）对钢筋采用优化下料技术，提高钢筋利用率；对钢筋余料采用再利用技术，如将钢筋余料用于加工马镫筋、预埋件与安全围栏等。

（2）对模板的使用应进行优化拼接，减少裁剪量；对木模板应通过合理的设计和加工制作提高重复使用率的技术；对短木方采用指接接长技术，提高木方利用率。

（3）对混凝土浇筑施工中的混凝土余料做好回收利用，用于制作小过梁、混凝土砖等。

（4）对二次结构的加气混凝土砌块隔墙施工中，做好加气块的排块设计，在加工车间进行机械切割，减少工地加气混凝土砌块的废料。

（5）废塑料、废木材、钢筋头与废混凝土的机械分拣技术；利用废旧砖瓦、废旧混凝土为原料的再生骨料就地加工与分级技术。

（6）现场直接利用再生骨料和微细粉料作为骨料和填充料，生产混凝土砌块、混凝土砖、透水砖等制品的技术。

（7）利用再生细骨料制备砂浆及其使用的综合技术。

2. 技术指标

（1）再生骨料应符合《混凝土再生粗骨料》（GB/T 25177—2010）、《混凝土和砂浆用再生细骨料》（GB/T 25176—2010）、《再生骨料应用技术规程》（JGJ/T 240—2011）、《再生骨料地面砖和透水砖》（CJ/T 400—2012）和《建筑垃圾再生骨料实心砖》（JG/T 505—2016）的规定。

（2）建筑垃圾产生量应不高于 350t/万 m^2；可回收的建筑垃圾回收利用率应达到 80% 以上。

3. 适用范围

建筑垃圾减量化与资源化利用技术适用于建筑物和基础设施拆迁、新建和改扩建工程。

4.1.3　施工现场太阳能、空气能利用技术

1. 太阳能光伏发电照明技术

1）技术内容

施工现场太阳能光伏发电照明技术是利用太阳能电池组件将太阳光能直接转化为电能储存并用于施工现场照明系统的技术。如图 4-7 所示，太阳能发电系统主要由光伏组件、控制器、蓄电池（组）和逆变器（当照明负载为直流电时，不使用）及照明负载等组成。

2）技术指标

施工现场太阳能光伏发电照明技术中的照明灯具负载应为直流负载，灯具选用以工作电压为 12V 的 LED 灯为主。生活区安装太阳能发电电池，保证道路照明使用率达到 90% 以上。

图 4-7　太阳能光伏发电系统

（1）光伏组件：具有封装及内部联结的、能单独提供直流电输出、最小不可分割的太阳电池组合装置，又称太阳电池组件。太阳光充足日照好的地区，宜采用多晶硅太阳能电池；阴雨天比较多、阳光相对不是很充足的地区，宜采用单晶硅太阳能电池；其他新型太阳能电池，可根据太阳能电池发展趋势选用新型低成本太阳能电池；选用的太阳能电池输出的电压应比蓄电池的额定电压高 $20\%\sim30\%$，以保证蓄电池正常充电。

（2）太阳能控制器：控制整个系统的工作状态，并对蓄电池起到过充电保护、过放电保护的作用；在温差较大的地方，应具备温度补偿和路灯控制功能。

（3）蓄电池：一般为铅酸电池，小微型系统中，也可用镍氢电池、镍镉电池或锂电池。根据临建照明系统整体用电负荷数，选用适合容量的蓄电池，蓄电池额定工作电压通常选12V，容量为日负荷消耗量的 6 倍左右，可根据项目具体使用情况组成电池组。

3）适用范围

施工现场太阳能光伏发电照明技术适用于施工现场临时照明，如路灯、加工棚照明、办公区廊灯、食堂照明、卫生间照明等。

2. 太阳能热水应用技术

1）技术内容

太阳能热水技术是利用太阳光将水温加热的装置。太阳能热水器分为真空管式太阳能热水器和平板式太阳能热水器，真空管式太阳能热水器占据国内 95% 的市场份额，太阳能光热发电比光伏发电的太阳能转化效率较高。它由集热部件（真空管式为真空集热管，平板式为平板集热器）、保温水箱、支架、连接管道、控制部件等组成。

2）技术指标

（1）太阳能热水技术系统由集热器外壳、水箱内胆、水箱外壳、控制器、水泵、内循环系统等组成。常见的太阳能热水器安装技术参数见表 4-1。

表 4-1　常见的太阳能热水器安装技术参数

产品型号	水箱容积/t	集热面积/m²	集热管规格/mm	集热管支数/支	适用人数
DFJN-1	1	15	φ47×1500	120	20～25
DFJN-2	2	30	φ47×1500	240	40～50
DFJN-3	3	45	φ47×1500	360	60～70

续表

产品型号	水箱容积/t	集热面积/m²	集热管规格/mm	集热管支数/支	适用人数
DFJN-4	4	60	φ47×1500	480	80~90
DFJN-5	5	75	φ47×1500	600	100~120
DFJN-6	6	90	φ47×1500	720	120~140
DFJN-7	7	105	φ47×1500	840	140~160
DFJN-8	8	120	φ47×1500	960	160~180
DFJN-9	9	135	φ47×1500	1080	180~200
DFJN-10	10	150	φ47×1500	1200	200~240
DFJN-15	15	225	φ47×1500	1800	300~360
DFJN-20	20	300	φ47×1500	2400	400~500
DFJN-30	30	450	φ47×1500	3600	600~700
DFJN-40	40	600	φ47×1500	4800	800~900
DFJN-50	50	750	φ47×1500	6000	1000~1100

说明:因每人每次洗浴用水量不同,以上所标适用人数为参考洗浴人数,请购买时根据实际情况选择合适的型号安装。

（2）太阳能集热器相对储水箱的位置应使循环管路尽可能短；集热器面向正南或正南偏西5°,条件不允许时可正南±30°；平板型、竖插式真空管太阳能集热器安装倾角需与工程所在地区纬度调整,一般情况安装角度等于当地纬度或当地纬度±10°；集热器应避免遮光物或前排集热器的遮挡,应尽量避免反射光对附近建筑物引起光污染。

（3）采购的太阳能热水器的热性能、耐压、电气强度、外观等检测项目,应依据《家用太阳能热水系统技术条件》(GB/T 19141—2011)的标准要求。

（4）宜选用合理先进的控制系统,控制主机启停、水箱补水、用户用水等；系统用水箱和管道需做好保温防冻措施。

3）适用范围

太阳能热水应用技术适用于太阳能丰富的地区,主要用于施工现场办公、生活区临时热水供应。

3. 空气能热水技术

1）技术内容

空气能热水技术是运用热泵工作原理,吸收空气中的低能热量,经过中间介质的热交换,并压缩成高温气体,通过管道循环系统对水加热的技术。空气能热水器是采用制冷原理从空气中吸收热量来加热水的"热量搬运"装置,把一种沸点为-10℃以下的制冷剂送到交换机中,制冷剂通过蒸发由液态变成气态从空气中吸收热量。再经过压缩机加压做工,制冷剂的温度就能骤升至80~120℃。具有高效节能的特点,较常规电热水器的热效率高达380%~600%,制造相同的热水量,比电辅助太阳能热水器利用能效高,耗电只有电热水器的1/4。常见的空气能热水器系统如图4-8所示。

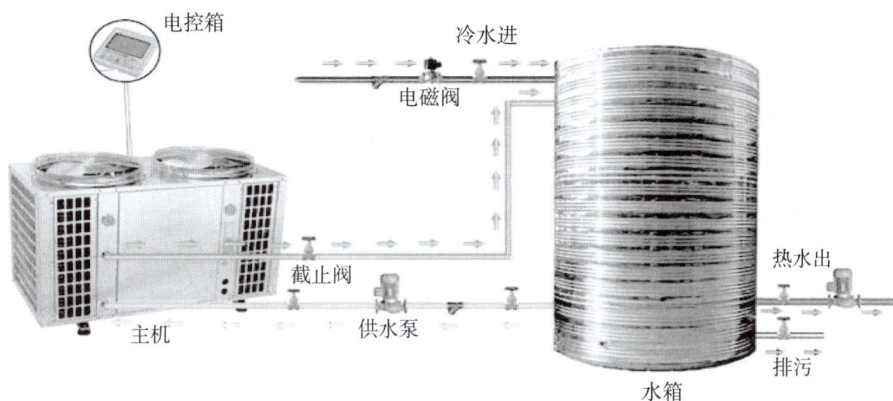

图 4-8　常见的空气能热水器系统

2）技术指标

（1）空气能热水器利用空气能，不需要阳光，因此放在室内或室外均可，温度在 0℃ 以上，就可以 24h 全天候承压运行；部分空气能（源）热泵热水器参数见表 4-2。

表 4-2　部分空气能（源）热泵热水器参数

项　　目	机　组　型　号			
	2P	3P	5P	10P
额定制热量/kW	6.79	8.87　　8.87	14.97	30
额定输入功率/kW	1.96	2.88　　2.83	4.67	9.34
最大输入功率/kW	2.5	3.6　　3.8	6.4	12.8
额定电流/A	9.1	14.4　　5.1	8.4	16.8
最大输入电流/A	11.4	16.2　　7.1	12	20
电源电压/V	220		380	
最高出水温度/℃	60			
额定出水温度/℃	55			
额定使用水压/MPa	0.7			
热水循环水量/(m³/h)	3.6	7.8　　7.8	11.4	19.2
循环泵扬程/m	3.5	5　　5	5	7.5
水泵输出功率/W	40	100　　100	125	250
产水量/(L/hr,20～55℃)	150	300　　300	400	800
COP 值	2～5.5			
水管接头规格	DN20	DN25　　DN25	DN25	DN32
环境温度要求	−5～40℃			
运行噪声	≤50dB(A)	≤55dB(A)　≤55dB(A)	≤60dB(A)	≤60dB(A)
选配热水箱容积/T	1～1.5	2～2.5　　2～2.5	3～4	5～8

（2）工程现场使用空气能热水器时，空气能热泵机组应尽可能布置在室外，进风和排风应通畅，避免造成气流短路。机组间的距离应保持在 2m 以上，机组与主体建筑或临建墙体（封闭遮挡类墙面或构件）间的距离应保持在 3m 以上；另外为避免排风短路，在机组上部不应设置挡雨棚之类的遮挡物；如果机组必须布置在室内，应采取提高风机静压的办法，接风管将排风排至室外。

（3）宜选用合理先进的控制系统，控制主机启停、水箱补水、用户用水以及其他辅助热源切入与退出；系统用水箱和管道需做好保温防冻措施。

3）适用范围

空气能热水技术主要适用于施工现场办公、生活区临时热水供应。

4.1.4 施工扬尘控制技术

1. 技术内容

施工扬尘控制技术主要包括施工现场道路、塔吊、脚手架等部位自动喷淋降尘和雾炮降尘技术、施工现场车辆自动冲洗技术等。

（1）自动喷淋降尘系统由蓄水系统、自动控制系统、语音报警系统、变频水泵、主管、三通阀、支管、微雾喷头连接而成，主要安装在临时施工道路、脚手架上。

如图 4-9 所示，塔吊自动喷淋降尘系统是指在塔吊安装完成后通过塔吊旋转臂安装的喷淋设施，用于塔臂覆盖范围内的降尘、混凝土养护等。喷淋系统由加压泵、塔吊、喷淋主管、万向旋转接头、喷淋头、卡扣、扬尘监测设备、视频监控设备等组成。

图 4-9 塔吊自动喷淋降尘系统

（2）雾炮降尘系统主要有电机、高压风机、水平旋转装置、仰角控制装置、导流筒、雾化喷嘴、高压泵、储水箱等装置，其特点为风力强劲、射程高（远）、穿透性好，可以实现精量喷雾，雾粒细小，能快速将尘埃抑制降沉，工作效率高、速度快，覆盖面积大。

（3）施工现场车辆自动冲洗系统由供水系统、循环用水处理系统、冲洗系统、承重系统、自动控制系统组成。采用红外、位置传感器启动自动清洗及运行指示的智能化控制技术。水池采用四级沉淀、分离，处理水质，确保水循环使用；清洗系统由冲洗槽、两侧挡板、高压喷嘴装置、控制装置和沉淀循环水池组成；喷嘴沿多个方向布置，无死角。

2. 技术指标

扬尘控制指标应符合现行《建筑工程绿色施工规范》(GB/T 50905—2014)中的相关要求。

地基与基础工程施工阶段施工现场每小时 PM10 平均浓度不宜大于 150μg /m³ 或工程所在区域的 PM10 平均浓度的 120％；结构工程及装饰装修与机电安装工程施工阶段施工现场 PM10 平均浓度不宜大于 60μg/m³ 或工程所在区域的 PM10 平均浓度的 120％。

3. 适用范围

施工扬尘控制技术适用于所有工业与民用建筑的施工工地。

4.1.5 施工噪声控制技术

1. 技术内容

施工噪声控制技术是通过选用低噪声设备、先进施工工艺或采用隔声屏、隔声罩等措施有效降低施工现场及施工过程噪声的控制技术。

(1) 隔声屏是通过遮挡和吸声减少噪声的排放。如图 4-10 所示，隔声屏主要由基础、立柱和隔音屏板等几部分组成。基础可以单独设计也可在道路设计时一并设计在道路附属设施上；立柱可以通过预埋螺栓、植筋与焊接等方法，将立柱上的底法兰与基础连接牢靠，声屏障立板可以通过专用高强度弹簧与螺栓及角钢等方法将其固定于立柱槽口内，形成声屏障。隔声屏可采用模块化生产、装配式施工，选择多种色彩和造型进行组合、搭配与周围环境协调。

图 4-10 施工场界隔声屏障

(2) 隔声罩是把噪声较大的机械设备，如搅拌机、混凝土输送泵、切割机、电锯等封闭起来，有效地阻隔噪声的外传，如图 4-11 和图 4-12 所示。隔声罩外壳由一层不透气的具有一定重量和刚性的金属材料制成，一般用 2~3mm 厚的钢板，铺上一层阻尼层，阻尼层常用沥青阻尼胶浸透的纤维织物或纤维材料，外壳也可以用木板或塑料板制作，轻型隔声结构可用铝板制作。要求高的隔声罩可做成双层壳，内层较外层薄一些；两层的间距一般是 6~10mm，填以多孔吸声材料。罩的内侧附加吸声材料，以吸收声音并减弱空腔内的噪声。要减少罩内混响声和防止固体声的传递；尽可能减少在罩壁上开孔，对于必需开孔的，开口面积应尽量小；在罩壁的构件相接处的缝隙，要采取密封措施，以减少漏声；由于罩内声源机器设备的散热，可能导致罩内温度升高，对此应采取适当的通风散热措施。要考虑声源机器设备操作、维修方便的要求。

图 4-11 切割机隔声罩

图 4-12 空压机隔声罩

（3）应设置封闭的木工用房，以有效降低电锯加工时噪声对施工现场的影响（图 4-13）。

图 4-13 封闭式木工加工棚

（4）施工现场应优先选用低噪声机械设备，优先选用能够减少或避免噪声的先进施工工艺。

2. 技术指标

施工现场噪声应符合《建筑施工场界环境噪声排放标准》（GB 12523－2011）的规定，昼间噪声≤70dB(A)，夜间噪声≤55 dB(A)。

3. 适用范围

施工噪声控制技术适用于工业与民用建筑工程施工。

4.1.6 绿色施工在线监测评价技术

1. 技术内容

绿色施工在线监测及量化评价技术是根据绿色施工评价标准，通过在施工现场安装智能仪表并借助 GPRS 通讯和计算机软件技术，随时随地以数字化的方式对施工现场能耗、水耗、施工噪声、施工扬尘、大型施工设备安全运行状况等各项绿色施工指标数据进行实时监测、记录、统计、分析、评价和预警的监测系统和评价体系。

绿色施工涉及管理、技术、材料、工艺、装备等多个方面。根据绿色施工现场的特点以及施工流程,在确保施工各项目都能得到监测的前提下,绿色施工监测内容应尽可能全面,用最小的成本获得最大限度的绿色施工数据,绿色施工在线监测对象应包括但不限于图 4-14 所示内容。

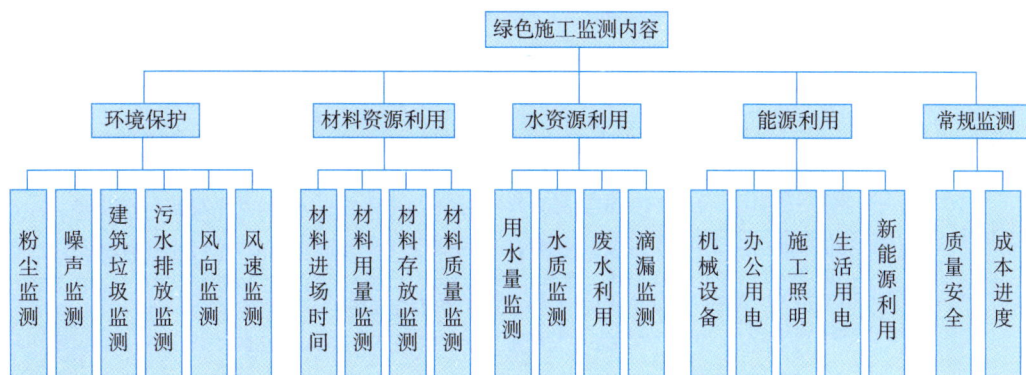

图 4-14 绿色施工在线监测对象内容框架

监测及量化评价系统构成以传感器为监测基础,以无线数据传输技术为通信手段,包括现场监测子系统、数据中心和数据分析处理子系统。现场监测子系统由分布在各个监测点的智能传感器和 HCC 可编程通信处理器组成监测节点,利用无线通信方式进行数据的转发和传输,达到实时监测施工用电、用水、施工产生的噪声和粉尘、风速风向等数据。数据中心负责接收数据和初步的处理、存储,数据分析处理子系统则将初步处理的数据进行量化评价和预警,并依据授权发布处理数据。

2. 技术指标

(1)绿色施工在线监测及评价内容包括数据记录、分析及量化评价和预警。

(2)应符合《建筑施工场界环境噪声排放标准》(GB 12523—2011)、《污水综合排放标准》(GB 8978—1996)、《生活饮用水卫生标准》(GB 5749—2022)的相关规定;建筑垃圾产生量应不高于 350t/万 m²。施工现场扬尘监测主要为 PM2.5、PM10 的控制监测,PM10 不超过所在区域的 120%。

(3)受风力影响较大的施工工序场地、机械设备(如塔吊)处风向、风速监测仪安装率宜达到 100%。

(4)现场施工照明、办公区需安装高效节能灯具(如 LED 节能灯)、声光智能开关,安装覆盖率宜达到 100%。

(5)对于危险性较大的施工工序,远程监控安装率宜达到 100%。

(6)材料进场时间、用量、验收情况实时录入监测系统,保证远程实时接收监测结果。

3. 适用范围

绿色施工在线监测评价技术适用于规模较大及科技、质量示范类项目的施工现场。

4.1.7 工具式定型化临时设施技术

1. 技术内容

工具式定型化临时设施包括标准化箱式房,定型化临边洞口防护、加工棚,构件化

PVC 绿色围墙,预制装配式马道,可重复使用临时道路板等。

（1）标准化箱式施工现场用房包括办公室用房、会议室、接待室、资料室、活动室、阅读室、卫生间。标准化箱式附属用房,包括食堂、门卫房、设备房、试验用房。标准化箱式房可按照表 4-3 所示的标准尺寸和符合要求的材质制作并使用。

表 4-3　标准化箱式房几何尺寸（建议尺寸）　　　　　　　　单位：mm

项　目		几何尺寸	
		形式一	形式二
箱体	外	$L6055 \times W2435 \times H2896$	$L6055 \times W2990 \times H2896$
	内	$L5840 \times W2255 \times H2540$	$L5840 \times W2780 \times H2540$
窗		$H \geqslant 1100$ $W650 \times H1100 / W1500 \times H1100$	
门		$H \geqslant 2000$ $W \geqslant 850$	
框架梁高	顶	$H \geqslant 180$（钢板厚度 $\geqslant 4$）	
	底	$H \geqslant 140$（钢板厚度 $\geqslant 4$）	

（2）定型化临边洞口防护、加工棚：定型化、可周转的基坑和楼层临边防护、水平洞口防护,可选用如图 4-15 所示的网片式、格栅式或组装式。当水平洞口短边尺寸大于1500mm 时,洞口四周应搭设不低于 1200mm 防护,下口设置踢脚线并悬挂水平安全网,防护方式可选用网片式、格栅式或组装式,防护距离洞口边不小于 200mm。楼梯扶手栏杆采用工具式短钢管接头,立杆采用膨胀螺栓与结构固定,内插钢管栏杆,使用结束后可拆卸周转重复使用。可周转定型化加工棚基础尺寸采用 C30 混凝土浇筑,预埋 400mm×400mm×12mm 钢板,钢板下部焊接直径 20mm 钢筋,并塞焊 8 个 M18 螺栓固定立柱。立柱采用200mm×200mm 型钢,立杆上部焊接 500mm×200mm×10mm 的钢板,以 M12 的螺栓连接桁架主梁,下部焊接 400mm×400mm×10mm 钢板。斜撑为 100mm×50mm 方钢,斜撑的两端焊接 150mm×200mm×10mm 的钢板,以 M12 的螺栓连接桁架主梁和立柱。

图 4-15　定型化临边洞口防护

（3）构件化PVC绿色围墙：基础采用现浇混凝土，支架采用轻型薄壁钢型材，墙体采用工厂化生产的PVC扣板，现场采用装配式施工方法。

（4）预制装配式马道：预制装配式马道的立杆可采用 $\phi159\text{mm}\times5\text{mm}$ 钢管，立杆连接采用法兰连接，立杆预埋件采用同型号带法兰钢管，锚固入筏板混凝土深度500mm，外露长度500mm。立杆除埋入筏板的埋件部分，上层区域杆件在马道整体拆除时均可回收。马道楼梯梯段侧向主龙骨采用16a号热轧槽钢，梯段长度根据地下室楼层高度确定，每主体结构层高度内两跑楼梯，并保证楼板所在平面的休息平台高于楼板200mm。踏步、休息平台、安全通道顶棚覆盖采用3mm花纹钢板，踏步宽250mm、高200mm，楼梯扶手立杆采用 $30\text{mm}\times30\text{mm}\times3\text{mm}$ 方钢管（与梯段主龙骨螺栓连接），扶手采用 $50\text{mm}\times50\text{mm}\times3\text{mm}$ 方钢管，扶手高度1200mm，梯段与休息平台固定采用螺栓连接，梯段与休息平台随主体结构完成逐步拆除。图4-16所示为某施工现场设置的装配式马道。

图4-16　某施工现场设置的装配式马道

（5）装配式临时道路：装配式临时道路可采用预制混凝土道路板、装配式钢板、新型材料等，具有施工操作简单，占用场地少，便于拆装、移位，可重复利用，能降低施工成本，减少能源消耗和废弃物排放等优点。装配式临时道路应根据临时道路的承载力和使用面积等因素确定尺寸。

2. 技术指标

工具式定型化临时设施应工具化、定型化、标准化，具有装拆方便，可重复利用和安全可靠的性能；防护栏杆体系、防护棚经检测防护有效，符合设计安全要求。预制混凝土道路板适用于建设工程临时道路地基弹性模量≥40MPa，承受载重≤40t，施工运输车辆或单个轮压≤7t的施工运输车辆路基上铺设使用；其他材质的装配式临时道路的承载力应符合设计要求。

3. 适用范围

工具式定型化临时设施技术适用于工业与民用建筑、市政工程等。

4.1.8　垃圾管道垂直运输技术

1. 技术内容

垃圾管道垂直运输技术是指在建筑物内部或外墙外部设置封闭的大直径管道，将楼层内的建筑垃圾沿着管道靠重力自由下落,通过减速门对垃圾进行减速,最后落入专用垃圾箱内进行处理。

(1)垃圾运输管道主要由楼层垃圾入口、主管道、减速门、垃圾出口、专用垃圾箱、管道与结构连接件等主要构件组成,可以将该管道直接固定到施工建筑的梁、柱、墙体等主要构件上,安装灵活,可多次周转使用。某施工现场设置的垃圾运输管道如图4-17所示。

图 4-17 某施工现场设置的垃圾运输管道

(2)主管道采用圆筒式标准管道层,管道直径控制在500~1000mm,每个标准管道层分上下两层,每层1.8m,管道高度可在1.8~3.6m进行调节,标准层上下两层之间用螺栓进行连接;楼层入口可根据管道距离楼层的距离设置转动的挡板;管道入口内设置一个可以自由转动的挡板,防止粉尘在各层入口处飞出。

(3)管道与墙体连接件设置半圆轨道,能在平面内180°自由调节,使管道上升后,连接件仍能与梁柱等构件相连;减速门采用弹簧板,上覆橡胶垫,根据自锁原理设置弹簧板的初始角度为45°,每隔三层设置一处,来降低垃圾下落速度;管道出口处设置一个带弹簧的挡板;垃圾管道出口处设置专用集装箱式垃圾箱进行垃圾回收,并设置防尘隔离棚。垃圾运输管道楼层垃圾入口、垃圾出口及专用垃圾箱设置自动喷洒降尘系统。

(4)建筑碎料(凿除、抹灰等产生的旧混凝土、砂浆等矿物材料及施工垃圾)单件粒径尺寸不宜超过100mm,重量不宜超过2kg;木材、纸质、金属和其他塑料包装废料严禁通过垃圾垂直运输通道运输。

(5)扬尘控制,在管道入口内设置一个可以自由转动的挡板,垃圾运输管道楼层垃圾入口、垃圾出口及专用垃圾箱设置自动喷洒降尘系统。

2. 技术指标

垃圾管道垂直运输技术符合《建筑工程绿色施工规范》(GB/T 50905—2014)、《建筑与市政工程绿色施工评价标准》(GB/T 50604—2023)和《建设工程施工现场环境与卫生标准》(JGJ 146—2013)的要求。

3. 适用范围

垃圾管道垂直运输技术适用于多层、高层、超高层民用建筑的建筑垃圾竖向运输,高层、超高层使用时每隔50~60m设置一套独立的垃圾运输管道,设置专用垃圾箱。

4.1.9 透水混凝土与植生混凝土应用技术

1.透水混凝土应用技术

1）技术内容

透水混凝土是由一系列相连通的孔隙和混凝土实体部分骨架构成的具有透气和透水性的多孔混凝土,透水混凝土主要由胶结材和粗骨料构成,有时会加入少量的细骨料。从内部结构来看,主要靠包裹在粗骨料表面的胶结材浆体将骨料颗粒胶结在一起,形成骨料颗粒之间为点接触的多孔结构。

透水混凝土由于不用细骨料或只用少量细骨料,其粗骨料用量比较大,制备 $1m^3$ 透水混凝土(成型后的体积),粗骨料用量在 $0.93\sim0.97m^3$;胶结材在 $300\sim400kg/m^3$,水胶比一般在 $0.25\sim0.35$。透水混凝土搅拌时应先加入部分拌和水(约占拌和水总量的50%),搅拌约30s后加入减水剂等,再随着搅拌加入剩余水量,至拌合物工作性满足要求为止,最后的部分水量可根据拌合物的工作性情况有所控制。透水混凝土路面的铺装施工整平使用液压振动整平辊和抹光机等,对不同的拌合物和工程铺装要求,应该选择适当的振动整平方式并且施加合适的振动能,过振会降低孔隙率,施加振动能不足,可能导致颗粒黏结不牢固而影响到耐久性。

2）技术指标

透水混凝土拌合物的坍落度为 $10\sim50mm$,透水混凝土的孔隙率一般为 $10\%\sim25\%$,透水系数为 $1\sim5mm/s$,抗压强度在 $10\sim30MPa$;应用于路面不同的层面时,孔隙率要求不同,从面层到结构层再到透水基层,孔隙率依次增大;冻融的环境下其抗冻性不低于D100。

3）适用范围

透水混凝土技术适用于严寒以外的地区的城市广场、住宅小区、公园休闲广场和园路、景观道路以及停车场等;在“海绵城市”建设工程中,可与人工湿地、下凹式绿地、雨水收集等组成“渗、滞、蓄、净、用、排”的雨水生态管理系统。采用透水混凝土铺设的路面如图4-18所示。

图 4-18 透水混凝土路面

2.植生混凝土应用技术

1）技术内容

植生混凝土是以水泥为胶结材,大粒径的石子为骨料制备的能使植物根系生长于其孔隙的大孔混凝土,它与透水混凝土有相同的制备原理,但由于骨料的粒径更大,胶结材用量较少,所以形成孔隙率和孔径更大,便于灌入植物种子和肥料以及植物根系的生长。

普通植生混凝土用的骨料粒径一般为 20.0～31.5mm,水泥用量为 200～300kg/m³,为了降低混凝土孔隙的碱度,应掺用粉煤灰、硅灰等低碱性矿物掺合料;骨料/胶材比为 4.5～5.5,水胶比为 0.24～0.32,旧砖瓦和再生混凝土骨料均可作为植生混凝土骨料,称为再生骨料植生混凝土。轻质植生混凝土利用陶粒作为骨料,可以用于植生屋面,在夏季,植生混凝土屋面较非植生混凝土的室内温度低约 2℃。

植生混凝土的制备工艺与透水混凝土本相同,但注意的是浆体黏度要合适,保证将骨料均匀包裹,不发生流浆离析或因干硬不能充分黏结的问题。

植生地坪的植生混凝土可以在现场直接铺设浇筑施工,也可以预制成多孔砌块后到现场用铺砌方法施工。

2)技术指标

植生混凝土的孔隙率为 25%～35%,绝大部分为贯通孔隙;抗压强度要达到 10MPa 以上;屋面植生混凝土的抗压强度在 3.5MPa 以上,孔隙率为 25%～40%。

3)适用范围

普通植生混凝土和再生骨料植生混凝土多用于河堤、河坝护坡、水渠护坡、道路护坡(图 4-19)和停车场等;轻质植生混凝土多用于植生屋面、景观花卉等。

图 4-19　植生混凝土护坡

4.1.10　混凝土楼地面一次成型技术

1. 技术内容

地面一次成型工艺是在混凝土浇筑完成后,用 φ150mm 的钢管压滚压平提浆,刮杠调整平整度,或采用激光自动整平、机械提浆方法,在混凝土地面初凝前铺撒耐磨混合料(精钢砂、钢纤维等),利用磨光机磨平,最后进行修饰工序。地面一次成型施工工艺与传统施工工艺相比具有避免地面空鼓、起砂、开裂等质量通病,增加了楼层净空尺寸,提高地面的耐磨性和缩短工期等优势,同时省却了传统地面施工中的找平层,对节省建材、降低成本效果显著。

2. 技术指标

(1)冲筋:根据墙面弹线标高和混凝土面层厚度用 L40×63×4 的角钢冲筋,并用作混凝土地面的侧模,角钢用膨胀螺栓固定在结构板上,用激光水准仪进行二次抄平。

(2)铺撒耐磨混合料:混合料撒布的时机随气候、温度和混凝土配合比等因素而变化。撒布过早会使混合料沉入混凝土中而失去效果;撒布太晚混凝土已凝固,会失去黏结力,使混合料无法与混凝土黏合而造成剥离。判别混合料撒布时间的方法是脚踩其上,约下沉5mm时,即可开始第一次撒布施工。墙、门、柱和模板等边线处水分消失较快,宜优先撒布施工,以防因失水而降低效果。第一次撒布量是全部用量的2/3,拌和应均匀落下,不能用力抛而致分离,撒布后用木抹子抹平。拌和料吸收一定的水分后,再用磨光机除去转盘碾磨分散并与基层混凝土浆结合在一起。第二次撒布时,先用靠尺或平直刮杆衡量水平度,并调整第一撒布不平处,第二次方向应与第一次垂直。第二次撒布量为全部用量的1/3,撒布后立即抹平,磨光,并重复磨光机作业至少两次,磨光机作业时应纵横相交错进行,均匀有序,防止材料聚集。

(3)表面修饰:磨光机作业后面层仍存在磨纹较凌乱,为消除磨纹最后采用薄钢抹子对面层进行有序方向的人工压光,完成修饰工序。

(4)养护及模板拆除:地面面层施工完成24h后进行洒水养护,在常温条件下连续养护不得少于7d;养护期间严禁上人;施工完成24h后进行角钢侧模拆除,应注意不得损伤地面边缘。

(5)切割分隔缝:为避免结构柱周围地面开裂,必须在结构柱等应力集中处设置分格缝,缝宽5mm,分隔缝在地面混凝土强度达到70%后(完工后5d左右),用砂轮切割机切割。柱距大于6m的地面须在轴线中切割一条分格缝,切割深度应至少为地面厚度的1/5。填缝材料采用弹性树脂等材料。

3.适用范围

如图4-20所示,混凝土楼地面一次成型技术主要应用于停车场、超市、物流仓库及厂房地面工程等。

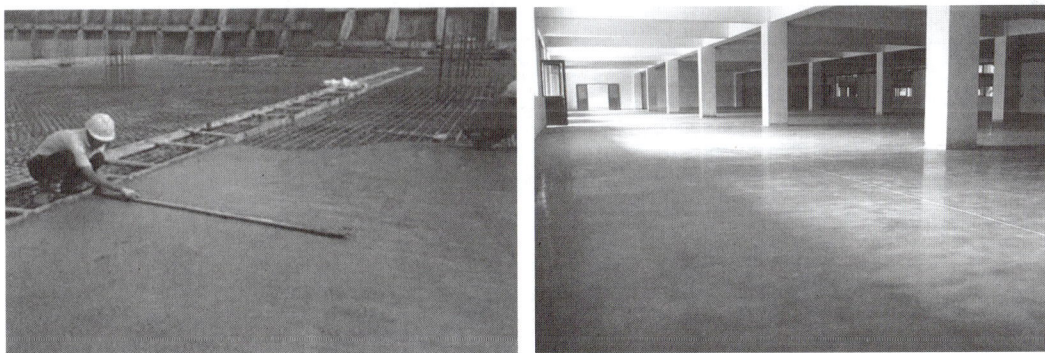

图4-20　混凝土楼地面一次成型技术

4.1.11　建筑物墙体免抹灰技术

1.技术内容

建筑物墙体免抹灰技术是指通过采用新型模板体系、新型墙体材料或采用预制墙体,使墙体表面允许偏差、观感质量达到免抹灰或直接装修的质量水平。现浇混凝土墙体、砌筑墙体及装配式墙体通过现浇、新型砌筑、整体装配等方式使外观质量及平整度达到准清水混凝土墙、新型砌筑免抹灰墙、装饰墙的效果。

现浇混凝土墙体是通过材料配制、细部设计、模板选择及安拆,混凝土拌制、浇筑、养护、成品保护等诸多技术措施,使现浇混凝土墙达到准清水免抹灰效果。

对非承重的围护墙体和内隔墙可采用免抹灰的新型砌筑技术,采用粘接砂浆砌筑,砌块尺寸偏差控制为 1.5～2mm,砌筑灰缝为 2～3mm。对内隔墙也可采用高质量预制板材,现场装配式施工,刮腻子找平。

2. 技术指标

(1)现浇混凝土墙体是通过材料配制、细部设计、模板选择及安拆,混凝土拌制、浇筑、养护、成品保护等诸多技术措施,使现浇混凝土墙达到准清水免抹灰效果。准清水混凝土墙技术要求参见表4-4。

表 4-4　准清水混凝土墙技术要求

项次	项　　目		允许偏差/mm	检 查 方 法	说　　明
1	轴线位移(柱、墙、梁)		5	尺量	表面平整密实、无明显裂缝,无粉化物,无起砂、蜂窝、麻面和孔洞,气泡尺寸不大于10mm,分散均匀
2	截面尺寸(柱、墙、梁)		±2	尺量	
3	垂直度	层高	5	坠线	
		全高	30		
4	表面平整度		3	2m靠尺、塞尺	
5	角、线顺直		4	线坠	
6	预留洞口中心线位移		5	拉线、尺量	
7	接缝错台		2	尺量	
8	阴阳角方正		3		

(2)新型砌筑免抹灰墙体技术要求参见表4-5。

表 4-5　新型砌筑免抹灰墙体技术要求

项次	项　　目		允许偏差/mm	检 验 方 法	说　　明
1	砌块尺寸允许偏差	长度	±2	—	新型砌筑是采用粘接砂浆砌筑的墙体,砌块尺寸偏差为1.5～2mm,灰缝为2～3mm
		宽(厚)度	±1.5		
		高度	±1.5		
2	砌块平面弯曲		不允许	—	
3	墙体轴线位移		5	尺量	
4	每层垂直度		3	2m托线板,吊垂线	
5	全高垂直度≤10m		10	经纬仪,吊垂线	
6	全高垂直度>10m		20	经纬仪,吊垂线	
7	表面平整度		3	2m靠尺和塞尺	

3. 适用范围

建筑物墙体免抹灰技术适应用于工业与民用建筑的墙体工程。某施工现场免抹灰墙体如图 4-21 所示。

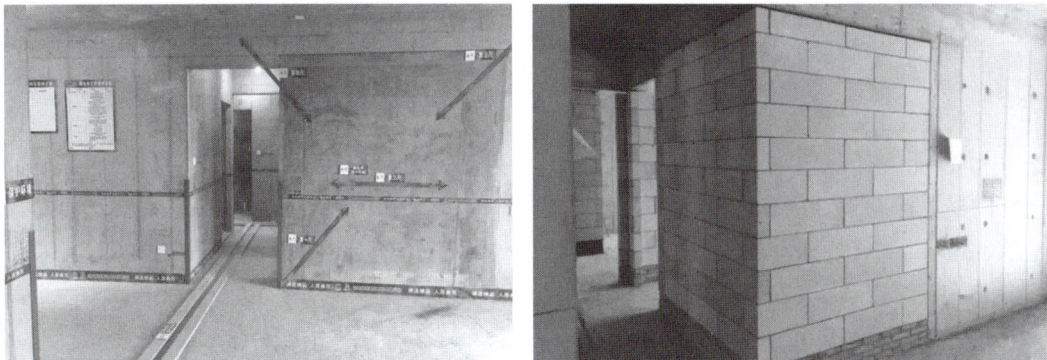

图 4-21 免抹灰墙体

4.2 现代信息技术在绿色施工中的应用

伴随着信息技术的发展,建筑业开启了数字化、智能化转型的新篇章,建筑工业 4.0 时代悄然来临。物联网、云计算、大数据、BIM、5G、人工智能等新一代信息技术与建筑施工技术逐步渗透融合,建筑施工现场成为展现人类智慧与现代科技魅力的舞台。

【思考】畅想一下在信息技术与绿色施工技术深度融合与集成的未来,"智慧工地"的建设场景?

4.2.1 BIM 技术

1. BIM 技术概述

根据《建筑信息模型应用统一标准》(GB/T 51212—2016),建筑信息模型(BIM)是指在建设工程及设施全生命期内,对其物理和功能特性进行数字化表达,并依此设计、施工、运营的过程和结果的总称。

建筑业 10 项新技术——信息化技术

BIM 技术是用于工程设计、建造和管理的一种数据化工具,通过对建筑的数据化、信息化模型整合,在项目策划、设计、施工、运行和维护的全生命周期过程中进行共享和传递。BIM 技术的核心是通过建立虚拟的建筑工程三维模型,为模型提供完整的、与实际情况一致的建筑工程信息库,该信息库既包含描述建筑物构件的几何信息,比如建筑物构件的名称、材料、数量等;也包含描述建筑物的状态信息,比如施工进度、施工成本等。

BIM 技术可以使建设项目的所有参与方(包括政府主管部门、建设单位、设计单位、施工单位、监理单位、造价单位、运营单位等)在项目从概念产生到完全拆除的完整生命周期内都能够依托三维建筑模型实现信息共享和协同操作,从而在根本上改变项目多方参与人员依靠文字、图纸开展项目建设和运营管理的工作方式,提高工作效率,减少沟通成本和工

作失误。

2. BIM 技术在绿色施工中的应用

应用 BIM 技术可实现施工图深化设计、图纸会审、场地优化布置、施工模拟、构配件预制加工、信息化施工管理等多种功能,在减少返工、提高工作质量、提高生产效率、缩短工期、控制成本、保证施工安全、资源节约和环境保护等各方面都发挥着重要的作用。

1) 施工图深化设计

建筑施工中的现浇混凝土结构深化设计、装配式混凝土结构深化设计、钢结构深化设计、机电深化设计等均宜应用 BIM 技术。

以机电深化设计为例,其 BIM 应用典型流程如图 4-22 所示。基于施工图设计模型或建筑、结构、机电、装饰专业设计文件,应用 BIM 技术可以创建机电深化设计模型,完成相关专业管线综合,校核系统合理性,输出机电管线综合图、机电专业施工深化设计图、相关专业配合条件图和工程量清单等。

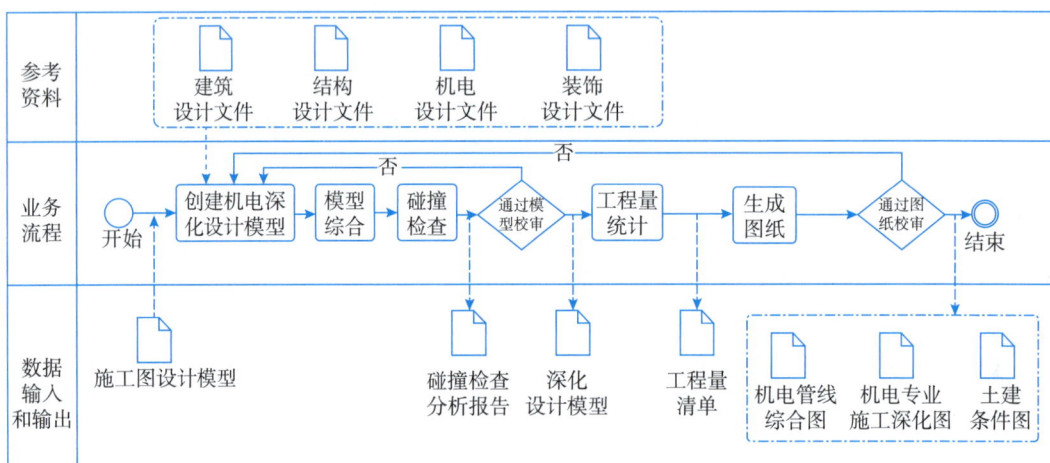

图 4-22 机电深化设计 BIM 应用典型流程

2) 施工图会审

图纸会审是施工准备阶段技术管理的重要内容。传统的图纸会审是基于二维平面施工图纸的,由于平面施工图纸涉及建筑、结构、给排水、暖通、电气、装饰装修等多个专业,尤其对于大型综合性建设项目,图纸数量较多,各专业图纸又相对独立,图纸会审难度较大、耗时较长。

相对于传统的二维平面图纸,通过 BIM 技术创建的三维可视化建筑模型能够清晰展示建筑结构和管线等的空间布局,精准呈现复杂节点的构造,便于图纸审查人员发现设计中存在的错、漏、碰、缺问题,提高图纸会审效率。如图 4-23 所示,基于 BIM 的图纸会审可以实现在三维模型中的漫游审查,以第三人的视角对模型内部进行查看,能够直观地理解图纸信息,及时发现平面图纸审查时不易察觉的问题。

另外,利用 BIM 的参数化特性,能够快速准确地获取建筑构件的详细信息,包括尺寸、材质以及规格等,有助于会审人员对设计的合理性进行更精确的评估。比如在审查柱子的尺寸和配筋时,可以直接从模型中获取相关参数,判断其是否满足结构要求。

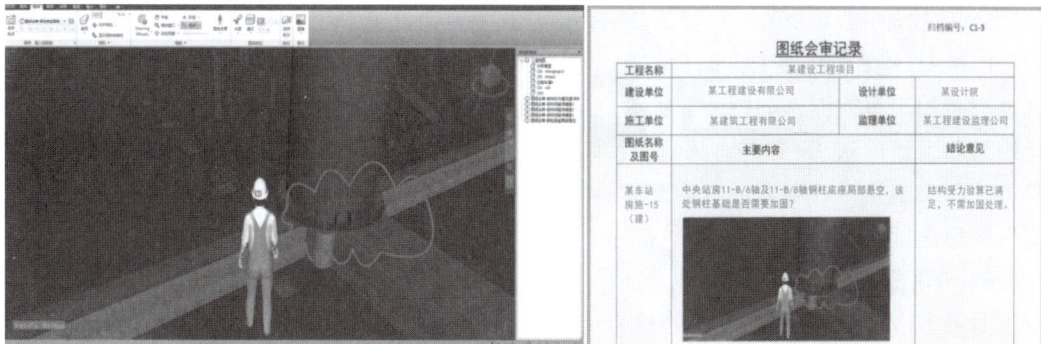

图 4-23　BIM 模型三维漫游审查

同时,BIM 还支持多专业的协同工作,不同专业的模型可以整合在一个平台上,方便各专业人员协同会审,及时发现和协调解决各专业之间的碰撞问题。比如建筑的预留孔洞与电气管线的布置是否匹配,结构的梁位是否影响了通风管道的走向等。

3）优化场地布置

传统的施工场地及生活区临设布置是通过 CAD 绘制二维施工图进行方案策划,空间立体效果不强,对整个区域规划方案的对比和优化不利。如图 4-24 所示,利用 BIM 技术可将整个需要规划的区域绘制成三维的立体实物布置图形进行展示,能够在可视状态下对规划方案进行调整和优化,使场地布置对建筑的容纳空间达到最大化,并根据施工进度,按阶段规划布置场地设施,提高现场施工的便利程度,达到合理利用场内空间、节约土地的效果。

图 4-24　基于 BIM 的场地优化布置

4）施工模拟

传统施工方案编制的方法大多在过去工程经验的基础上,遵循一定的国家标准和行业规范,以文字形式形成书面文档,无法进行有效的实体验证。运用 BIM 技术对施工方案预先进行模拟,在三维视图中直观地展示施工过程,有助于验证施工方案的实际可操作性,提前发现施工过程中可能存在的问题和风险,减少施工过程中的交叉作业和重复劳动,从而优化施工方案。

对于复杂的、关键的施工工艺,利用 BIM 技术可以采用三维动画进行模拟演示,分析质量控制重点和难点,提前进行研判,找出最优解决方案,保证施工措施的安全性和可靠性,同时节省材料、节约工期,提高施工效率。

5) 预制加工

BIM 技术在预制加工方面的应用主要体现在混凝土预制构件生产、钢结构构件加工和机电产品加工等方面。如图 4-1 所示,在混凝土预制构件生产 BIM 应用中,可基于深化设计模型和生产确认函、变更确认函、设计文件等创建混凝土预制构件生产模型,通过提取生产料单和编制排产计划形成资源配置计划和加工图,并在构件生产和质量验收阶段形成构件生产的进度、成本和质量追溯等信息。

6) 进度管理

通过 BIM 技术将工程进度计划与建筑三维模型信息关联,把空间信息与时间信息整合在一个可视化的四维模型中,不仅可以直观、精确地反映整个项目的施工过程,还能够实时追踪当前的进度状态,便于发现计划执行过程中潜在的进度冲突和延误风险,协调各专业,提前进行调整和优化,规避可能出现的重大风险。同时合理有效地分配施工活动中所需的各类资源,科学调度现场场地变更,保证施工进度正常推进,减少施工物资、人员以及资金的浪费。

7) 质量管理

利用 BIM 技术建立可视化的质量管理平台,可以实现质量预控、施工过程的质量控制、质量问题的预警和分析等。如图 4-25 所示,根据施工现场的实际情况,可以利用 BIM 技术制作虚拟化的质量样板,添加解说音频、文字、实景图片等信息,实现方便快捷的可视化技术交底,施工作业人员通过手机等移动式终端设备扫描二维码便可以直接观看。虚拟质量样板还可以多次重复使用,节材又节地。

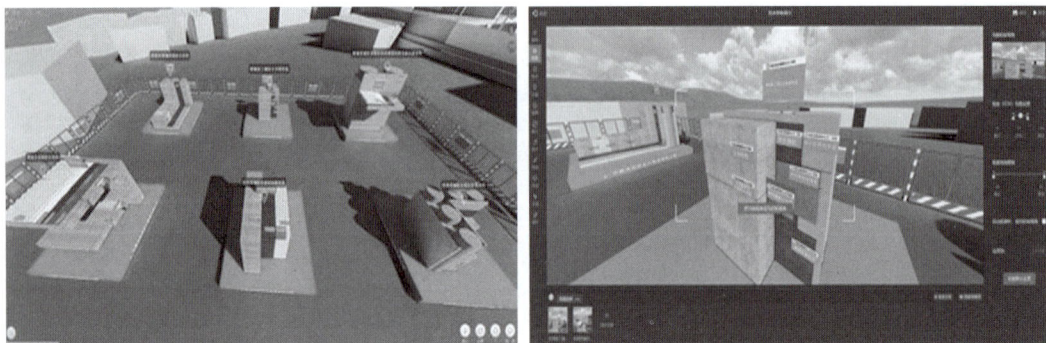

图 4-25　BIM 虚拟质量样板展示

【思考】BIM 技术应用在绿色施工节材、节水、节能、节地以及人力资源节约等方面的具体体现?

4.2.2　虚拟现实技术

1. 虚拟现实技术概述

虚拟现实(virtual reality,VR)技术又称为虚拟环境、灵境技术等,是一种综合利用计算机系统和各种显示及控制等接口设备,在计算机上生成的可交互的三维环境中提供沉浸感的技术。其典型特征是"人机交互性",用户可以通过各种输入设备,如手柄、手势识别、眼球追踪等,与虚拟环境进行交互,在虚拟世界中感受真实的色彩、声音、气味、触觉等,虚拟环境会根据用户的操作反馈相应的作用力,让用户感受到自己在虚拟世界中的存在和影响力。

虚拟现实技术集中体现了计算机技术、计算机图形学、多媒体技术、传感器技术、显示技术、人机交互、人工智能等多个领域的最新发展。虚拟现实技术以其独特的沉浸感和人机交互性,为人们带来了全新的体验和无限的可能,应用前景十分广阔。

根据虚拟现实技术对沉浸性程度的高低和交互程度的不同划为4种典型的类型:桌面式 VR 系统、沉浸式 VR 系统、增强式 VR 系统、分布式 VR 系统。

(1)桌面式 VR 系统是一种较为初级的虚拟现实系统,通常利用个人计算机和中低端工作站进行仿真,将计算机的屏幕作为用户观察虚拟世界的一个窗口。用户通过键盘、鼠标等输入设备与虚拟环境进行交互。系统对硬件设备要求不高,成本较低,虚拟效果差、沉浸感较弱,用户只能通过屏幕观察虚拟环境,无法获得完全身临其境的感受。

(2)沉浸式 VR 系统是一种能够提供高度沉浸感的虚拟现实系统。通常利用头盔式显示器、数据手套、位置跟踪器等输入设备,将用户的视觉、听觉甚至触觉和味觉完全沉浸在虚拟环境中,具有高实时性、高度的沉浸感、良好的系统整合性等特点。系统成本较高,设备较为复杂,需要专业地安装和调试。同时对使用环境也有一定要求,需要较大的空间来进行体验。

(3)增强式 VR 系统是将虚拟环境与真实环境相结合,通过在真实环境中叠加虚拟信息,增强用户对现实世界的感知和理解。系统可以在不脱离真实环境的情况下,为用户提供额外的信息和帮助。技术难度较大,需要精确的定位和跟踪技术,以确保虚拟信息与真实环境的准确融合。同时,由于需要同时处理真实环境和虚拟信息,对硬件设备的性能要求也较高。

(4)分布式 VR 系统是一种基于网络的虚拟现实系统,多个用户可以通过网络连接,共同参与到一个虚拟环境中,可以实现多人协作和互动,适用于远程教学、虚拟会议、在线游戏等场景。用户可以与来自不同地点的人进行交流和合作,拓展了虚拟现实的应用范围。该系统对网络带宽和稳定性要求较高,系统的开发和维护也较为复杂,需要考虑多用户并发访问等问题。

2. 虚拟现实技术在绿色施工中的应用

1)施工场地规划布置

传统的施工平面布置图,以平面图纸形式绘出,根据施工经验等进行优化,无法给人直观的立体效果,即使采用 3D 效果图形式,当需要进行修改时,也不易及时反映场地布置的动态变化。

在施工场地布置的前期规划阶段,利用虚拟现实技术可以创建逼真的三维虚拟环境,直观展示整个施工场地的全貌。在虚拟现实系统中,首先建立施工现场所有现存和拟建建筑物、临时设施、场内管线道路、施工设备等实体的 3D 模型,通过虚拟现实语言赋予各 3D 实体动态属性,实现各对象的实时交互及随时间的动态变化。

在虚拟现实系统中,为 3D 实体建立统一属性数据库,存入各实体的位置坐标、存在时间及设备型号等信息,包括临时设施、材料堆放场地、材料加工区、仓库等设施实体的占地面积、容量及其他各种信息。项目管理人员通过漫游虚拟场地,可以直观地了解场地布置,单击鼠标便能看到各实体的相关信息,同时还可通过修改数据库的信息来更改不合理之处。系统还可根据存入数据库的规范信息和场地优化方案,协助组织人员确定更合理的场地位置、运输路线规划和运输方案,节省土地、资金和时间成本。

2)辅助工程质量检查与验收

利用虚拟现实技术可以辅助现场施工技术交底、质量问题和安全隐患排查以及工程质量检查与验收等。传统的工程质量检查与验收主要通过资料审查、现场检查、问询、工程图纸对比分析等方式,费时费力,且现场检查可能受到观察视角和场地环境的限制,存在遗漏情况。例如,对于一些提前隐蔽的工程或难以到达的工程部位,工程人员可能无法进行全面细致的检查。

在施工现场安装全景摄像头和传感装置,利用激光扫描、摄影测量等技术手段,对工程实体进行全方位的数据采集,建立高精度的三维模型,准确地反映工程实体的实际结构尺寸、形状和位置等相关信息。将三维模型导入 VR 设备中,工程人员即可在虚拟环境中对工程进行全方位的检查与验收。他们可以自由地移动、旋转和缩放模型,从不同角度观察工程实体的细节,如同置身于实际工程现场,便于及时发现潜在的质量问题。

尤其在进行隐蔽工程的检查与验收时,虚拟现实技术可以将隐蔽工程以可视化的形式直观展示出来,工程人员通过 VR 设备可以直接查看隐蔽工程的实际施工情况,避免了传统验收方式中可能存在的观察盲区。在隐蔽工程施工时,可利用视频监控等手段记录施工过程,将施工记录与三维模型结合,在 VR 环境中可以回放隐蔽工程的施工过程,工程人员可以逐帧查看施工过程,分析施工过程是否符合规范和设计要求。

如图 4-26 所示,工程人员佩戴 VR 眼镜在施工现场进行工程验收工作时,VR 眼镜会根据人员定位自动加载模型,工程人员再通过 VR 眼镜,将现场的工程情况与加载的三维虚拟工程模型进行对比,检查构件尺寸、设备型号、管线连接等施工细节是否符合设计要求,并在终端设备上进行标注。基于增强现实技术的工程检查与验收一方面可以进行完整细致的审查,防止疏漏,有效避免返工,减少工程材料浪费;另一方面省去大量图纸翻阅查询工作,节省纸张,同时提高验收效率。

图 4-26　VR 辅助验收

在工程验收过程中,身处不同地点的工程人员可以利用虚拟现实技术进行远程协作,在虚拟环境中共享模型信息,交流意见和建议,提高验收效率和准确性。例如,在大型工程、复杂工程项目验收或工程验收过程中遇到复杂的难以判定的质量问题时,可以邀请行业、企业专家通过 VR 设备与现场验收人员远程协作，指导现场人员验收。

3）远程工作会议

建设工程项目通常涉及多个参建单位，包括但不限于设计单位、施工单位、监理单位、材料供应商、设备供应商以及相关检测单位等。参建单位之间的协作与交叉作业是项目顺利进行的关键，同时也是工程项目管理的难点之一。为加强参建单位之间的组织协调，确保施工进度、质量等目标的实现，施工期间往往会组织召开多次会议。

利用分布式虚拟现实系统，可以让身处不同地区的工程人员共同沉浸在同一虚拟现实情境中，共享虚拟工程模型，在虚拟会议室中组织会议，讨论工程问题，实现信息共享，高效协作。通过这种远程会议模式，可以大大减少施工现场会议产生的旅途能耗、碳排放以及差旅费用等，节省工期。

通过虚拟现实技术，参会人员可以在虚拟会议室中展示工程三维模型，并可对模型进行旋转、缩放、剖切等操作，详细查看建筑内部结构、空间布局、工程参数等，便于更清晰地理解设计意图和施工难点。参会人员还可以在虚拟模型上进行绘制、标注等操作，通过语音、手势等方式进行实时交互，有助于增强沟通效果，减少信息传递的误差。

如图 4-27 所示，在虚拟会议室中，参会人员仿佛置身于实际的工程施工现场。利用全景摄像头对施工现场进行拍摄，然后在 VR 设备中呈现出逼真的施工场景，即使身处不同地点的人员也能如同亲临现场一般，对工程的进展、施工质量状况等有直观的感受和准确的判断。例如，在讨论某个具体施工区域的质量问题时，参会人员可以通过转动头部或操作手柄，全方位地观察该区域的细节，包括施工工艺、材料使用、安全防护设施等，从而更好地理解问题并提出更有针对性的解决方案。

图 4-27 虚拟现实会议

4）施工人员教育培训

虚拟现实技术具有沉浸感、可互动性和构想性等基本特征，在施工人员的教育培训中发挥着非常重要的作用。

一方面，利用虚拟现实技术模拟复杂的施工工艺和操作流程，施工人员可以在虚拟的施工环境中进行反复练习，熟悉施工过程中的每一个环节，熟练掌握施工工艺和施工要点，提高操作技能，保证实际施工时的质量和效率。例如，在管道或钢筋焊接施工中，利用 VR 技术可以模拟展示焊接的全过程，包括焊接设备的选择与使用、焊接工艺参数的设置、焊接操作的技巧、焊接质量的检测、劳动防护用品的正确佩戴与使用等，施工人员可以根据详细的演示和讲解，在虚拟环境中反复进行实际操作练习，直至熟练掌握为止。

另一方面,利用虚拟现实技术可以创建逼真的安全事故场景,高度还原施工现场,让施工人员在虚拟场景中沉浸式地体验各种安全事故,如高处坠落、物体打击、触电等。如图 4-28 所示,目前,很多工程项目都在施工现场建设了虚拟现实安全教育体验馆,将传统"说教式"教育模式转变为"情景式"+"体验式"教育模式,安全教育培训的趣味性增加,培训效果显著增强。体验者戴上 VR 眼镜后,仿佛身临其境,整个工地逼真地展示在眼前,似乎触手可及。例如,在高处坠落体验场景中,体验者会置身于脚手架、屋顶、楼层临边或洞口等施工现场高处作业环境中,由于安全防护设施缺失、作业平台失稳或未正确使用安全带等,突然发生坠落事故。体验者能切身感受到坠落瞬间的恐惧和失重感,从而深刻认识到高处作业的危险性以及确保安全防护措施齐全有效的重要性。

图 4-28 虚拟现实安全教育体验馆

相对于传统的安全教育方式,虚拟现实技术更加直观生动、灵活高效,能够激发施工人员的参与兴趣,通过沉浸式体验,直观感受事故发生的瞬间,记忆深刻,有助于增强安全防范意识,提高安全操作技能,掌握应急处理措施,预防和减少安全事故。虽然系统一次性投入较大,但可长期反复使用,对于需要持续、大规模的安全教育培训来说,利用 VR 技术要比传统培训方式更加节省成本。

【思考】VR、AR(augmented reality,增强现实)、MR(mixed reality,混合现实)三者的区别与联系?

4.2.3 物联网技术

1. 物联网技术概述

1) 物联网的主要特征

物联网(Internet of things,IoT)即"万物相连的互联网",是通过射频识别技术、红外感应器、全球定位系统、激光扫描器等信息传感设备,按照既定协议,把任何物品与互联网连接起来,进行信息交换和通信,以实现智能化识别、定位、跟踪、监控和管理的一种网络。简单来说,物联网就是让各种物品能够连接到互联网,从而实现物品之间以及物品与人之间的信息交互和协同工作。

物联网具有全面感知、可靠传输和智能处理 3 个主要特征。

(1) 全面感知:全面感知是指利用各种传感器和识别技术,对物体的各种属性进行全面感知,获取物体的状态、位置、环境等实时信息。

（2）可靠传输:可靠传输是指通过各种通信网络,如互联网、移动通信网、卫星通信网等,将感知到的信息安全可靠地进行实时远程传送,实现信息的交互和共享,并进行各种有效的处理。

（3）智能处理:智能处理是指利用云计算、模糊识别等各种智能计算技术,对采集的海量数据进行分析和处理,提取有价值的信息,实现对物体的智能化控制和管理。

2）物联网的体系结构

如图 4-29 所示,物联网主要由感知层、网络层和应用层组成,分别对应了物联网的3 个基本特征,即全面感知、可靠传输和智能处理。

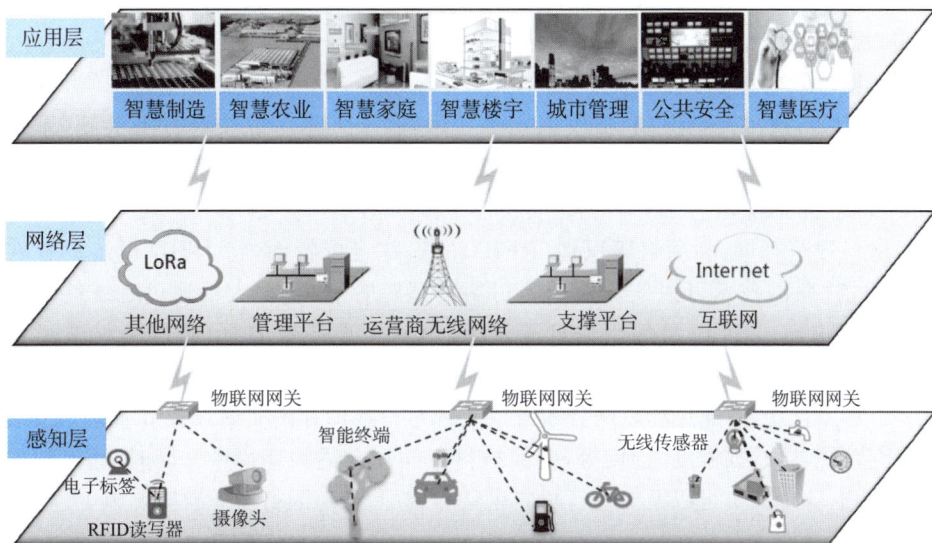

图 4-29 物联网的体系结构

（1）感知层是物联网的基础,是让物品"说话"的先决条件,是联系物理世界与虚拟信息世界的纽带。该层主要用于采集物理世界中发生的物理事件和数据,包括各类物理量、身份标识、位置信息、音频和视频数据等。感知层的关键技术包括传感器技术、RFID(radie freguency identification,射频识别)技术等。传感器主要负责接收对象的"语言"内容,感知周围环境或特殊物质,如气体感知、光线感知、温湿度感知、人体感知等,并把模拟信号转化为数字信号。RFID 技术通过无线射频方式进行非接触式双向数据通信,对记录媒体(电子标签或射频卡)进行读写,从而达到识别目标和数据交换的目的。

（2）网络层是物联网实现数据传输的桥梁,主要由互联网、私有网络、无线和有线通信网、网络管理系统等组成,相当于人的大脑和神经中枢,主要负责传递和处理感知层获取的信息。

（3）应用层是物联网和用户(包括个人、组织或其他系统)的接口,主要任务是对感知和传输来的信息进行分析和处理,作出正确的控制和决策,从而实现智能化的管理、应用和服务。应用层必须与行业发展需求相结合,主要解决的是信息处理和人机界面的问题。

2. 物联网技术在绿色施工中的应用

由于具备数据实时采集、智能控制决策、与信息技术结合性高的技术优势,物联网技术在各行各业得到了广泛应用,包括工业、农业、环境、物流、交通等,有效地推动了基础设施领域的智能化建设以及城市的智慧化建设;物联网技术也深入家居、医疗健康、旅游娱乐等服务行业,提高了消费者的生活质量。物联网技术在建筑工程施工中的应用主要体现在人员定位与考勤管理、设备监控与调度、材料跟踪与库存管理、施工质量监测、现场环境监测、安全预警等多个方面。

1) 现场人员管理

(1) 施工人员定位:通过为施工人员配备智能定位设备,利用物联网技术可以实现对施工人员的实时定位。管理人员可以在监控中心或通过移动终端随时掌握施工人员的位置分布,便于进行人员调度和安全管理。例如,在大型施工现场,当发生紧急情况时,能够快速确定施工人员的位置,及时展开救援行动。对于一些危险性较大的特殊作业区域,如高处作业、密闭空间作业等,可以设置电子围栏,当施工人员进入危险区域时,系统会自动发出警报,提醒管理人员及时采取措施。

(2) 现场考勤管理:利用物联网技术可以实现施工人员的考勤管理,提高考勤的准确性和效率。例如,通过人脸识别、指纹识别等技术,施工人员可以快速打卡签到,系统自动记录考勤信息。同时,管理人员可以随时查看考勤报表,了解人员出勤情况。

2) 建筑材料管理

(1) 材料跟踪管理:利用射频识别(RFID)的追踪定位特性,将 RFID 标签设置在建筑材料上,通过物联网技术可以实现对建筑材料的跟踪管理,管理人员通过系统终端能第一时间掌握材料进场、入库以及使用信息等,实现材料精准高效的管理,避免材料浪费和丢失。对于钢材、水泥等主要建筑材料,可以实现质量追溯,确保材料质量符合要求。

(2) 材料库存管理:通过物联网技术可以实现对材料库存的实时监控和管理。安装传感器采集库存环境参数,如温度、湿度等,确保材料存储在合适的环境中。同时,通过对库存数量的实时监测,管理人员可以及时进行材料采购和调配,避免因材料短缺影响施工进度。

3) 施工质量监测

在施工现场安装传感器等采集施工过程中的质量参数,通过物联网将实时数据传输到监控中心,管理人员可以随时了解施工质量情况,发现质量问题及时进行整改。

如图 4-30 所示,在施工现场大体积混凝土浇筑时,可采用智能无线测温系统,将温度传感器布设在采集点上,实时监测混凝土内外温差,利用物联网技术将多个采集点的数据实时传输至监控平台,严格控制混凝土内外温差,确保大体积混凝土施工质量。

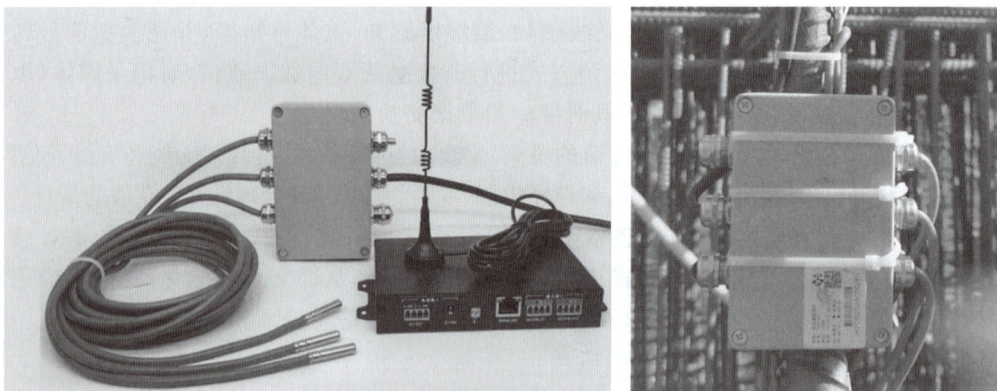

图 4-30 大体积混凝土无线测温系统

如图 4-31 所示,高支模变形监测系统主要由高精度传感器、智能数据采集仪、监控终端和报警器等组成。各类传感器数据接入智能数据采集仪,并于云端相连接,系统按秒读取最新数据,实时分析,通过声光预警或报警,实现实时监测、超限报警、危险报警的监测目标,为混凝土浇筑中高大模板的安全提供有力保障。

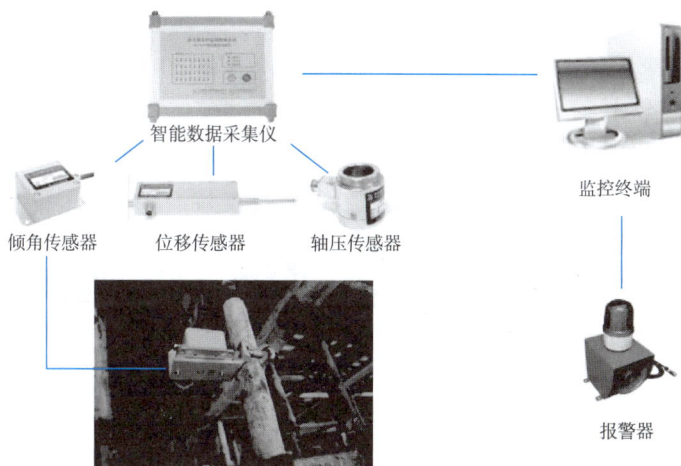

图 4-31 高支模变形监测系统

4)大型设备安全管理

利用物联网技术可以实现施工机械设备的实时监控与智能调度。一方面,在施工机械设备相应部位安装传感器,采集其运行状态参数,并通过物联网将这些数据传输到监控中心,管理人员可以随时了解施工机械设备的运行状况,及时发现故障隐患,提前预警并进行故障处理,确保施工安全。另一方面,通过对施工机械设备的位置、运行状态等信息的实时监测和分析,管理人员可以根据施工进度要求,合理安排使用,避免设备闲置和浪费,提高设备利用率。

如图 4-32 和图 4-33 所示,施工现场塔式起重机上一般安装有塔机安全监控系统,通过安装在塔身、起重臂、平衡臂等金属结构的高度传感器、倾角传感器、回转传感器、幅度传感器、重量传感器等前端传感器,实时采集塔式起重机的运行参数,并利用物联网技术将采集到的数据实时上传至安全监控云平台,方便管理人员随时掌控塔机运行状况。当可能出现超限超载、群塔作业碰撞危险等安全隐患时,塔机安全监控系统能提前发出声光预警和报警信号,自动实现危险行为截断,有效避免和减少安全事故的发生。

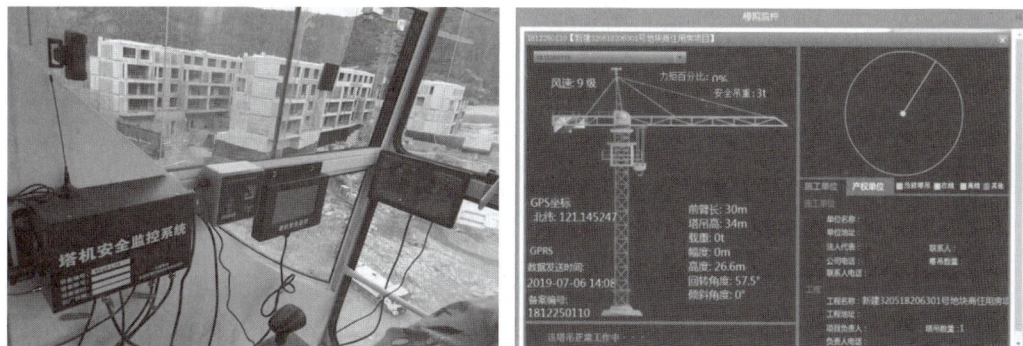

图 4-32 塔机安全监控系统

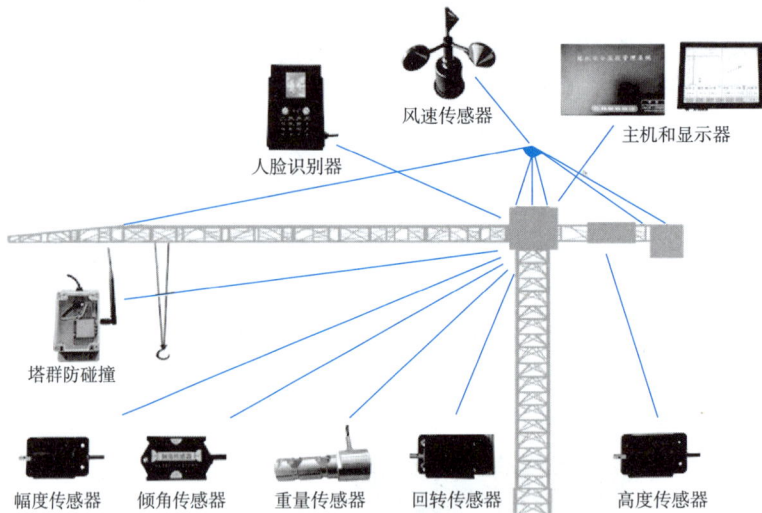

图 4-33 塔机传感器

　　如图 4-34 所示,施工升降机安全监控系统主要由控制模块、显示模块、身份识别模块和前端传感器模块等组成。身份识别模块利用生物识别技术,确认操作人员身份,提高操作安全性。前端传感器主要包括载重传感器、高度传感器、速度传感器、门锁传感器等,实时采集施工升降机吊笼的载重量、运行高度、提升速度以及门锁开关状态等参数,通过物联网将施工升降机实时运行工况数据传输至安全监控云平台,并同步存储在施工升降机的黑匣子上。

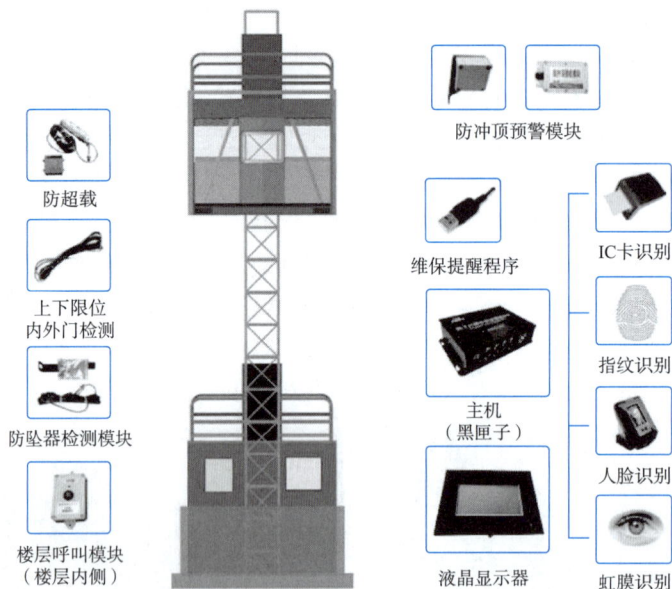

图 4-34 施工升降机安全监控系统

　　当系统接收到的传感器数据达到预设的预警或报警阈值时,如载重超限、速度异常、高度限位、倾斜角度过大、门锁异常等情况,系统立即发出声光报警信号,在驾驶室、监控室等使用图形、文字及语音提醒相关人员(如司机、施工现场管理人员、安全监管人员等),同时监控主机可处于控制状态,自动终止施工升降机的危险动作(如停止吊笼上行、不能操作等),及时排除安全隐患,避免危险事故发生。

5)现场环境监测

施工现场的环境监测是绿色施工的重要内容。如图4-35所示,在施工现场监测区域设置各种类型的传感器,精确检测空气温度、湿度、风速、风向、雨量、粉尘浓度、噪声强度、有害气体浓度、水质情况等环境参数。实时采集的现场环境参数通过无线网络传输至环境监控平台,供现场管理人员和环境监测部门远程监控与决策。

图 4-35 环境监测系统

环境监测系统可以与通风、降尘、降噪等现场处理设施实现联动控制。当环境参数超过预警值时,系统发出警报信息,提醒相关人员,并发出控制指令自动启动现场处理设施,有效控制环境参数,改善施工现场环境质量。如图4-36所示,某施工现场设置了扬尘在线监测与降尘除霾联动控制系统,当施工现场 PM2.5、PM10、TSP 等空气质量指标超过预警值时,系统自动启动雾炮降尘和喷淋降尘系统进行降尘作业。

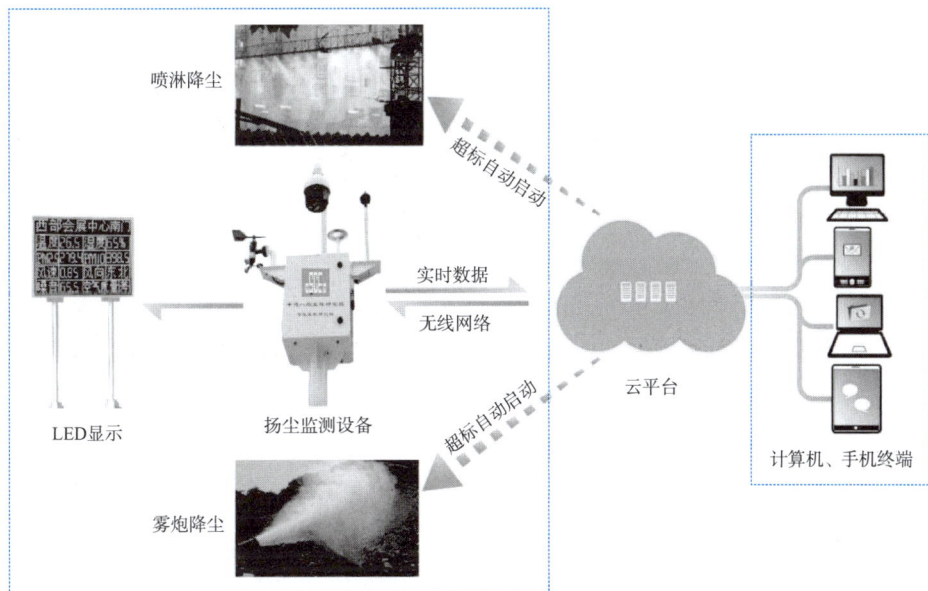

图 4-36 扬尘在线监测与降尘除霾联动控制系统

4.2.4 图像识别技术

1. 图像识别技术概述

图像识别技术是人工智能的一个重要领域,它是利用计算机对图像进行处理、分析和理解,以识别各种不同模式的目标和对象的技术。图像识别技术广泛应用于多个领域,如交通领域中的车牌号识别、交通标志识别,军事领域中的飞行物识别、地形勘察,安全领域中的指纹识别、人脸识别等。

图像识别过程大致分为获取信息、信息预处理、特征抽取与选择、设计分类器和分类决策等步骤。图像识别技术的发展经历了文字识别、数字图像处理与识别、物体识别3个阶段。在物体识别阶段,图像识别技术能够对图像中的各种物体进行识别和分类。通过深度学习等先进的人工智能技术,图像识别系统可以自动学习物体的特征,从而实现对不同物体的准确识别。

2. 图像识别技术在绿色施工中的应用

1)现场材料管理

利用图像识别技术,可以对材料进场验收及材料堆放区域进行图像采集和分析,自动清点材料的数量、监测材料的堆放是否符合安全规定,辅助现场材料管理和调度。

钢筋、钢管、木方等建筑材料进场验收时需要进行清点计数工作,传统的计数方法一般是由现场材料验收人员进行人工计数,计数过程费时费力,且常因环境不良、视觉疲劳、人为失误等因素造成计数偏差。基于图像识别技术的棒材自动计数系统可以有效解决人工计数中出现的问题,大大提高清点效率,节约人力资源。如图4-37所示,钢筋进场后,由材料验收人员手持智能计数终端拍摄钢筋端面图像,系统通过高精度图像识别算法,智能计数,计数速度快,识别率高。管理人员还可以通过监控终端查看验收现场图像和验收记录,远程监控材料验收过程,避免材料虚报等违规行为。

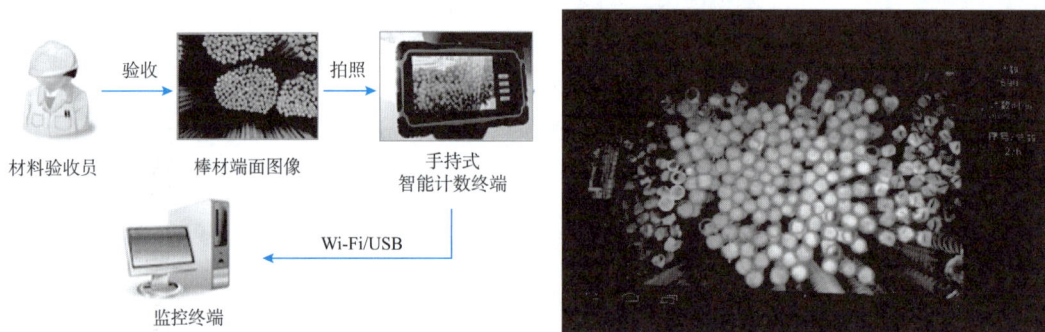

图 4-37　基于图像识别的棒材自动计数系统

2)现场人员不安全行为识别

在人员管理方面,图像识别技术最主要的应用是施工现场人员的不安全行为识别和预警,这也是当下施工安全领域的研究热点。如图4-38所示,图像识别技术可以实时监测进入施工现场的人员是否正确佩戴安全帽、穿戴反光衣等个人劳动防护装备;高处作业人员是否正确系挂安全带;禁火区域是否有施工人员违规动火、吸烟等。通过对施工现场的图像进行分析,能够快速识别人的不安全行为,并及时发出预警,提醒相关人员及时纠正,消除安全隐患。

图 4-38 现场人员不安全行为识别

如图 4-39 所示,某施工现场利用图像识别技术、结合 AI 智能算法,在工地出入口、安全通道口等位置部署了智能抓拍摄像头和语音播报系统,对出入施工现场和经过安全通道口的施工人员进行实时监测,自动抓拍识别是否有未佩戴安全帽的行为。一旦抓拍到未佩戴安全帽的镜头,现场将出现语音预警,提醒现场人员佩戴好安全帽,预警信息同时发送至现场管理人员手机端,方便管理人员实时查询,有针对性地进行安全教育。

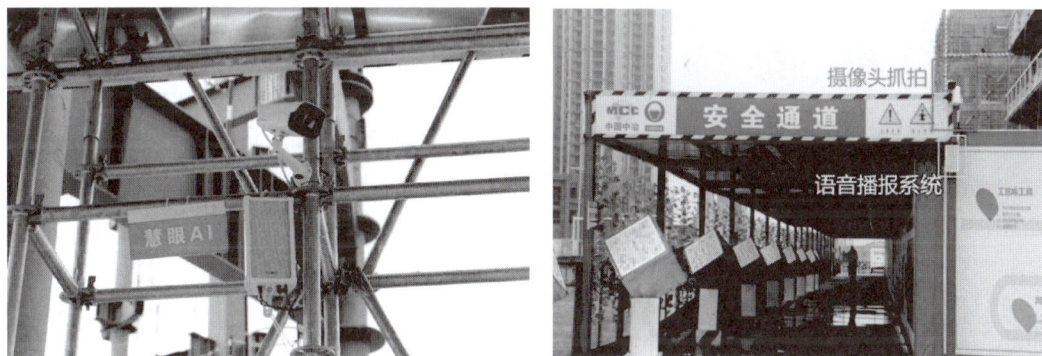

图 4-39 某施工现场智能抓拍和语音播报系统

3)环境监测与识别

图像识别技术还可用于施工现场的其他特定场景识别,如现场污染源识别、明火和烟雾识别等。

扬尘管控是施工现场环境保护的重要内容,施工现场经常会发生扬尘污染源识别速度慢、识别不精准的问题。利用图像识别技术对施工现场扬尘污染区域采集的图像进行精准分析,获得扬尘污染特征,并通过扬尘污染源标准图库进行自动识别,明确污染物来源。

如图 4-40 所示,利用图像识别技术可以对施工现场的明火和烟雾进行监测。一旦发现不明火源或烟雾,系统会立即发出警报,提醒现场人员及时采取灭火措施,避免火灾事故。

图 4-40　现场明火与烟雾识别

4.2.5　RFID 技术

1. RFID 技术概述

RFID 技术即射频识别技术,又称为电子标签技术,是构建物联网的关键技术之一。RFID 技术是一种非接触式的自动识别技术,通过无线射频方式进行非接触双向数据通信,对电子标签或射频卡进行读写,从而完成读写器与标签之间的数据通信,实现识别目标和数据交换的目的。

如图 4-41 所示,RFID 系统主要由 RFID 电子标签、读写器和应用软件系统等组成。带有产品信息的电子标签(或称射频卡、应答器)进入磁场后,如果接收到读写器发出的特殊射频信号,就能凭借感应电流所获得的能量发送出存储在标签芯片中的产品信息,或者主动发送某一频率的信号,读写器读取信息并解码后,送至中央信息系统进行相关数据处理。

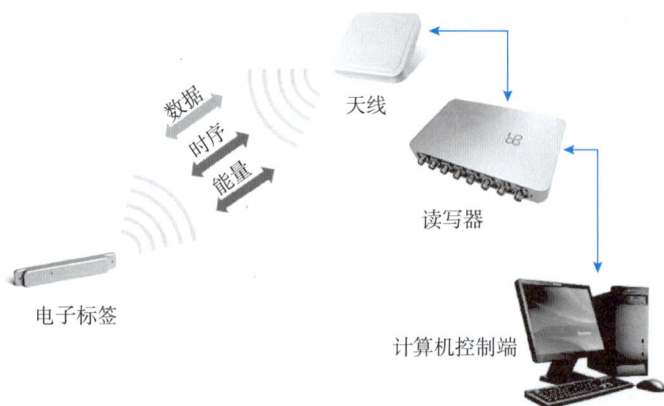

图 4-41　RFID 系统组成

RFID 技术识别精度高,可识别移动的物体,如对运输车辆的追踪定位;采用电射频,不受覆盖物遮挡的干扰,可远距离通信,穿透性极强;多个电子标签所包含的信息能够同时被接收,信息的读取具有便捷性;抗污染能力和耐久性好,可以重复使用。

2. RFID 技术在绿色施工中的应用

RFID 技术最主要的优点在于其非接触识别和追踪定位的特性。在施工阶段,由于 RFID 技术识别精度高,并且能追踪快速移动的物体,可以利用 RFID 定位建筑垃圾运输车,监测其是否按规定要求运输和处理固体废物。此外,也可通过 RFID 监测材料供应商提供的货源地到施工现场的运输路线,从而计算材料运输过程中的能耗和碳排放,以便对施工阶段的能源消耗和碳排放进行管理。

由于 RFID 技术非接触识别的特性,还可将施工现场人员、材料与构配件、设备等信息植入 RFID 芯片,辅助管理人员进行精准高效地管理。例如,现场人员佩戴装有 RFID 芯片的身份标识卡,后台系统便可对不同身份属性的人员进行分类管理,还可以进行人员调配、考勤等工作;将 RFID 标签安装在建筑材料或构配件上,后台系统便能在第一时间得知材料或构配件的进场信息、摆放位置,同时可追踪材料使用情况和剩余情况,减少材料的浪费与损耗;将 RFID 标签嵌入危险物品中,可追踪危险物品实时位置,对接近危险物品或危险区域的人员发出预警信息。

RFID 技术还可以同时对多个物体进行信息读取工作,因此可同时间内对施工现场进行大范围的监测,以便建立绿色施工管理体系,对场内所有的设备、人员、材料进行多目标精准定位和状态监测,提升管理效率,减少资源消耗。

4.2.6 数字孪生技术

1. 数字孪生技术概述

数字孪生技术是一种利用数字化手段对物理实体或系统进行全面、精确映射和建模的技术。数字孪生将物理对象以数字化方式在虚拟空间呈现,模拟其在现实环境中的行为特征。数字孪生技术通过多种数据采集手段(如传感器、物联网设备等)获取物理实体(如建筑物、机械设备、城市等)的几何形状、物理特性、运行状态等各种数据。然后利用这些数据构建一个与物理实体在外观、结构、性能等方面高度相似的数字模型。数字孪生模型是数据驱动的,它不仅仅是一个静态的模型,更是随着物理实体的运行和变化不断更新数据的动态模型。物理实体上的传感器持续采集数据并传输到数字孪生模型中,使模型能够实时反映物理实体的最新状态。

数字孪生技术的典型特征包括以下几方面。

(1)数据驱动:数字孪生的本质是通过数据的流动实现物理世界的资源优化。

(2)模型支撑:数字孪生的核心是面向物理实体和逻辑对象建立机理模型或数据驱动模型,形成物理空间在赛博空间的虚实交互。

(3)软件定义:数字孪生的关键是将模型代码化、标准化,以软件的形式动态模拟或监测物理空间的真实状态、行为和规则。

(4)精准映射:通过感知、建模、软件等技术,实现物理空间在赛博空间的全面呈现、精确表达和动态监测。

(5)智能决策:未来数字孪生将融合人工智能等技术,实现物理空间在赛博空间的虚实交互辅助决策和持续优化。

2. 数字孪生技术在绿色施工中的应用

数字孪生技术为智能建造提供了新的思路,通过在虚拟空间中建立数字孪生模型,并仿真模拟物理对象的状态和行为,进行物理空间与虚拟空间的实时交互,实现对建造过程的实时管控,极大地提高了施工质量和效率,提升了建造过程的信息化和智能化程度。基于数字孪生的智能建造应用框架如图 4-42 所示,在数字孪生中,数据是基础,模型是核心,软件是载体。数据作为数字孪生的基础要素,其来源包括两部分,一部分是物理实体对象及其环境采集而得,另外一部分是虚拟模型仿真后产生。

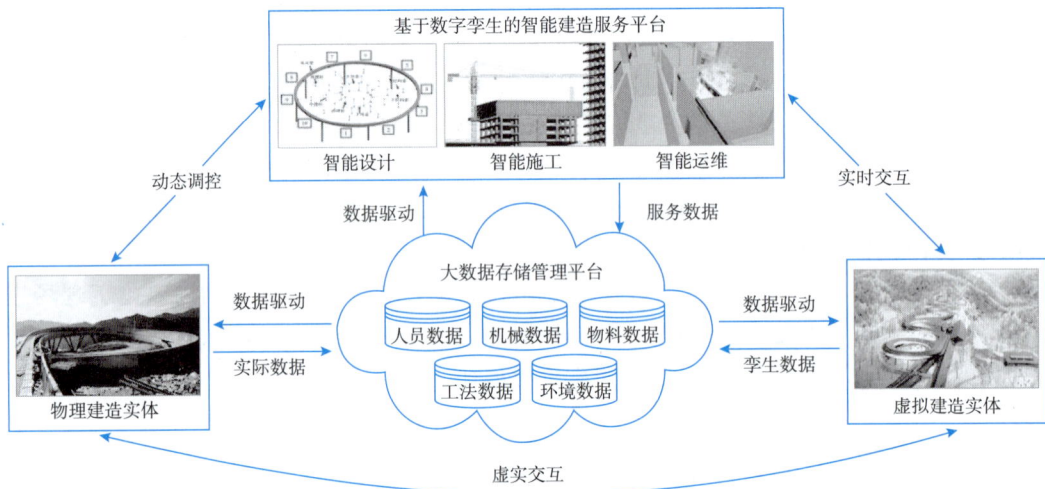

图 4-42 基于数字孪生的智能建造应用框架

在设计阶段,将建筑物的孪生模型融合虚拟现实技术可以及时预测和规避设计得不合理之处,实现建筑物的协同化设计,提高设计精度,避免施工图纸的反复修改;在施工阶段,数字孪生技术可以为施工过程提供全方位的监控和预警,实现对施工现场"人、机、料、法、环"五大要素的智能化管理;在运维阶段,应用数字孪生理念,以虚拟模型数据和设备参数数据在内的各种数据库作为支撑,融合建筑结构和设备,可实现建筑全生命周期的精细化管理和运维。

在绿色施工的应用方面,通过搭建数字孪生平台,可以实时采集现场的五大要素数据并反馈到数字孪生模型中,数字孪生模型可以模拟不同数据状态下的施工效果,发现问题及时纠偏,减少能源消耗、资源浪费和环境污染,实现"五节一环保"的绿色施工目标。在施工结束后,数字孪生模型还可以用于综合分析施工过程中的各项数据,对绿色施工的成效进行全面评估。评估指标可包括能源消耗总量、水资源节约量、建筑材料的回收利用率、施工过程中的污染物排放量等。通过与绿色施工目标以及相关标准规范的要求进行对比,判断绿色施工的成效,为后续类似项目提供参考依据。

4.2.7 大数据技术

1. 大数据技术概述

大数据一般是指在获取、存储、管理、分析方面大大超出了传统数据库软件工具能力范围,需要采用新技术手段处理的海量、高增长率和多样化的信息资产。

大数据为人类提供了一种认识复杂世界的新思维和新手段,在拥有充足的计算能力和高效的数据分析方法的前提下,对现实世界的数字虚拟映像进行深度分析,将有可能理解和发现现实复杂系统的运行行为、状态和规律。大数据通过全局的数据让人类了解事物背后的真相,避免了传统统计抽样调查方法存在的固有缺陷,有助于人类更客观地作出科学决策,摆脱经验思维的束缚。

大数据的开发应用过程一般可分为数据采集、数据预处理、数据存储与管理、数据分析与挖掘、数据可视化等5个阶段。数据采集是指从各种不同的数据源中获取海量数据,数据主要来源于 Web 端、App 端、传感器、数据库以及第三方数据等;数据预处理主要包括数据清洗、数据集成、数据规约和数据变换4个步骤;经过采集与预处理的数据应进行存储与管理,数据的存储分为持久化存储和非持久化存储;数据分析与挖掘是基础搜集的数据,应用数学、统计、计算机等技术抽取出数据中隐含的有用信息,进而为决策提供依据和指导方向;数据可视化是指运用计算机图形学和图像处理技术,将数据转换为可以在屏幕上显示出来进行交互处理的方法和技术,其本质是借助于图形化手段,清晰有效地传达与沟通信息。

2. 大数据技术在绿色施工中的应用

大数据技术在绿色施工阶段的应用主要体现在结合 BIM、云计算、物联网、移动互联网、图像识别等现代化信息技术,实现施工全过程的数据自动采集、智能分析及智能预警,提高施工阶段的信息化、智能化管理水平。

某智慧工地项目数据大屏如图 4-43 所示,利用大数据技术为工程项目搭建数据信息平台,整合工程造价、材料供应、设备进场、劳务分包、施工进度、质量与安全、现场环境等数据信息,并对数据进行深度分析,可以模拟和预测施工过程、优化施工技术、实现人员与物资管控、安全监控、环境监测等系统的智能化和互联互通。

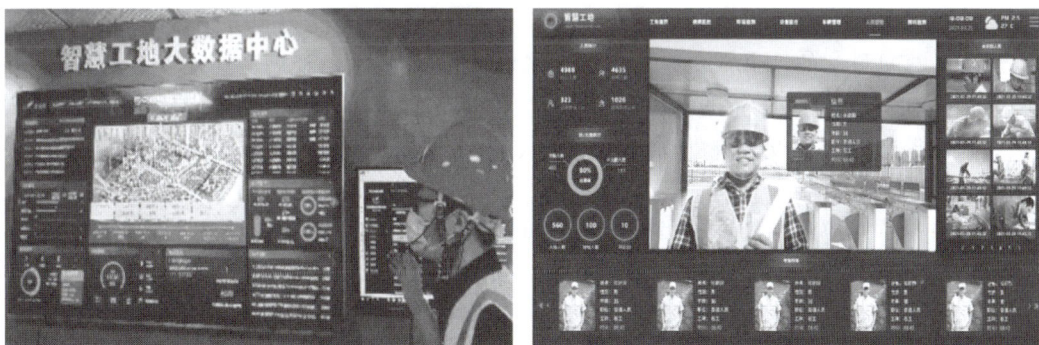

图 4-43　某智慧工地项目数据大屏

现场管理人员还可以灵活使用 PC 端和移动端查看处理项目数据,如图 4-44 所示,通过移动端微信小程序,直接扫描项目二维码登录手机端管理平台,即可浏览相关数据信息。

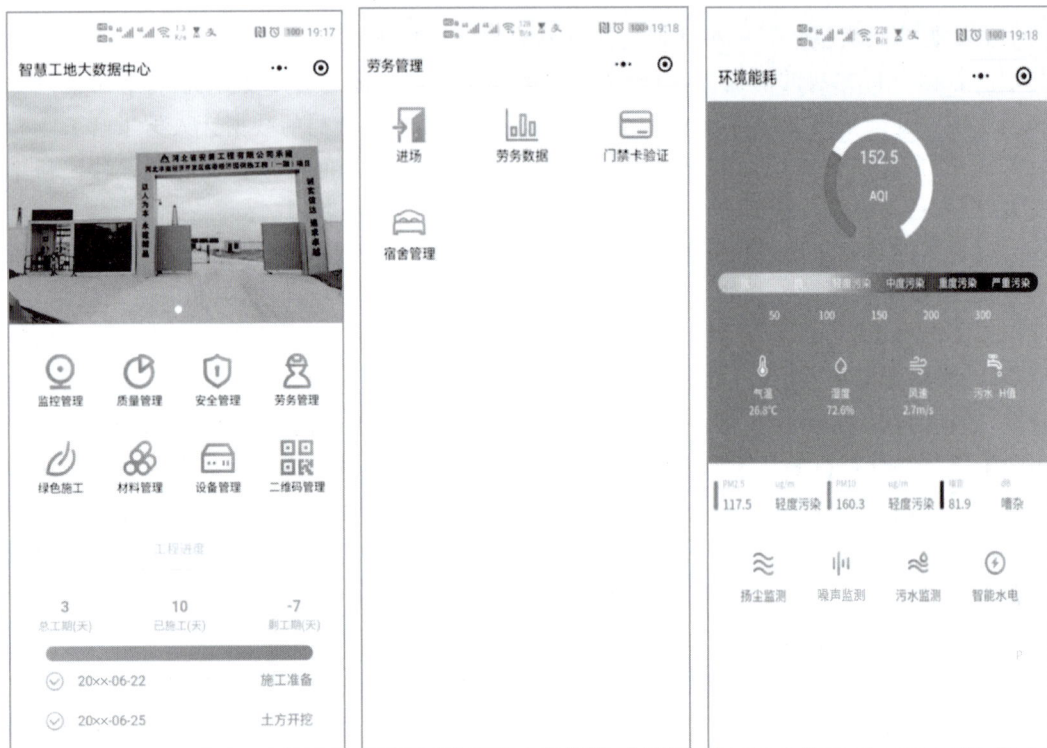

图 4-44　移动端大数据浏览

4.2.8　人工智能技术

1. 人工智能技术概述

人工智能(artificial intelligence,AI)技术是一门模拟人类能力和智慧行为的跨领域学科,也是计算机科学的一个重要分支。近年来,人工智能技术已经广泛应用于各行各业,并为它们的发展升级注入了新的动力。未来人工智能技术的发展,不仅将带动大数据、云服务、物联网等产业的升级,还将全面渗透金融、医疗、安防、制造业等传统产业,应用前景十分广阔。

人工智能可以分为弱人工智能、强人工智能和超人工智能 3 种类型。

(1)弱人工智能是指在特定领域或任务上表现出智能行为的人工智能系统,这类系统专注于执行单一的、明确的任务,并且在设计和训练时针对特定的问题领域进行优化,不能像人类一样灵活地处理各种不同类型的任务。

(2)强人工智能是指在各方面都能达到人类水平的人工智能,它具备像人类一样的学习、理解、推理、适应等多种智能能力,可以在不同的领域和环境中灵活地运用这些能力来解决问题。目前,强人工智能仍然处于理论研究和概念探索阶段,尚未真正实现。

(3)超人工智能是指在智能水平上远远超越人类的人工智能,它不仅具备远超人类的认知能力,还可能拥有人类无法想象的新的智能形式。超人工智能可以在极短的时间内处理和分析海量的信息,对复杂问题的解决能力和创造性思维能力都达到了人类难以企及的高度。目前超人工智能更多地存在于科幻作品和理论推测中。

2. 人工智能技术在绿色施工中的应用

运用人工智能技术,能够模拟和优化施工方案,自动生成作业指导方案,准确识别质量缺陷与安全风险;实现能耗实时监测与分析、设备智能调度与优化、现场用水监测与管理、材料需求预测、智能配料与下料、材料库存与使用管理、施工场地规划与优化以及环境监测与预警等;在各类危险作业环境中还可利用智能建筑机器人代替人类作业,提高施工效率,节约和保护人力资源。

推广建筑机器人多场景广泛应用,辅助和替代"危、繁、脏、重"的人工施工作业,有助于推动建筑业工业化、数字化和绿色化转型升级,弥补人力资源缺失,降低人力劳动强度,提高施工智能化水平,降低施工现场环境污染及碳排放。

1)目前建筑机器人研发的3个层次

(1)对现有的建筑施工设备进行机器人化改造。例如,对于挖掘机、推土机、压路机、渣土车等建筑用工程施工车辆,可基于遥控操作、自主导航与避障、路径规划与运动控制、智能环境感知、无人驾驶等技术对其进行改造,实现操作遥控化、自主化,减少操作人员的工作负担,优化工作环境,提升作业安全性和效率,推进施工作业的标准化和精细化。

(2)促进既有机器人技术在建筑业中的应用。目前研发的很多机器人技术均属于通用技术,它们在建筑业中具有广阔的应用前景。例如,在环境感知与建模方面,可利用无人飞行器(unmanned aerial vehicle,UAV)、轮式或履带机器人等移动平台搭载激光雷达,结构光摄像头、3D视觉等环境感知设备,基于多源信息融合、同时定位与地图创建(simultaneous localization and mapping,SLAM)等环境建模技术,实现建筑物内外结构及周边环境的自主列绘与3D建模;利用UAV并配合SLAM技术,实现土方开挖、废料清运及结构物施工进度及工程量的实时监测,为大尺度施工作业中多设备任务优化与协调提供铺垫。再如,基于机械手、移动机器人底盘搭建的通用移动操作平台,有望替代人工完成诸如砌筑、抹灰、平整、抛光、铺贴、钻孔等多种操作。

(3)推动建筑业专用机器人系统的研发。根据建筑施工特点研发专用建筑机器人,是未来的发展方向。例如,3D打印建筑机器人的突出代表"轮廓工艺"技术,针对房屋施工的各种特殊需求,进行了有效的针对设计,最终才成就了该系统直接打印包括水电管线在内的完整房屋的能力。其他如喷浆机器人、ERO混凝土回收机器人等,均是针对建筑业的特殊需要定制研发的。

2)施工现场常见的建筑机器人

近年来,随着人工智能、视觉传感器、机器人控制算法等核心技术的突破,建筑机器人涉及的工种越来越多,作业更加灵活高效。与传统施工方式相比,建筑机器人更适用于大面积、标准化的场地,可以实现建筑材料搬运、危险区域作业、精密施工、安全巡检、环境监测、环境清洁等各种现场作业。

(1)智能拆除机器人。传统的人工或机械拆除方式容易产生粉尘和噪声污染,不利于施工人员职业健康和现场环境保护;智能拆除机器人采用先进的智能控制系统,操作人员可以实现远距离无线遥控作业,便于现场安全管控,系统配备粉尘抑制和降噪装置,大大降低拆除作业的不良影响。图4-45所示为智能拆除机器人作业现场,其中,右图所示的某款混凝土破拆机器人进入拆除现场设定位置后,首先自动扫描拆除目标,确定执行拆除操作时的顺序和路线;拆除时先用高压水枪冲刷混凝土表面,使混凝土表面开裂,结构分解,钢筋与混凝土分离;再将混凝土骨料、泥浆混合物吸入管道系统后进行分离、打包、回收再利用,剩余的钢筋拆除后回收再利用;整个拆除过程绿色环保、安全高效。

图 4-45　智能拆除机器人作业现场

(2)测量机器人。测量机器人能够通过模拟人工测量规则,实现对目标的快速判别、锁定、跟踪、照准和高精度测量,可在大范围内实施高效的遥控测量作业,具备全自动测量、高精度成像、智能报表生成、多维度分析等功能,测量结果较人工测量更为客观和准确。如图 4-46 所示,操作员可利用移动终端设备控制测量机器人作业,自动完成结合图纸的数据匹配、实时获取测量所得的房间数据和房间模型。不在现场的相关参建方人员,也可以同步查看测量结果,随时掌控项目进度和质量状况。与传统人工实测相比,测量机器人的测量效率和精度大大提高,节约人力和时间成本,采集到的数据还可以自动回传云端,提高了数据处理的速度和效率,及时为项目质量预警、预控、进展提供有效真实的数据支撑。

图 4-46　测量机器人

(3)智能施工机器人。如图 4-47~图 4-52 所示,用于施工的建筑机器人种类很多,主要包括钢筋绑扎机器人、焊接机器人、砌筑机器人、地砖铺贴机器人、外墙喷涂机器人、抹灰机器人、地面整平机器人、地面抹光机器人、墙面天花打磨机器人、螺杆洞封堵机器人等。相对于传统的人工作业,施工机器人不仅自动化、智能化水平高,还便于集中统一管理且产生的经济效益、环境效益显著,是施工企业实现数字化转型、智能化升级及绿色发展的重要工具。

图 4-47 钢筋绑扎机器人

图 4-48 焊接机器人

图 4-49 砌筑机器人

图 4-50 地砖铺贴机器人

图 4-51 外墙喷涂机器人

图 4-52 地面整平机器人

（4）巡检机器人。如图 4-53 和图 4-54 所示，施工现场使用巡检机器人、无人机等可远程接收工地巡检任务，动态跟踪工程建设进度，直观展示现场作业实时场景，及时发现施工过程中存在的质量问题和安全隐患，实现对施工进度、质量及安全的立体巡控。以安全巡检为例，巡检机器人可采用导航系统，通过摄像头等视觉模块与 AI 边缘计算服务器结合，智能识别现场违规现象并进行抓拍记录，包括施工人员未戴安全帽、未穿反光衣、攀爬外架、吊篮超员等不安全行为以及材料堆放超高、安全网破损、临边防护缺失等物的不安全状态，同时能快速识别工程环境中的异常温度和危险气体并发出警报。巡检数据自动实时上传至现场管理人员移动终端和监控管理中心平台,便于管理人员及时掌握现场情况、科学决策。

图 4-53　巡检机器人

图 4-54　无人机巡检

(5) 搬运机器人。如图 4-55 所示,建筑材料搬运机器人主要用于搬运砖、砌块、板材、钢筋等建筑材料,具有自动导航和定位功能,可以自动识别和抓取材料、自动乘梯上下、自动避障,将建筑材料准确运送至指定位置,如建筑工地的不同区域或楼层。相对于人工搬运,搬运机器人能够连续在长时间内保持高效的搬运速度,提高工作效率,减轻工人劳动强度,节省人力。除此之外,机器人搬运操作还具有较高的精度、稳定性和安全性,能够降低材料在搬运过程中的局部损伤,保障搬运工人在危险作业环境中的职业健康和人身安全。

(6) 清扫机器人。建筑清扫机器人主要用于施工现场卫生清理工作,可节约人力资源、提高清扫效率、改善施工环境。如图 4-56 所示,某施工现场的楼面清扫机器人具备抽气抑尘、自动清扫、路径规划、自动导航、料位检测、垃圾箱翻倒等功能,可通过全自动或手动作业模式解决建筑施工楼面小石块及灰尘清扫难题,针对需要高整洁度的作业工序提供优质施工环境,也可服务于室外宽敞区域自动清扫作业。

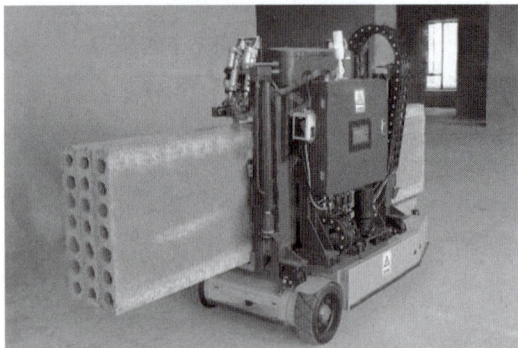

图 4-55　搬运机器人

图 4-56　清扫机器人

【思考】目前施工现场常用的建筑机器人有哪些类型?

职业能力训练

一、基本技能练习

1. 单项选择题

(1) 将 BIM 技术应用于绿色施工管理中,可以实现的功能是(　　)。

　　A. 精确计算材料用量,减少浪费　　B. 模拟施工流程,优化施工方案

　　C. 进行能耗分析,降低能源消耗　　D. 以上选项均正确

(2) 虚拟现实技术在绿色施工中可以用于(　　)。

　　A. 施工人员的安全培训　　B. 展示绿色建筑的节能效果

　　C. 提前体验施工现场的布局　　D. 以上选项均正确

(3) 施工现场回收利用的水不可用于(　　)。

　　A. 冲刷厕所　　B. 施工现场洗车

　　C. 饮用水　　D. 现场洒水控制扬尘

(4) 以下不属于施工现场水收集综合利用技术的是(　　)。

　　A. 基坑施工降水回收利用技术　　B. 雨水回收利用技术

　　C. 现场生产和生活废水利用技术　　D. 地下水抽取利用技术

(5) 在绿色施工中,利用 BIM 技术进行场地规划的主要优势是(　　)。

　　A. 提高场地利用率　　B. 减少土方运输量

　　C. 避免临时设施的重复建设　　D. 以上选项均正确

(6) 在绿色施工中,物联网技术对施工人员的管理通常不包括(　　)。

　　A. 实时定位施工人员位置　　B. 监测施工人员的健康状况

　　C. 统计施工人员的工作时长　　D. 评估施工人员的工作绩效

(7) 下列通常不用于绿色施工中的能耗监测的物联网设备是(　　)。

　　A. 智能电表　　B. 温度传感器

　　C. 智能水表　　D. 压力传感器

(8) 在绿色施工中,利用物联网技术监测环境参数,通常不在监测范围内的是(　　)。

　　A. 温度和湿度　　B. 土壤酸碱度

　　C. 噪声水平　　D. 作业人员数量

(9) 以下(　　)项是大数据技术在绿色施工中最主要的应用。

　　A. 分析历史施工数据以优化资源配置

　　B. 实时监控施工现场的人员流动

　　C. 预测施工过程中的天气变化

　　D. 提升施工材料的质量检测精度

(10) 以下(　　)项是利用大数据技术助力绿色施工进行风险评估时重点考虑的因素。

　　A. 材料价格波动　　B. 施工人员的经验水平

　　C. 过往类似项目的事故数据　　D. 当地政策法规的变化

（11）以下不是可回收的建筑垃圾的（　　）。

A. 散落的砂浆和混凝土　　　　　　B. 剔凿产生的砖石和混凝土碎块

C. 废旧油漆桶　　　　　　　　　　D. 废旧木材

（12）建筑垃圾减量化与资源化利用技术中，对模板的使用应进行优化拼接，减少裁剪量，对短木方采用（　　）技术，提高木方利用率。

A. 指接接长　　　　　　　　　　　B. 焊接接长

C. 螺栓连接　　　　　　　　　　　D. 胶粘连接

（13）在建筑垃圾管道垂直运输技术中，一般每隔（　　）设置一处减速门来降低垃圾下落速度。

A. 一层　　　　　　　　　　　　　B. 二层

C. 三层　　　　　　　　　　　　　D. 四层

（14）施工现场水收集综合利用技术的技术指标要求施工现场用水至少应有（　　）来源于雨水和生产废水回收利用等。

A. 10%　　　　　　　　　　　　　B. 20%

C. 50%　　　　　　　　　　　　　D. 80%

（15）运用热泵工作原理，吸收空气中的低能热量，经过中间介质的热交换，并压缩成高温气体，通过管道循环系统对水加热的技术称为（　　）。

A. 太阳能热水技术　　　　　　　　B. 太阳能光热技术

C. 空气能热水技术　　　　　　　　D. 太阳能空调制热技术

（16）以下关于不同类型人工智能的说法中正确的是（　　）。

A. 弱人工智能能像人类一样灵活处理各种不同类型的任务

B. 强人工智能专注于执行单一、明确的目标任务

C. 超人工智能目前更多存在于科幻作品和理论推测中

D. 弱人工智能和强人工智能技术目前已经比较成熟

（17）未来建筑机器人的发展方向是（　　）。

A. 对现有的建筑施工设备进行机器人化改造

B. 促进既有机器人技术在建筑业中的应用

C. 推动建筑业专用机器人系统的研发与推广应用

D. 加强云计算、人工智能、大数据等技术在应急机器人中的创新应用，提升机器人智能化水平

（18）利用数字化手段对物理实体或系统进行全面、精确映射和建模的技术称为（　　）。

A. 大数据技术　　　　　　　　　　B. 数字孪生技术

C. 虚拟现实技术　　　　　　　　　D. 建筑信息模型技术

（19）物联网的体系结构层次一般不包括（　　）。

A. 感知层　　　　　　　　　　　　B. 网络层

C. 数据层　　　　　　　　　　　　D. 应用层

（20）适用于远程教学、虚拟会议等多用户场景的虚拟现实系统是（　　）。

A. 桌面式 VR 系统　　　　　　　　B. 沉浸式 VR 系统

C.增强式 VR 系统　　　　　　　　D.分布式 VR 系统

2.多项选择题

(1) BIM 技术的特点主要体现在(　　)方面。

    A.可视化　　　　　　　　B.参数化　　　　　　　　C.协调性

    D.模拟性　　　　　　　　E.全能性

(2) 在我国沿海地区,基坑封闭降水宜采用(　　)的地下水封闭措施。

    A.地下连续墙　　　　　　　　B.复合土钉墙

    C.双排或三排搅拌桩　　　　　　D.护坡桩＋旋喷桩止水帷幕

    E.护坡桩＋搅拌桩止水帷幕

(3) 施工噪声控制技术中,以下选项中属于有效降低施工现场及施工过程噪声的措施是(　　)。

    A.选用低噪声设备

    B.采用先进施工工艺

    C.减少高噪声机械设备的夜间施工作业时间

    D.采用隔声屏或隔声罩等阻断噪声的传播途径

    E.用多台小功率设备代替一台大功率设备作业

(4) 钢筋余料通常可用于制作(　　)。

    A.马镫筋　　　　　　　　B.试块笼

    C.安全围栏　　　　　　　D.结构柱

    E.预应力钢筋构件

(5) 施工现场不能通过垃圾管道垂直运输通道运输的垃圾包括(　　)。

    A.木材　　　　　　　　B.纸质包装废料

    C.金属包装废料　　　　D.散落的砂浆

    E.剔凿产生的旧混凝土碎料

(6) 在基坑封闭降水技术中,确定止水帷幕插入不透水层的深度时应该考虑的因素包括(　　)。

    A.作用水头　　　　　　B.帷幕厚度

    C.地下水流速　　　　　D.基坑降水井深度

    E.基坑支护类型

(7) 建筑垃圾源头减量的措施包括(　　)。

    A.施工图纸深化　　　　B.施工方案优化

    C.分类存放建筑垃圾　　D.永临结合

    E.临时设施和周转材料重复利用

(8) 虚拟现实技术利用计算机模拟产生一个三维的虚拟世界,为用户提供视觉、听觉、触觉等感官的模拟,让用户如同身临其境一般沉浸其中。虚拟现实技术具备 3 个基本特征,即"3I"特征,分别是(　　)。

    A.沉浸感　　　　　　　　B.真实感　　　　　　　　C.构想性

    D.实时性　　　　　　　　E.交互性

（9）虚拟现实系统的类型主要包括（　　）。

  A.桌面式 VR 系统   B.沉浸式 VR 系统

  C.增强式 VR 系统   D.分布式 VR 系统

  E.集中式 VR 系统

（10）射频识别技术最主要的优点在于其具有（　　）特性。

  A.图像识别   B.生物识别

  C.非接触识别   D.实时监测

  E.追踪定位

3.判断改错题

（1）基坑封闭降水时，基坑侧壁止水帷幕必须插入基坑底部不透水层中。（　　）

（2）太阳能集热器布置时应避免遮光物或前排集热器的遮挡、避免反射光对附近建筑物引起光污染，且应保证集热器与储水箱之间的循环管路尽可能长。（　　）

（3）传感器技术是物联网的核心技术之一。（　　）

（4）基坑施工封闭降水宜采用悬挂式竖向截水和水平封底相结合，在没有水平封底措施的情况下要求侧壁帷幕插入基坑下卧不透水土层一定深度。（　　）

（5）沉浸式 VR 系统是将虚拟环境与真实环境相结合，通过在真实环境中叠加虚拟信息，增强用户对现实世界的感知和理解。（　　）

（6）绿色施工在线监测评价技术的技术指标中要求受风力影响较大的施工工序场地、机械设备（如塔吊）处风向、风速监测仪安装率应达到80%。（　　）

（7）施工现场产生的废弃物如碎砖、木方、防水卷材等属于无机非金属类垃圾。（　　）

（8）建筑垃圾减量化应遵循过程减量、分类收集、及时清运的基本原则。（　　）

（9）准清水免抹灰混凝土墙的表面平整度允许偏差为 5mm，垂直度允许偏差为 3mm。（　　）

（10）高支模变形监测系统主要由高度传感器、倾角传感器、回转传感器、幅度传感器、重量传感器等高精度传感器、智能数据采集仪、监控终端和报警器等组成。（　　）

二、能力训练项目

1.绿色施工新技术应用调研

利用职场体验、课程实训、岗位实习等实践锻炼机会，深入施工现场，调查当前施工企业绿色施工新技术的研发、推广与应用情况，并撰写调研分析报告。

2.现代信息技术在绿色施工领域的应用分析

搜集资料，分析云计算技术、5G 技术、GIS 技术、区块链技术等其他现代信息技术在绿色施工领域的具体应用。

3.绿色科技示范工程分析

搜集近年来全国各地区典型的绿色科技示范工程，分析绿色科技示范工程的技术指标体系、评价内容、实施与评价要点等；熟悉绿色科技示范工程申报、立项评审、过程实施评价与验收的基本流程。

单元 4 学习效果评价

评价项目		评价标准	标准分值	自我评分 30%	团队评分 30%	教师评分 40%	加权平均	总评分
思想素质		学习态度端正；有创新意识；有数字素养；有民族自豪感和文化自信心；弘扬科学精神、立志科技报国	10					
课堂表现		按时出勤；认真听讲，主动思考；精神饱满，积极参与课堂互动；回答问题言之有物、有辩证思维	20					
职业能力训练	基本技能练习	知识点掌握牢固，基本功扎实；诚实诚信、独立完成基本技能练习任务	20					
	能力训练项目	学以致用，知识点运用灵活熟练；团结协作，按时完成任务；提交成果质量较高	30					
拓展学习		充分利用在线课程平台和网络资源，拓宽知识广度与深度；课前自主预习，课后巩固复习，认真完成在线测试与互动话题讨论	20					
团队成员评价								
任课教师评价								
自我评价反思								

参 考 文 献

[1] 肖旭文,罗能镇,蒋立红,等.建筑工程绿色施工[M].北京:中国建筑工业出版社,2013.

[2] 刘加平,董靓,孙世钧.绿色建筑概论[M].2版.北京:中国建筑工业出版社,2020.

[3] 郝永池.绿色建筑与绿色施工[M].2版.北京:清华大学出版社,2021.

[4] 蒋波,张建江,葛立军,等.绿色施工技术与管理[M].北京:中国电力出版社,2022.

[5] 刘占省,王京京,陆泽荣.绿色建造技术概论[M].北京:中国建筑工业出版社,2022.

[6] 刘占省,及炜煜,陆泽荣.绿色建造管理实务[M].北京:中国建筑工业出版社,2022.

[7] 王清勤,韩继红,曾捷.绿色建筑评价标准技术细则[M].北京:中国建筑工业出版社,2020.

[8] 中国建筑业协会绿色建造与智能建筑分会,中国建筑股份有限公司.《建筑与市政工程绿色施工评价标准》技术细则[M].北京:中国建筑工业出版社,2024.